THE OIL CURSE
How Petroleum Wealth Shapes
the Development of Nations

石油の呪い
国家の発展経路はいかに決定されるか

マイケル・L・ロス 著

松尾昌樹　浜中新吾　共訳

吉田書店

THE OIL CURSE
by Michael L. Ross
Copyright © 2012 by Princeton University Press
Japanese translation published by arrangement with
Princeton University Press through The English Agency
(Japan) Ltd.
All rights reserved.

No part of this book may be reproduced or transmitted in any form or by any means,
electronic or mechanical, including photocopying, recording or by any information storage
and retrieval system, without permission in writing from the Publisher

序文

　宝くじにあたることや、埋もれた財宝を探り当てることを夢見る者は誰でも、降って湧いた大金があれば自分の生活がうまく行くようになると、おそらくは考えているだろう。しかし、多くの途上国では、貴重な天然資源が発見されると、奇妙な、そして時には政治的に有害な結果が生みだされた。本書は、このような「呪い」の発生起源と特徴を説明し、その治療方法を探るものである。

　私が1990年代後半にこの問題を研究しはじめて以来、多くの変化があった。資源の呪いに関する初期の研究は、1970年代に発生した商品価格の高騰によって、山と積まれた現金を石油に富んだ国の大半が獲得したものの、それが持続的な成長につながらなかったという謎の解明に取り組んでいた。2000年以降に新たな価格の高騰が発生すると、鉱物産出国には新しい収入の波が押し寄せ、資源という富の一筋縄では行かない効果への関心が新たに喚起された。これによって、天然資源と経済、そして政治の結びつきに関する新しいデータが研究者に提供されるようになった。

　政治状況にも変化が見られた。多くの石油輸出国が降って湧いた収入を管理するために新しい制度を採用していた。非政府組織（NGO）のおかげで、紛争ダイヤモンドの国際取引を停止する国際的な合意が形成され、また石油やガス、鉱物部門における収入の透明性が促進された。私が2001年に書いたオックスファムの報告書の中で、貧困の改善にほとんど役立っていない鉱業部門への投資を行っているとして批判した世界銀行と国際通貨基金（IMF）は、採掘部門を改革すべきという主張を受け入れるようになった。

　2005年に本書の執筆を始めたとき、資源に富んだ国は民主主義の程度が低く、内戦に陥りやすいという私の以前の研究成果を自分自身で再検討し

た。困ったことに、私は少なくない間違い、欠損、擁護できない仮説の誤りを発見した。洞察力に富んだ疑惑の目——とくにマイケル・ハーブ、ステファン・ハーバー、ヴィクター・メナルド、ガヴィン・ライト、ロバート・コンラッド、マイケル・アレクセーエフ、エルウィン・バルト、クリスチーナ・ブリュンシュウェイラ——に促されて、データの見直しを決断した。

驚いたことに、私が正しいと考えていたこと——石油の富は遅い経済成長や弱い政府の制度と関係がある——はおそらく間違いだった。他の研究成果はなんとか持ちこたえたが、修正が必要だった。私は石油と権威主義体制の、そして石油と内戦の関係についてのパターンを理解しているつもりだったが、不十分だった。石油は他の鉱物資源よりも、より強力でより有害な効果を持っていたのだ。私は見落としていた諸要素の作用を評価しはじめた。石油の富が女性の経済的機会に及ぼす影響や、人口増加、長期の経済成長に与える影響などが、その諸要素である。

おそらくもっとも大きな驚きは、今日我々が資源の呪いとして知っていることが、実は新しい現象であるということだろう。石油に富む国は資源の呪いとして長らく際立った存在であり続けてきたが、しかし1980年以前には、産油国と非産油国の間には政治的な差異はほとんど存在しなかったのである。1970年代のグローバル商品市場における価格暴騰が資源の呪いの引き金となったのであり、それは産油国政府の収入の規模と不安定さを劇的に増加させたことで発生した。私は石油の呪いのメカニズムをより適切に理解できるようになるにつれ、どうすればそれを軽減することができるのかという新しいアイデアを発展させるようになった。

本書の執筆過程において、私は数え切れないほど多くの恩義を受けた。2006年にレヴェニュー・ウォッチ・インスティテュートから受けた寛大な研究資金によって、私は1年以上の時間を本書の執筆のみに費やすことができた。しかしレベニュー・ウォッチ・インスティテュートへの感謝はこれにとどまらない。その諮問理事会に務めることで資源に富む国々が直面している試練の数々を一層深く理解することができ、また同組織が数十ヶ国でめざま

しい働きを見せたことを知ることができた。この組織は私を数多くの実務家や学者、活動家と結びつけ、こうした人々は友情と知識を共有してくれた。その中には、カリン・リッサカース、アンソニー・リクター、ジョー・ベル、アンソニー・ベナブルズ、ボブ・コンラッド、アントニー・ヒューティ、チャンドラ・キラナ、ジュリー・マッカーシー、ヴァネッサ・ヘリングショーなど多くの人々がいる。

　何年もの間、コモディティ〔先物取引商品としての原油・ガス〕と政治の研究の先駆的な学者であるビル・アッシャー、リチャード・オティ、アラン・ゲルブ、テリー・カールらと会う栄誉に浴してきた。私の研究が彼らの研究を発展させることを切に願う。ポール・コリアーに対する恩義は最たるものであり、私が研究を志してからずっと、天然資源や貧困、政治経済に関する彼の学識は、私の研究活動を鼓舞し続けてきた。2000年に彼は私を1年間の世界銀行訪問研究員として招聘し、それから数年にわたってさまざまな学術研究や政策提言研究に誘ってくれた。彼の研究、寛大さ、そして好意は数え切れないほど多岐にわたって本書に影響を与えている。

　2009年には、私は本書の初期の草稿を数名の同僚に送った。その多くは率直な反応を寄せてくれた。ピエール・エングルバート、ケヴィン・モリソン、デシャ・ギロード、アントニー・ヒューティ、パトリック・ヘラー、ヒロキ・タケウチ、ラグナー・トルヴィクらの指摘は、並外れて有益であった。

　私は2名の友人のコメントをとくに選びだしたい。マカルタン・ハンフリーズとエリック・ウィッブルスは私が知る中でもっとも知的な社会科学者であり、二人は共に資源の富の政治について深い知識を有している。二人は私に特筆すべきほど詳細な指示を与えてくれた。それらは本書の最終稿に不可欠な道しるべとなった。二人は寛大にも彼らの時間と好意を費やしてくれた。

　執筆中の本書のさまざまな部分について、ブリガムヤング大学、ジョージタウン大学、MIT、ランド研究所政策大学院、カリフォルニア大学サンディエゴ校、ペンシルバニア大学、イェール大学などの多くの機関の研究者、学生たちと議論したことは、大変有益であった。ロウンスター国家安全保障フォーラムの主催者、とりわけユージン・ゴルズは、原稿の整理に多くの手間

を費やしてくれた。モニカ・トフトの詳細な洞察によって、私は自分の議論の多くを考えなおすことができた。ブリガムヤング大学では、スコット・クーパーから極めて価値のある意見が寄せられ、それは私の議論の中心的な部分となった。

2001年以降、カリフォルニア大学ロサンジェルス校は私に素晴らしく知的な拠点を提供してくれた。マイク・ロフチーとエド・ケラーが学部長となって如才なく運営されていた政治学部では、素晴らしい同僚と親しい友人を得ることができた。とくにバーバラ・ゲッデス、ダン・ポスナー、ダン・トリーズマン、ジェフ・ルイスらに感謝したい。不慣れな分野について、彼らは皆、本書を完成させようとする私に助言を与えてくれた。カリフォルニア大学ロサンゼルス校はまた私に優秀な大学院生と作業する機会を与えてくれた。彼らの多くが本書の基本的支柱となる研究を手助けしてくれた。その院生の中には、マック・ブニャヌンダ、エリザベス・カールソン、パアシャ・マフダヴィー、ブライアン・ミン、ジェフ・パリス、アヌープ・サルバヒ、アニ・サルキッシアン、リサ・トハがいた。ルース・カーリッツとパーシャ・マフダヴィーとエリック・クラモンはほぼ完成に近い原稿の整理を行ってくれ、本書をより矛盾がなく、首尾一貫したものにする手助けをしてくれた。

およそ20年間にわたって、トム・バンチョフはかけがえのない友であり、私の考えに対する人々の反応をもっとも身近で確認させてくれる存在だった。本書を書く過程でもっとも困難な箇所を、彼の賢明さと励ましによって乗り越えることができた。本書の鍵となる部分は、アンドレアス・ウィンマーとの長い対話を通じてもたらされたもので、初期の草稿に対する彼の広範な指摘によって私は原稿を劇的に改善することができた。プリンストン大学出版では、担当編集者のチャック・マイヤーは本書が具体化しはじめた初期の段階から励ましと指示を与えてくれ、締切を破るたびに寛大な忍耐を示してくれた。ディミトリー・カレトニコフは複雑な図を洗練したものに作り替えてくれ、またシンディー・ミルスタインは私の不格好な散文を流麗なものに整えてくれた。

本書を書きはじめてすぐ、妻のティナに出会った。彼女は研究や執筆を何

も助けてくれなかった。彼女に会わなかったら——そして私たちの素晴らしい息子であるアダムが生まれなかったら——私は本書をもう少しだけ早く書き上げていただろう。しかし彼女のおかげで私は自分が想像したいかなるものよりも素晴らしい人生を得ることができた。本書を妻に捧げる。

日本語版への序文

カリフォルニア大学ロサンジェルス校教授
マイケル・L・ロス
2016年7月1日

『石油の呪い』が日本語に翻訳されることは、非常に光栄なことだ。本書が英語で2012年に出版されてから時間が経過しているので、ここで日本の読者に若干の情報更新を行い、石油をめぐって発生した新たな事態の進展を本書の議論につなげることとしたい。

『石油の呪い』が出版された当初、石油価格は記録的水準に達するかと思われるほど高かった。しかしながら2014年6月以降、石油価格はその半分以下に下落した。これは石油の世界をひっくり返してしまうような出来事だった。産油国は収入が干上がったことでブームから崩壊へと転落し、政府系ファンドはもはや成長どころか縮小し、世界的なエネルギー企業は新たな油田探索を進める代わりに資産を売却せねばならない事態に陥り、多くの損失を被っている。産油国の何億という住民が痛みを受けている一方で、石油輸入国、たとえば日本は、原油の価格低下に助けられてきた。

世界的な石油価格の下落はミステリーではない。これは主としてアメリカとイラクにおける石油供給の増加と、中国における需要の縮小が同時に発生したことによる。しかし価格崩壊の政治的帰結については、まだ明らかではない。いくつかの国、たとえばベネズエラは市民の抗議運動と政治の動揺に悩まされている。その他の国、リビアやイラク、南スーダンでは、石油が生みだす紛争から何年もの間抜けだせずにいる。サウジアラビアは安定を保っており、その指導者たちは経済多様化の促進と石油依存の低減を決断した。

『石油の呪い』は、石油に富む国が幸せな時期であれ不運な時期であれ直面する病とジレンマへの手引き書である。そうした問題の一つは不安定性だ。すなわち、石油に富む政府は予測不能な価格変動傾向を持つ商品に大きく依存している。本書が出版された頃、多くの人々は不安定性を取るに足らない

問題と捉えていた。それもそのはず、1990年代の石油価格は比較的安定しており、2000年代になだらかに上昇していったのだから。しかし2014年に始まった価格崩壊は、石油価格が本来不安定で、突然の価格ショックはけっしてなくなりはしないということを思い起こさせたのだった。

　今回の石油価格崩壊に先立つ直近の事例は1980年代に発生したもので、それは今回を上回る規模で、多くの国に深刻な結果をもたらした。メキシコやインドネシア、ナイジェリアは経済危機に突入した。もっとも強い影響を被ったのはソヴィエト連邦である。ソヴィエト政府は当初は生産拡大で価格崩壊の埋め合わせを模索したが、これは地質分析によって不可能であることがわかった。1980年代後半までに、石油価格の下落はソ連に経済的、政治的な改革圧力をもたらしたが、今にも崩れそうになっていた経済はついに崩壊し、連邦はちりぢりになってしまった。これによって多くの市民は破滅的な困難に耐えねばならなかった。

　石油価格の先行きは誰にもわからず、それゆえ石油に富む国の政治を見通すことはできない。それでも本書は、価格の高低にかかわらず、その変化を生き抜く産油国の根本的な特質について説明する。すなわち、政府予算が例外的に大きく、また収入と支出が不安定であること。不透明でしばしば腐敗した国営石油会社が多くの市場を支配していること。政治権力の集中がこうした事態を引き起こすこと。石油輸出が労働市場、さらには女性の雇用機会に影響を及ぼすこと。少数派集団に支配された石油埋蔵地域で自治要求が発生し、しばしば暴力的な紛争がそれに続くこと。これら地域の特殊な力が政府の諸制度を歪めること。

　金銭のみが経済的、社会的、文化的近代化を促すものではない、というのが本書『石油の呪い』の重大なメッセージの一つである。石油の発見はサウジアラビアやベネズエラ、イラクなどの国を金銭で潤したが、発展をもたらすことはなかった。近代的な経済と社会開発は工業化や教育、技術革新によってもたらされる。これは日本人によって開拓された苦難の道であるが、これこそが繁栄への新しい希望をもたらす道である。

目次

序文 ·· 1
日本語版への序文 ·· 6

第1章　諸国民の富の逆説 ································ 13
何が石油の呪いを引き起こすのか ························ 17
石油を歴史の中に位置づける ······························· 20
石油開発の最前線 ··· 22
将来的展望 ·· 25
石油を測定する ·· 30
内生性 ·· 33
分析の透明性と頑健性 ·· 36
因果プロセスを理解する ······································ 40

第2章　石油収入にまつわる問題 ················ 43
石油収入の規模と源泉 ·· 44
石油収入の不安定性 ··· 68
石油収入の隠匿性 ··· 77

第3章　石油の増加、民主主義の後退 ········ 85
民主主義をもたらすもの ······································ 86
なぜ財政が問題なのか？ ······································ 88
民主主義の財政理論 ··· 90
データを眺める ·· 95
石油国家としてのソヴィエト連邦 ························ 107
ラテンアメリカという例外 ·································· 110
石油の富は民主主義を阻害するのか？ ················· 111

　　　　　ロシアを再検討する 115
　補遺3.1　石油と民主主義の統計分析 120
　　　　　民主制への移行 120
　　　　　民主主義の失敗 127

第4章　**石油は家父長制を永続させる** 139
　　　　女性をエンパワーメントする――その背景 140
　　　　女性のエンパワーメントに関する理論 145
　　　　世界における石油と女性 148
　補遺4.1　石油と女性の地位の統計分析 162
　　　　　データと方法 162
　　　　　分析結果 166

第5章　**石油が引き起こす暴力** 177
　　　　内戦――その背景 178
　　　　内戦の理論 179
　　　　紛争のグローバル・パターン 187
　　　　石油がいかにして紛争を発生させるのか 194
　　　　石油を基盤とする分離主義 197
　　　　石油が支える暴力 203
　補遺5.1　石油と内戦の統計分析 215
　　　　　データと方法 215
　　　　　分析結果 217

第6章　石油、経済成長、政治制度 ……………………229
　産油国の経済成長は遅かったのか？……………230
　「通常」の成長というパズル ……………………239
　不安定さの問題 ……………………………………246
　政策の失敗を説明する ……………………………249
　政策の失敗という謎 ………………………………257

第7章　石油に関するよい知らせと悪い知らせ ………269
　地理的特性と開発 …………………………………270
　石油に由来する収入はさまざまである …………271
　石油の呪いは新しい ………………………………274
　産油国の多様性 ……………………………………276
　中東を理解する ……………………………………278
　何が必要なのか ……………………………………282
　石油収入の規模を縮小する ………………………283
　石油収入の発生源を変更する ……………………289
　石油収入の安定化 …………………………………291
　石油収入の隠匿性の排除 …………………………294
　収入を賢明に使用する ……………………………297
　石油輸入国は何をすべきか ………………………301

参考文献 ………………………………………………307

付録 ……………………………………………………327
解題 ……………………………………………………330
索引 ……………………………………………………335

国名略記一覧

国名	略記	国名	略記
アイスランド	ISL	韓国	KOR
アイルランド	IRL	ガンビア	GMB
アゼルバイジャン	AZE	カンボジア	KHM
アフガニスタン	AFG	北朝鮮	PRK
アメリカ	USA	ギニア	GIN
アラブ首長国連邦	ARE	ギニアビサウ	GNB
アルジェリア	DZA	キプロス	CYP
アルゼンチン	ARG	キューバ	CUB
アルバニア	ALB	ギリシャ	GRC
アルメニア	ARM	キルギス	KGZ
アンゴラ	AGO	グアテマラ	GTM
イエメン	YEM	クウェート	KWT
イギリス	GBR	クロアチア	HRV
イスラエル	ISR	ケニア	KEN
イタリア	ITA	コスタリカ	CRI
イラク	IRQ	コートジボワール	CIV
イラン	IRN	コモロ諸島	COM
インド	IND	コロンビア	COL
インドネシア	IDN	コンゴ共和国	COG
ウガンダ	UGA	コンゴ民主共和国	ZAR
ウクライナ	UKR	サウジアラビア	SAU
ウズベキスタン	UZB	ザンビア	ZMB
ウルグアイ	URY	シエラレオネ	SLE
エクアドル	ECU	ジブチ	DJI
エジプト	EGY	ジャマイカ	JAM
エストニア	EST	ジョージア	GEO
エチオピア	ETH	シリア	SYR
エリトリア	ERI	シンガポール	SGP
エルサルバドル	SLV	ジンバブエ	ZWE
オーストラリア	AUS	スイス	CHE
オーストリア	AUT	スウェーデン	SWE
オマーン	OMN	スーダン	SDN
オランダ	NLD	スペイン	ESP
ガイアナ	GUY	スリナム	SUR
カザフスタン	KAZ	スリランカ	LKA
カタル	QAT	スロバキア	SVK
ガーナ	GHA	スロベニア	SVN
カナダ	CAN	スワジランド	SWZ
カーボベルデ	CPV	赤道ギニア	GNQ
ガボン	GAB	セネガル	SEN
カメルーン	CMR	セルビア	YUG

ソマリア	SOM	ブルキナファソ	BFA
ソロモン諸島	SLB	ブルネイ	BRN
タイ	THA	ブルンジ	BDI
台湾	TWN	ベトナム	VNM
タジキスタン	TJK	ベニン	BEN
タンザニア	TZA	ベネズエラ	VEN
チェコ	CZE	ベラルーシ	BLR
チャド	TCD	ベリーズ	BLZ
中央アフリカ共和国	CAF	ペルー	PER
中国	CHN	ベルギー	BEL
チュニジア	TUN	ボスニア	BIH
チリ	CHL	ボツワナ	BWA
デンマーク	DNK	ポーランド	POL
ドイツ	DEU	ボリビア	BOL
トーゴ	TGO	ポルトガル	PRT
ドミニカ	DOM	ホンジュラス	HND
トリニダード・トバゴ	TTO	マケドニア	MKD
トルクメニスタン	TKM	マダガスカル	MDG
トルコ	TUR	マラウイ	MWI
ナイジェリア	NGA	マリ	MLI
ナミビア	NAM	マルタ	MLT
ニカラグア	NIC	マレーシア	MYS
ニジェール	NER	南アフリカ	ZAF
日本	JPN	ミャンマー	MMR
ニュージーランド	NZL	メキシコ	MEX
ネパール	NPL	モザンビーク	MOZ
ノルウェー	NOR	モーリシャス	MUS
ハイチ	HTI	モーリタニア	MRT
パキスタン	PAK	モルジブ	MDV
パナマ	PAN	モルドバ	MDA
バハマ	BHS	モロッコ	MAR
パプアニューギニア	PNG	モンゴル	MNG
パラグアイ	PRY	ヨルダン	JOR
バルバドス	BRB	ラオス	LAO
バーレーン	BHR	ラトビア	LVA
ハンガリー	HUN	リトアニア	LTU
バングラデシュ	BGD	リビア	LBY
フィージー	FJI	リベリア	LBR
フィリピン	PHL	ルクセンブルク	LUX
フィンランド	FIN	ルーマニア	ROM
ブータン	BTN	ルワンダ	RWA
ブラジル	BRA	レソト	LSO
フランス	FRA	レバノン	LBN
ブルガリア	BGR	ロシア	RUS

第1章
諸国民の富の逆説

　　それは悪魔の糞だ。我々は悪魔の糞の中でおぼれつつあるのだ。
　　——ジュアン・パブロ・ペレズ・アルフォンソ、ベネズエラ前石油大臣

　　あなた方が水を発見してくれたらよかったのに。
　　——リビア王国のイドリース王[訳注1]が、石油発見を報告するアメリカ系合弁会社に対して語った言葉

　1980年以来、途上国はますます豊かになり、より民主的に、そしてより平和になった。しかし、これが当てはまるのは石油を持たない国だけだ。中東からアフリカ、ラテンアメリカ、そしてアジアに散らばる産油国は、30年前と比べてまったく豊かではなく、より民主的になったのでも、より平和になったのでもない。なかには悪くなった国さえある。1980年から2006年の間に、ベネズエラでは国全体の収入の一人あたりの金額が6%落ち込み、ガボンでは45%、イラクでは85%も落ち込んだ。アルジェリア、アンゴラ、コロンビア、ナイジェリア、スーダン、イラクといった産油国の多くが、何十年も続く内戦でばらばらになっている。

　こうした政治的、経済的な病は、資源の呪いと呼ばれている。ただし、より正確にはこれは鉱物資源の呪いと呼ぶべきものだ。なぜなら、森林や水、耕地といった別の種類の資源はこうした病を引き起こさないからである。鉱物資源の中でも、非常に多くの国々にもっとも大きな問題を引き起こしているのは、世界の鉱物貿易の90%を占める石油だ。資源の呪いとは、圧倒的に

訳注1　第2次大戦後、1952年に国連決議によって成立したリビア王国の国王（在位1952-1969年）。カッザーフィーの革命によってリビア王国はリビア共和国となり、イドリース王はエジプトに亡命した。

石油の呪いなのだ[1]。

　1980年以前には、資源の呪いの兆候はまったく確認されていなかった。途上国の産油国は、権威主義的な政府を持ち、また内戦に悩まされていたが、それは非産油国も同様だった。今日、産油国が権威主義的支配者に統治される傾向は、非産油国に比べて50％以上も高く、また産油国で内戦が発生する頻度は非産油国より2倍以上も高い。産油国はより秘密主義的であり、財政が乱高下しやすく、女性に経済的、政治的機会を与えない傾向にある。1980年以降、地下資源の恵みは悪の政治をもたらしたのだ。

　この呪いの惨禍が最大の影響を与えているのは、中東である。この地域には、世界中の石油の確認埋蔵量の半分が存在する。同時に、この地域は民主化、ジェンダー格差の解消、経済改革の進展において、他地域に比べ圧倒的に遅れている。この地域の石油は、イラク、イラン、アルジェリアといった数十年にわたる内戦に苦しめられている国の地下に眠っている。多くの観察者はこの地域の病を、イスラームの伝統や植民地主義の遺産に基づいて説明しようとする。しかし実際には、石油こそが中東の経済的・政治的問題の根本にあり、さらにこの地域の民主的な改革に対する最大の障害となっているのだ。

　石油を有するすべての国が呪いにかかってしまうというわけではない。ノルウェーやカナダ、イギリスといった、高所得で経済に多様性があり、民主主義の伝統を強く持ち、なおかつ石油を産出する国では、石油の悪影響はほとんどない。かつて世界でも指折りの産油国であり、そして現在は最大の石油消費国でもあるアメリカは、多くの点で例外であり、それゆえに石油の呪いが当てはまらない。石油の富は経済的に豊かな国や、工業化された国ではなく、圧倒的に低・中所得国において問題となる。これは不幸なことに、「石油の富の悲哀」と呼ばれる現象を引き起こす。すなわち、地下資源によって豊かになることがもっとも切望されている国々が、同時にそうした地下資源から恩恵をもっとも得られない国々になってしまっている。

　かつては、資源の呪いという現象が発生するとは考えられていなかった。1950年代と60年代には、経済学者は資源の富が国を助けるものであり、傷

つけるものだとは考えていなかった。一般的に、途上国は多くの労働力を抱えているが、投資に必要な資本がない。ただし、天然資源に恵まれた国は例外だ。なぜなら天然資源に恵まれた国々は、すばやい発展に必要な道路網や学校教育、その他のインフラに投資する十分な収入を得られるからだ[2]。

　政治学者もまた、資源の富の利点を信じていた。1950年代と60年代に一世を風靡した政治発展論に関する知見であり、また1990年代と2000年代に復活した近代化理論によれば、ある国の人口一人あたりの所得が増加すれば、政府の効率性や国民に対する政府の説明責任の改善、女性の政治参加の拡大といった、政治的安寧のあらゆる局面が改善されると思われた[3]。

　1950、60、70年代には、このような従来型の知識はおおむね現実に合っていた。しかし1970年代になると、産油国では何かが悪化していたのである。

　資源の呪いを理解することは石油輸出国にとって重要であるばかりでなく、自国の経済を動かすために石油を輸入している国にとっても重要である。例えば、石油が特定の国々に埋まっていることと、そうした国々が抑圧的で紛争を引き起こしやすいということが、単なる迷惑な一致に過ぎないと論じる者がいる。かつてアメリカの〔ジョージ・W・ブッシュ政権の〕副大統領を務めたディック・チェイニーが「民主的な政府が存在するところに石油と天然ガスを埋めることが適切ではないと神がお考えになったことが問題なのだ[4]」と述べたのも、まさしく上記のような見解に基づく。しかし、問題は神の介入ではない。こうした国々が権威主義的な支配や、暴力的な紛争、経済的混乱に苦しんでいるのは、まさにこれらの国が石油を産出しているからであり、その輸出先である石油輸入国の消費者たちが、こうした国々から石油を購入しているからなのだ。

　石油は世界最大の産業だ。2009年には、2.3兆ドルの石油と天然ガスが採掘され、石油とその加工生産品は世界の商品貿易の14.2％を占めた[5]。世界の石油需要は今後数十年間にわたり拡大することがほぼ確実視されているが、一方で化石燃料の燃焼は地球の気温を不安定化させるという明白な証拠もある。この需要を満たすために、石油生産は今までにないほど貧しい国に

第1章　諸国民の富の逆説　｜　15

まで広がりつつある。

　2001年にチェイニーに率いられた米国エネルギー・タスクフォースは、石油の供給元の多様化と、政治的に不安定な中東諸国への石油の依存を減少させるように提言を行った。しかし、アフリカやアジア、ラテンアメリカで新たな産油国を見つけても、アメリカのエネルギー安全保障を改善させることにはならない。それどころか、石油生産拠点が世界中に拡大することで、資源の呪いが新しい国々に拡散して行くことになる。エネルギーの輸入国は石油の呪いから逃れることはできない。むしろ、輸入国は呪いを解くことを手助けすべきだ。

　本書は、石油の富が政治や経済に及ぼす影響を、とくに途上国について概観する[6]。世界各地の170ヶ国について50年分のデータを分析すると、これまでの研究で主張されてきたことに何の根拠もないことが明らかとなる。石油の生産が経済成長を極端に遅くするとか、政府を弱体化するとか、政府に汚職を蔓延させたり、また政府の効率を妨げたりといった主張がそれだ[7]。乳幼児死亡率の減少といったいくつかの取り組みにおいては、産油国は非産油国を追い抜いている。

　本書はまた、おおむね1980年以降に途上国の産油国が非産油国に比べて、民主化が進展せず、より秘密主義的になってきたことを指摘する。途上国の産油国は、暴力的な反乱に苦しむ傾向があり、女性に雇用や政治的影響力を配分しない。またこうした国々はより深刻な経済問題に直面している。こうした国々は他の国々と同程度の成長を達成してはいるものの、そこで生みだされてきた石油の存在を考慮すれば、本来はもっと早く成長していたはずなのだ。

　しかし、地質の特徴はあたかも運命のようにその国の将来を決定しているのではない。産油国の一部は、こうした病から抜けだすことができた。ナイジェリアとインドネシアは民主主義国に移行し、メキシコとアンゴラは多くの女性を経済活動と政治活動に参加させている。エクアドルとカザフスタンは内戦を回避し、オマーンとマレーシアは素早く、確実で、公平な経済成長を達成した。本書の目標は、「なぜ」石油が呪いなのか、なぜある国は呪いを

回避できたのか、どのようにして天然資源の富を呪いから恵みに変えることができるのか、こうしたことを説明することにある。

▌何が石油の呪いを引き起こすのか

　なぜ、石油は一国の政治と経済に対して、かくも奇妙な病を引き起こすのだろうか。石油の豊富な国に介入し、政府を操っているとして外国勢力を非難する者もいる。また、莫大な利益を追い求めて資源を搾取する国際石油会社にその責を負わせようとする者もある。

　どちらの主張にもいくばくかの真実がある。しかし精緻な分析にかかれば、どちらも正しくないことが判明する。アメリカ、イギリス、フランスは多くの産油国に定期的に介入し、またクーデターを支援してきた。最近の事例では、リビアがそうであった。しかし、これらの国々は石油のない国に対しても介入してきたのである[8]。またここ数十年においても、イラン、ベネズエラ、ロシア、スーダン、ミャンマーといった多くの産油国は、西側諸国からの圧力に対して著しく強い抵抗を示しており、圧力を力強くはねのけてきた。しかし、これらの国々が現在抱える問題は、それ以外のもっと従順で介入を受け入れてきた石油保有国と同じものである。つまりは、外国からの介入と産油国が共通して直面する問題に因果関係を見いだすことは難しい。

　20世紀の大半を通じて、シェル、ブリティッシュ・ペトロリアム（BP）、エクソン、モービルといった国際石油会社は途上国の産油国に決定的な影響力を行使しており、それゆえ多くの産油国が抱える問題の原因をこれらの国際石油会社に帰することは可能かもしれない。しかし、1970年代以降に国際石油会社の影響力は急激に衰えたのであり、これは大半の途上国が石油企業を国営化したためである。もしも外国企業が問題の根源であるなら、国有化は問題を解消していたはずだ。しかし、本書が明らかにするように、1970年代の出来事、とりわけ国有化は、産油国が抱える問題をいっそう悪化させたのである。

　大半の社会科学者は石油の呪いの発生源を産油国の政府に求めているが、

一致した見解はほとんど存在しない。ほぼすべての研究は、その原因が石油に関連すると見られる諸問題、つまり経済的パフォーマンスの低さ、民主主義の不在、頻発する内戦といった問題のうち、ただ一つだけを取りあげてきた。研究者はこうした問題に対し、石油と汚職の分かちがたい結びつき、レント・シーキング、不平等、近視眼的な政策、国家機構の脆弱性などの多くの説明を行った。これらの理論にはしっかりした根拠があるものとないものがあるが、いずれも本書の内容が先に進むにつれて議論されるだろう。

本書『石油の呪い』は、産油国の政治的、経済的問題は、石油収入が持つ特殊な性質に起因する、と論じるものである。いかにして政府が石油収入を利用するのか、例えば便宜を図る相手が多数に及ぶのか、それとも一部に過ぎないのか、といったことはたしかに重要である。しかし、政府のこうした資金の使い方が賢明であろうと、あるいは愚かしいものであろうと、そうしたことに関係なく、石油収入はその国の政治と経済の安寧に広範な影響を与えるのだ。

石油収入は、四つのはっきりした性質を持っている。それは、規模、発生源、安定性、隠匿性である[9]。こうした性質が発生する、あるいは悪化する原因は、国営石油会社の台頭にある。

石油収入の「規模」は、莫大なものになり得る。平均して、産油国政府の規模は非産油国政府に比較して50％も大きい（国の経済活動に占める政府の割合から算出）。低所得国では、石油の発見は財政の爆発的拡大の引き金となり得る。一例を挙げると、2001年から2009年の間、アゼルバイジャンの政府支出は600％拡大し、赤道ギニアのそれは800％拡大した。こうした収入が巨大であるために、権威主義的な政府は反体制派を容易に沈黙させることができる。石油の規模が莫大であることは、かくも多くの産油国で暴力的な反乱が発生していることの重要な原因となっている。産油国の石油産出地域の居住者は、中央政府に吸いあげられてしまう莫大な石油収入からより多くの分け前を求めて反乱を起こすのだ。

収入の規模だけでは、石油の呪いを説明することはできない。ヨーロッパの平和で民主的な産油国は、紛争に悩まされる権威主義的な多数の産油国よ

りも、政府の規模が大きい。ここで問題になるのは、収入の「発生源」である。石油から収入を得る政府は、国民から集められる税金ではなく、国有の資産、すなわち石油の富から収入を得ている。このことは、非常に多くの産油国が非民主的である理由を説明する。政府が税金で国庫を賄っている場合には、納税者である市民からより多くの制約を受けることになるが、石油によって資金を得ているのであれば、民衆からの圧力の影響を受けにくくなる。

　問題のもう一つの原因は、石油収入の「安定性」に求めることができる。これは、不安定性と言い換えてもよい。国際石油価格の不安定さと産油国の石油埋蔵量の増減は、財政の不規則な大変動を生みだす。産油国政府がこの不安定さを自国ではほとんど管理できないという点に、なぜ産油国政府が資源の富を浪費してしまうのかという問いへの答えがあるだろう。また、収入の不安定さは地域紛争を悪化させるので、政府側と反政府側が互いに歩み寄ることをますます困難にする。

　最後に、こうした問題を石油収入の「隠匿性」が悪化させる。産油国政府はしばしば国際石油会社と共謀して両者の間の取引を秘密にし、また自国の国営石油会社を使って政府の歳入と支出の両方を覆い隠す。サッダーム・フセインがイラクの大統領であった当時、政府支出の半分以上がイラク国営石油会社を経由したが、この会社の経費は秘密にされていた[10]。他の産油国でも、同様の行為が見られる。隠匿性は、なぜ石油収入がかくも同じように浪費されるのか、なぜ石油から資金を得ている独裁者が政権に居座り続けることができるのか、という問いへの答えを示している。すなわち、隠匿性によって産油国政府はみずからの強欲さと無能さの証拠を隠蔽できるのだ。また、反乱側が武力行使を止めようとしないのは、たとえ政府が石油収入のより公正な配分を提案しても、この隠匿性のおかげで、それを信頼できないからだ。

　石油はまた別のやっかいな性質を持っており、石油採掘に必要なプロセスがその典型である。石油の採掘にはいくつかの作業が必要となるが、そうしたプロセスはほとんど直接的な利益を生まないにもかかわらず、石油採掘現場の近隣に位置する共同体に対して、社会的、環境的に多くの問題を生みだ

してしまう。石油とガスの採掘施設には大きな埋没費用^{訳注2}があり、それゆえ法外な要求に対して脆弱である。また大量の石油が産出されると、産油国の通貨の為替レートに影響を与え、製造部門や農業部門の規模を縮小させる。これは女性のための雇用を削減することにつながる。こうした石油の性質は、石油の富のパラドクスを解く鍵を我々に与えてくれるが、このことについては本書の各章で議論しよう。

いずれにせよ、石油に関するもっとも重要な政治的事実、すなわち石油が非常に多くの途上国でさまざまな問題を引き起こしている理由は、石油が政府に与える収入がはるかに巨大であり、租税に由来せず、予測不可能なほどに変動し、容易に隠すことができる、ということにある。

石油を歴史の中に位置づける

石油収入がつねにこうした性質を持っていたわけではなく、石油の富がかならずしも呪いであったわけではない。

1970年代まで、産油国は非産油国と似たような状況にあった。各国が独裁者に支配される傾向は似たようなもので、内戦が発生する頻度も同程度であった。女性に対して与えられていた機会もおおむね同じようなもので、経済成長率が安定し、それが世界平均より高かったことも同じである。しかし、1970年代を境にこれらのすべては一変した。

この逆転は、おもに1960年代と70年代の石油国有化の波によって引き起こされた。国有化の波は、石油収入の規模、発生源、安定性を転換させた。1970年代以前には、石油業界はセブンシスターズとして広く知られる一握りの巨大企業によって支配されており、こうした企業は共謀して世界の石油供給を支配していた[11]。わずかな例外を除いて、セブンシスターズは現地で石油を採掘し、輸出する子会社を支配していた。またセブンシスターズは世

訳注2 埋没費用とは、ある事業を立ち上げるために投資した金額の中で、その事業から撤退することになった際に回収できない部分を指す。石油産業では一般に、石油生産施設を建設した後にその事業から撤退しようとしても、その施設の建設費用があまりに巨額であるため、埋没費用が大きくなる。

界のいたるところで石油の海上輸送や販売に関わる子会社をも支配しており、そうすることで石油の価格を安定的に維持し、またその利益の大半を手にしていた。アメリカとその同盟国の軍事的支援が、こうした安定した、まったく不正な仕組みが維持されることを支えた。

イランやイラク、サウジアラビア、リビア、アルジェリア、ナイジェリア、それにインドネシアといった産油国は、こうした国際石油会社の権力を容認するわけにはいかなかった。権力が産油国の利益を不正に吸い取り、産油国の利益を考慮せずに生産量を制限したりあるいは拡大したりすることで、産油国に自国の資産を管理させなかったからである。

1960年代と70年代になると、国際石油市場はいくつかの変化が重なり合うことで、その姿を変えることとなった。まず、石油供給が逼迫してきた。これは需要の拡大が新規油田の発見の速度を追い抜いてしまったからであった。また、発展途上地域の産油国は石油輸出国機構（OPEC）を通じて協力しはじめた。アメリカもまた、国内需要が急拡大していたにもかかわらず、国内生産量が減少を始めていたため、しだいに海外の石油への依存を強めていった。さらには、石油価格を安定的に維持することに貢献していたブレトン・ウッズ体制が崩壊した。

もっとも重要なことは、発展途上地域の産油国のほぼすべてが自国の石油産業を国有化し、これを経営するために国営企業を立ち上げたことである[12]。国有化はどこでも産油国の勝利として認識され、栄えある祝祭となった。イラクで国有化を立案したサッダーム・フセインは、当時は革命指導評議会副議長だったが、これによって名声を得ることとなった。他国に先駆けて1938年にメキシコが外国の石油企業を接収した事件は、今日でも国民の祝日となっている。

産油国にとって国有化は大きな前進であった。これにより産油国は自国の資産を管理する大きな権限を得たのであり、また石油産業から得られる利益のより大きな部分を獲得することができた。1970年代には、産油国は石油の国際価格を最高記録に到達させることに成功し、これが石油輸入国から輸出国への、前例のない規模での富の移転を引き起こしたのであった。

石油国有化は産油国の財政を変質させた。政府の歳入は劇的に拡大し、支配者は予測しなかった棚ぼた式の利益を得ることができた。税を徴収したり、外国企業から石油採掘権収入を集めたりする代わりに、政府は自国の国営企業を通じた石油の販売によって資金を調達できるようになった。これはまた、政府がこれらの収入を隠匿することをも可能にしたのであった。国際石油価格は、予想もできないような変動を始め、これに従って産油国の財政も同じ変動をたどったのである。

　こうしたエネルギー市場の革命によって、産油国政府は、かつて想像された以上に大きく、豊かに、そして強力なものとなった。しかし産油国の国民にとって、こうした変化の結果はしばしば破滅的なものであった。かつて外国企業の手にあった権力は政府の手に移り、政府は反体制派を容易に沈黙させ、また民主化に向かう圧力を簡単に押さえつけるようになった。石油産出地帯に居住する少数民族は、政府が獲得する石油収入のより大きな分け前を得ようと武器を取るようになった。そのうえ多くの産油国で、巨大な歳入の波は女性ではなく男性向けの雇用を生みだすようになった。産油国の国民は1970年代に経済成長ブームを享受したが、こうした利益の大半は、1980年代の油価下落とともに消え去ってしまった。

石油開発の最前線

　グローバルなエネルギー市場の変化は、石油の呪いの拡大を引き起こした。ある推計によれば、もしも今日のエネルギー政策に変更がなければ、今後25年間で世界の石油需要と液体燃料への需要は28％上昇し、天然ガスの需要は44％上昇するという。現在の世界最大の石油輸入国はアメリカだが、新たな需要は中国やインドといった途上国で発生するだろう[13]。

　この増加する需要に対応するために、石油会社はしだいに低所得国で採掘を行うようになってきている。歴史的には、石油は経済的にすでに豊かになっていた国で産出されてきた。19世紀半ばに石油時代が始まって以来、経済的に豊かな国は貧困国に比べ、石油を産出する可能性が70％も高かった。こ

れは裕福な国に石油が埋まっていたからではなく、裕福な国ほど多くの資金があり、それを石油の探査と採掘のための投資に振り分けることができたからである[14]。今日、北アメリカやヨーロッパの、経済的に豊かで民主的な国々が獲得している鉱業への投資額は、それ以外の国々と比較して、1平方キロメートルあたり10倍に達する（図1.1 参照）。

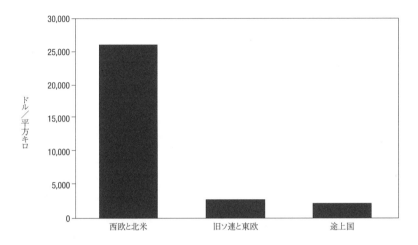

図1.1 採掘産業における海外直接投資額 2007年

数値は、2007年の石油、鉱業、採石業における海外直接投資のストック（ドル）を、当該国の領土1平方キロあたりで示している。
出所：United Nations Conference on Trade and Development 2009; World Bank, n.d. を基に著者が算出。

今世紀に入ると、こうした傾向には変化が見られるようになった。石油開発の最前線は今まで以上に貧しい国々に移りつつある。1970年代の石油価格の急激な高騰以降、産油国の数は1976年から1998年の間に37ヶ国から44ヶ国の間で上下していた（図1.2 参照）。しかし1998年から2006年の間には、産油国は38ヶ国から過去最高の57ヶ国に増加した。新たに加わった産油国の大半は、低・中所得国だった。産油国数が増加するにつれ、産油国の一人あたりの所得の中央値は、1998年の5200ドルから2004年の3000ドルへと急降下した。このことは、産油国グループに貧困国が加わるようになったこ

とを意味する。

　1999年1月には、石油は1バレルあたりわずか10ドルだったが、2008年6月には145ドルに跳ね上がった。石油価格の高騰のおかげで、貧しく僻地で、しばしばまったく統治が機能していないような国で操業するリスクは、新たな油田の発見による利益で埋め合わせができることに、石油会社は気づいた。ベリーズ、ブラジル、チャド、東ティモール、モーリタニア、それにモザンビークは、いずれも2004年に石油とガスの輸出国となった。今後数年間で、16ヶ国ほどが新たに産油国に加わる見通しである。これら16ヶ国の大半はアフリカに位置する貧困国である[15]。今後20〜30年の間、化石燃料産出国のリストに新規参入する国々の大半は、途上国となろう[16]。

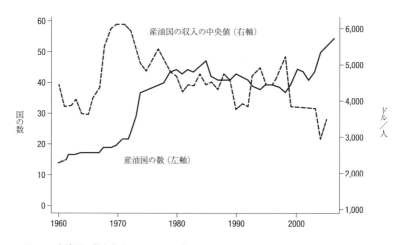

図1.2　産油国の数と収入　1960-2006年

実線は産油国の数を、破線はそれらの収入の中央値を示している。当該年の石油およびガスからの収入が国民一人あたり100ドル（2000年価格）を超えるものを産油国とみなした。
出所：BP 2010; World Bank n.d. から著者が算出。

　これはすなわち、新たな化石燃料収入の巨大なうねりが、世界でもっとも貧しい国々を直撃しはじめていることを意味する。もしも資源の呪いといったものが存在しなければ、このことは貧困から抜けだせる歴史的にも珍しい

機会となり、歓喜すべきニュースとなるだろう。しかし、極端に資金が不足している低所得国は、いともたやすく資源の呪いにかかってしまう。何か手が打たれなければ、こうした棚ぼた式の利益は、石油開発の最前線で生活する人々を手助けするのではなく、苦しめることになるだろう。

将来的展望

　私の分析は続く第2章から、なぜ石油収入がかくも異常な性質を持つのかを説明することで幕を開ける。その性質の一部は、石油産業に固有の特徴に起因する。そうした特徴には、政府が石油と天然ガス資源に対する所有権を持つこと、石油採掘には膨大な事前投資が必要であること、石油産業が莫大な利益を生みだすこと、通貨価値の上昇を引き起こすことで経済に悪影響を与えること、石油産業が飛び地として活動すること、石油価格がわずかな需要と供給の変化に敏感に反応すること、などがある。

　19世紀以来、こうしたことは石油産業の特徴だが、一方で1960年代から70年代にかけての変化もまた、石油収入の特徴を生みだしている。その変化とは、国際的な化石燃料の供給量の減少であり、ブレトン・ウッズ体制が支えた固定相場制の崩壊であり、国際石油会社の弱体化とOPECの台頭であり、産油国に予想もしなかったような富と影響力を与えることになった石油国有化の波である。このような、そしてこれ以外のさまざまな変化が、石油収入をかつてなく巨大かつ不安定なものにしており、なぜ資源の呪いの特徴が1980年代になって初めて発生したのかを説明する。

　第3章では、石油収入の規模、発生源、そして隠匿性が権威主義的な政府が権力を持ち続ける一助となっていることを説明する。こうした筋立ての一部は、政治学者には馴染深いものだろう。独裁者が税金で国庫を賄わなければならないのであれば、彼らは国民から税の使い道について大きな説明責任を突きつけられる。しかし独裁者が石油や天然ガスのような国有資産を売却することで資金を得ているのであれば、民主化の圧力をかわすことができるだろう。こうしたスタンダードな説明に対し、私はそこにいくつかの新しい

要素を加えようと思う。1970年代の国有化以降、石油だけが反民主化効果を有するのだ、と。石油は権威主義体制を維持し、低所得国の民主主義体制を弱体化させる。また石油収入は、場合によってはその隠匿性によって、民主化の発生をくじく効果がある。さらに、これは矛盾するように思われるかもしれないが、権威主義的な指導者は国内の燃料価格を低く抑えることに民主主義的な指導者よりもずっと熱心である。

　石油がいかにして権威主義的政府を権力の座に居座らせ続けるのか、その仕組みを描くために、第3章では例としてソヴィエト連邦を取り上げる。また、民主主義が弱い国において石油が説明責任の原則を崩壊させる状況を説明するために、ソヴィエト後のロシアを例に取り上げる。第3章で繰り広げられる議論は、同章の補遺で統計データを用いてさらに詳しく分析される。

　資源の呪いの特徴の中には、驚くべきものもある。第4章では、石油収入がいかにして女性の政治的、経済的機会を阻害するのか、こうした現象が顕著な低・中所得国、その中でもとりわけ重要な中東および北アフリカ地域を事例に分析する。これは部分的には石油収入の規模に起因する現象であり、政府は女性の労働参加を阻害するような方法で石油収入を利用する。またこれは、女性を雇用し、女性により大きな経済的・政治的権利への門戸を開くような産業を、石油の生産が「追いだして」しまうためでもある。その結果が、中東地域の女性がそれ以外の地域の女性に比べて、経済的・政治的に進歩が遅れているということなのだ。イスラームが中東の女性の進歩を阻んでいるという議論が一部にあるが、こうした議論は完全に正しいというわけではない。なぜなら、同じ中東地域においても、石油資源に富む国に比べて石油資源に乏しい国のほうが、女性がより良い生活を送っているからだ。

　こうした議論を説明するために、私は多くの点で似通った3ヶ国を例に挙げよう。アルジェリア、モロッコ、チュニジアである。この中で、アルジェリアのみが大量の石油を産出している。石油はアルジェリアの女性の進歩を遅らせており、モロッコとチュニジアの女性はより早く多くを獲得してきた。これまでの章と同様に、第4章の補遺でも統計的データを用いてより詳細な証拠を提示する。

第5章で取り扱うのは、1980年代以降に石油収入が内戦の危険性を高めるようになった現象である。低・中所得の産油国は、非産油国に比べて2倍の頻度で内戦に陥りやすい。こうした紛争の一部は小規模なもので、例えば中国における新疆ウイグル自治区の独立運動であるとか、あるいはメキシコのサパティスタ民族運動などがそれである。大規模なものとしては、アンゴラやコロンビア、スーダンの内戦のような破滅的なものもある。

　第5章では、石油を原因として発生する紛争を2種類に分類する。一つは石油産出地域に居住する、政治権力を剥奪された少数派によって引き起こされる分離主義的な内戦であり、もう一つは石油産業から資金を略奪することで、みずからの資金源を確保しようとする反乱集団によって引き起こされる紛争である。石油が政権転覆に結びつく道筋をたどるために、コロンビアやコンゴ共和国、赤道ギニア、インドネシア、ナイジェリア、スーダンといった比較的最近に紛争が発生した事例を取り上げる。同章の補遺では、石油と暴力の関連が統計的に詳細に説明される。

　第6章は石油収入の経済的効果に注目し、政府が収入を管理する仕組みを分析する。多くの研究が指摘するところでは、途上国において石油は異常なほどゆっくりとした経済成長を引き起こすとされ、これは鉱物資源の富が官僚機構の効率性や汚職の蔓延、法の支配の弱体化などを通じて、国家機構を破壊する効果を持つからだとされる。こうした「通説」の大半は間違っている。産油国の経済成長は通常では見られないほどに不安定で、長期的には非産油国の経済成長と比べて早いわけでも遅いわけでもない。また石油の富が国家機構に害を及ぼすという証拠もほとんどない。逆に、こうした主張は「じゃじゃ馬億万長者の誤謬[訳注3]」や「知覚されない苦痛の誤謬」といったものに基づいている。

　産油国が「通常」の状態であったはずの時期に、成長が遅かったことは問題ではない。むしろ、産油国政府が莫大な収入を獲得していた時期には通常

訳注3　「じゃじゃ馬億万長者」（原題：*The Beverly Hillbilies*）は、1960年代のアメリカのホームドラマ。アメリカの片田舎に暮らすある一家の庭先から石油が出たことで、この一家が億万長者になってビバリーヒルズで生活するようになり、そこで巻き起こる田舎出身者と高級住宅街の住民とのカルチャーギャップをテーマとするコメディ。

の状態よりも速く成長するはずにもかかわらず、通常の成長だったことが問題なのだ。平均成長率がまことに残念な状況にあったことの背景には、二つの理由が考えられる。一つは、産油国が女性向けの雇用創出に失敗したことである。この失敗がなければ、出生率と人口増加率が下がり、国民一人あたり所得の伸びを促進しただろう。もう一つは、収入の不安定さに起因する様さまざまな困難に、政府が対応できなかったためである。

　石油の呪いは広範囲に存在しており、これについては最終章で取り扱う。それは、政治経済学で取り組まれてきた最古の謎——ある国家を取り巻く自然環境は、その国家の形成にいかに影響を与えるか——に、新しい洞察を与えることになるだろう。社会科学者は、国家はそれが存在する大陸上の位置、疫病の状況、海上へのアクセスなどに大きく影響を受けると論じてきた。本書は、ある特定の状況下で、その国が有する地下資源がその国の発展経路を形作るプロセスを明らかにするものである。

　石油の呪いはまた、たとえ低所得国であっても、より多くの収入がより良い結果を生むとは限らない、ということを我々に気づかせる。収入が何によってもたらされるか、それがどのようにしてその国の政治に影響を与えるのか、こうしたことが収入の影響を決定する。また石油の呪いを理解することは、われわれに中東を理解する手掛かりを与える。中東は、世界でもっとも石油の富があふれ、また民主主義とジェンダー平等がもっとも欠如していることで際立っている地域である。しかし、中東地域は石油の呪いによって民主主義や性差に基づく権利拡大運動が失敗するように運命づけられているわけではない。たしかに石油の呪いの効果は驚異的なものではあるが、未来永劫変わらないものではない。石油収入が政府に流入する流れを変える手段はさまざまに存在し、石油の管理方法を改革することが、経済的・社会的・政治的権利を拡大することにつながり得る。

　本書の最終章は、石油収入にともなう問題だらけの性質を変えることで、産油国が石油の呪いを回避する方法を説明する。そこでは、石油収入の規模、発生源、安定性、隠匿性を変更する方法が、単純なもの（よりゆっくりと採掘する）から風変わりなもの（物々交換契約、石油建てローン、部分的な民営

化）まで、ずらりと並ぶことになる。帳簿の収入側を変えることには限界があるので、政府が収入の使用方法をいかに改善できるか、その方法を概観することになる。

　どこでも使える治療薬が一つある。政府が石油収入をいかに徴収し、管理し、使うか、その透明性を拡大させることである。透明性が改善されれば、政府は国民に対してより説明責任を果たすことになり、暴力的な紛争を減少させ、汚職による経済的損失を縮小させることができる。石油輸入国が持つ化石燃料への貪欲な需要は、しばしば石油の呪いの原因となるのだが、こうした輸入国が自国の透明性を高めることは、輸出国の透明性にも大きな影響を与える。

　石油ブームの転換点にある諸国にとって、改革は緊急を要する。アフリカやラテンアメリカ、中東、アジアのどこかで、ほんの数ヶ月ごとに新しい油田やガス田が発見されている。油田の多くは、貧しく、非民主的で、大きな収入を管理するのに適した仕組みを有していない国で発見されている。そうした国の国民にとって、本書は、かつてどういった国が悪い結果に終わったのか、また未来のために何を変えればいいのかを知るための、ガイドブックとなるだろう。

補遺 1.1　分析手法と測定方法に関するノート

　本書は、一国の石油収入がその政治および経済発展に与える影響について一連の議論を提示する。これは質的・量的証拠や、他の研究者の成果からの引用によってこれらの議論を成立させるものである。

　量的分析は 1960 年以降のすべての国家の観察可能なデータに基づいている [17]。観察可能なデータ、とくにクロスナショナル・データを使用して原因を推定する作業には重大な限界がある。本書は観察可能なデータの使用が不可欠となるような分析課題に取り組むので、この因果推論を損なう事態、すなわち説明変数それ自体が他の変数の影響を受けることや、不要なまでに複雑で透明性に欠ける統計的手法、頑健でないばかりか単にデータ上の奇妙さや恣意的に採用された分析手法、あるいは強く影響を与える少数の観察結果といったことのみを反映している相関関係、さらには主要な変数群に関わる明確な因果プロセスの欠如、といったものを避けるために、特別な努力を払った。

石油を測定する

　本書のもっとも明らかな新機軸といえば、それは石油とガスの富の測定方法である。これは過去の手法が有していた外因性の問題を解決するものであり、その収集には信頼性と透明性があり、すべての国家、すべての年代に適用可能である。

　資源の呪いを分析する初期の研究の大半は、当該国の化石燃料輸出への依存、すなわち当該国の GDP に占める石油輸出の割合を、説明変数として使用していた [18]。しかし、この変数には二つの欠陥がある。一つは概念的なもので、もう一つは権威主義体制、内戦、低い経済パフォーマンスといった事柄と石油の間の疑似相関を引き起こしかねないバイアスの存在である。

　概念的な欠点とは、輸出された燃料のみを測定対象としていることであ

る。なぜ国内で販売される燃料を対象にしないのか、まったく理解できない。政府は石油収入を輸出と国内販売の両方から獲得しているのである。燃料が国内で補助金に支えられた価格で販売されていたとしても、この石油の本当の価格、それゆえこれらの補助金を支払う政府の負担を考慮に入れるべきである。

　また、この測定方法では、貧困国だと数値が大きめに偏る。この手法は、石油輸出への依存と、低所得と密接に関連する多くの経済的、政治的病とのみせかけの関係を作りだすのである。例えば、同程度の人口を有し、同じ量の石油を産出する二つの国がある場合を想定しよう。GDPに占める石油輸出収入を測定する際、石油輸出額を分子とし、GDPを分母として計算する。このような計算においては、貧しい国のほうが石油輸出の割合が大きくなってしまう。産油国の典型的なパターンを想定すると、産出される石油の一部を国内で消費し、残りを輸出するというものになる。経済的に豊かな産油国は、多くの石油を消費する。これに対して貧困国の国内消費量は小さいので、より多くの石油を輸出することになる。例えば人口一人あたりの計算においては、アメリカはアンゴラやナイジェリアよりも多くの石油を生産しているが、アンゴラとナイジェリアはアメリカよりも多くの石油を輸出している。これはアメリカがアンゴラやナイジェリアよりも豊かで、国内で生産される石油を国内で消費してしまうためである。我々は石油輸出を測定する際に、間接的に対象国の非石油部門の経済規模を測定しているのだ。

　同様の問題は、GDPに占める石油輸出額を算出するときの分母に関しても当てはまる。二つの国が同量の石油を輸出していると仮定しよう。その2国のうち貧しいほうの国のGDPは他方より小さくなるため、貧しい国ほどGDPに占める石油輸出額の割合は大きくなる。これはいくつかの内生的問題につながる。例えばGDPに占める石油輸出額が高い国は、経済成長が鈍化する（あるいは汚職や内戦が発生する）という事態を引き起こすかもしれないが、この原因と結果の関係は逆かもしれない。というのも、ゆっくりとした経済成長や汚職、内戦といった事態が原因となって、その国のGDPを減少させるという結果を生むからだ。石油輸出への依存と紛争という二つの事柄

の間の相関関係を解釈しようとしても、どちらもその国の貧しさによって弾みをつけられてしまい、二つの関係は疑似相関となってしまう。

　これらの問題を乗り越えるため、私は輸出額に代わって石油とガスの総生産額を使用し、その国のGDPや総輸出額ではなく、人口で割ることにした。その結果として現れる変数、「人口一人あたりの石油収入」は、石油の呪いを完全な形で評価するものになる。すなわち、石油生産が適切にマネージメントされているか、あるいは石油以外の経済部門にどれほど影響を与えているかに関係なく、1国の石油生産の価値が政治に影響を与えているかどうかを問うものになる。

「石油収入」変数はまた、GDPに占める石油輸出額の割合に比して、より直感的な意味を持つ。仮に、同程度の人口を持つ2国が、同程度の石油とガスを産出している——例えばアンゴラとオランダがこれにあたる——としよう。この2国においては、人口一人あたりの石油収入は同程度のものになる（アンゴラとオランダの場合、これは2003年の数値でおおよそ500ドル／人となる）。しかしながら、GDPに占める石油輸出額を算出するなら、アンゴラ（0.789）はオランダ（0.056）に比してずっと大きなものになる。というのも、アンゴラは貧しいために自国で産出される石油の大半を国内で消費せず（すなわち分子が大きくなり）、そのGDPも非常に小さい（つまり分母が小さくなる）からだ。

「石油収入」変数は二つの重要な弱点を有している。第1に、各国間の数値に強い偏りが見られる。大半の国家は石油をほとんど、あるいはまったく生産しないが、少数の国家が非常に大量の石油を産出している。このような数値の偏りを回帰分析に使用するときには問題が発生する。私はこの問題を小さくするために、いくつかの段階を設定した。値の偏りを小さくするため、第3章と第5章で行われる回帰分析において、石油収入の自然対数を採用した（ただし第4章ではこれは適用されていない。理由は第4章の解説に記した）。石油収入の対数も非正規分布をとるため、第3章、第4章、第5章のすべての分析結果に対して、石油収入の二値測定を用いて検定を行った。この測定は、分析対象となる年に少なくとも100ドル／人（2000年価格）の石油・ガ

ス収入を持つ国を石油産出国とみなし、それ以外を非石油産出国として扱うものである。私の推論が少数の事例に見られる極端な数値に基づくものではないことを示すために、本書のすべての章で、各国を産油国と非産油国に分類するクロス集計分析を採用した。

　第二の弱点は、「石油収入」と私の理論における石油の富は、密接に関連するが、厳密には異なる概念である。私の議論のほとんどの部分において、石油はそれが政府の収入源となるために、政治的に害を与えるものだと指摘している[19]。不幸なことに、最近のいくつかの国を除いて、これらの収入の秘匿性はその測定を極端に困難なものとしている。仮に完全で正確な石油収入の情報を利用可能であったとしても、この方法はそれ自体が欠点を有している。すなわち、ある国の石油収入はその政府組織や制度に影響を受ける。このため、石油の富がその国の統治に与える影響を因果関係として捉えることはできない。より外生的でより多くの国を、より長期にわたって測定することを可能とするために、私は「石油収入」の手法を採用する。

　石油収入は1960年からすべての国について容易に算出可能である。1970年から2001年の間の石油とガスの生産に関するデータは、世界銀行の「環境経済学とさまざまな指標」のサイトから得ることができる。2001年以降の数値はBP Statistical Review of World Energyから入手できる。1970年以前の石油とガスの生産、および2001年以降でBPのデータから漏れている国々については、アメリカ地質調査所による鉱物年鑑に拠った。上記のデータセットで適切に測定されていないソヴィエト連邦の生産量については、マーシャル・ゴールドマンとジョナサン・スタンの研究からデータを得た[20]。石油とガスの価格については、BP Statistical Reviewに拠った。

内生性

　「石油収入」が各国にランダムに分布している――それゆえ、その国の経済や政治状況から真に外生的である――のであれば、因果関係の特定はたやすい。石油収入と統治の間に統計的に有意な相関関係があれば、それは前者が

後者の原因であることを強く示すものとなる。

　しかし残念なことに、「石油収入」の分布はランダムではない。それゆえ、なぜこの分布が時代によって、あるいは各国によって違いがあるのかを理解することが非常に重要となる。「石油収入」変数は以下の三つの基本要素の関数である。すなわち、その国の地質の特性（これは採掘可能な石油の物理的な質と量を決定する）、採掘のためになされた投資（これは任意の時代においてどれほどの量が発見され、また商業生産が行われるかを決定する）、石油価格（これは石油販売が生みだす金額と採掘される割合を決定する）の3要素である。その国の地質の特徴と国際石油価格は、その国の経済的、政治的特徴の影響を受けない[21]。しかしその国の経済と政府は、石油生産のための投資に影響を与える。経済的に豊かで外国からの投資に開かれており、投資家により良い法的保護を与える国は、石油部門により多くの投資を呼び込むことができる[22]。

　石油への投資に関する国別データは少なく信頼性もないが、地域別データは利用可能で有益である。途上国は世界中の陸地（南極大陸を除く）のおよそ60％を占めるものの、石油や鉱業、採石業への海外直接投資ストックについては20％未満を獲得するのみである。経済的に豊かな民主主義国である北アメリカ、オーストラリア、ニュージーランドは世界の陸地の25％を占めるだけだが、鉱業に関する海外直接投資ストックの75％を獲得している。このことは、経済的に豊かな民主主義諸国は、途上国や旧ソヴィエト連邦諸国および東南ヨーロッパに比べて、1平方キロメートルあたりのあらゆる形態の鉱業に対する海外直接投資を、およそ10倍も多く得ていることを示している（**図1.1参照**）。実際、このことは投資に関して経済的に豊かな民主主義国が有する利点を控えめに見積もったものである。途上国は自国の石油部門を開発するために高価な西側の技術とともに海外投資に大きく依存しているが、経済的に豊かな民主主義国はより多くの国内投資を利用可能である。

　先進工業国（それらはより民主的で平和であり、より多くの女性が政府に参加する傾向にある）にはより良い投資環境があるため、他の条件が同じならば、その国が民主的であればますます多くの石油収入を得られると想定すべきである。このことはまた、石油収入と権威主義体制や内戦、女性の権利の不在

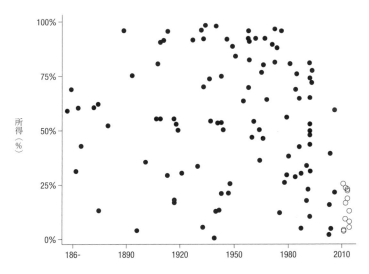

図1.3 新規産油国の収入 1857-2015年
点は石油生産を開始した年の産油国の国民一人あたりの収入を、その年の全主権国家の中のパーセンタイルで示している。右下の角にある白い点は、2010年から2015年の間に生産が開始される見込みの国を示している。
出所：Haber and Menald 2009; Maddison 2009 を基に著者が算出。

との間の相関関係が確認される場合、この関係が疑似相関であるのではなく、石油の真の影響を小さくしているのだと考えられる。

　外生性を確認するもう一つの方法は、産油国が石油生産を開始する前から経済的に豊かであったのか、それとも貧しかったのか、これを確認することである。図1.3は1857年から2009年の間に石油生産を開始した全103ヶ国が石油生産を開始した時期の収入を、同じ時期の他国と比較したものである[24]。Y軸上の50パーセンタイル以上の国が中位所得以上であり、中位所得以下の国は50パーセンタイル以下である。

　41ヶ国は自国の所得が中位以下のときに生産を開始した。4ヶ国は中位にあるときに、58ヶ国は中位以上であるときに石油生産を開始した。このことは、すでに経済的に豊かな国、すなわちより民主的で平和な国において石油生産が行われる可能性が高いことを示している。2000年以降に関してのみ、

低所得国のほうが、高所得国よりも石油生産を開始する可能性が高くなっている。これは石油生産のフロンティアがもっとも貧しい国々に移動していることを示している。図1.3 に示された白丸は、2010 年から 2015 年の間に石油生産が開始されることが予想される国を示しており、それらはすべて低所得国である。

　次のように疑う者もあるかもしれない。権威主義国の指導者たち、あるいは内戦に見舞われている国の指導者たちは、収入が欲しくてたまらないので、民主的あるいは平和な国に比べてより多くの石油を生産する傾向にあるのではないか、と[25]。しかし、サウジアラビアを除いて、自国の石油生産量を自分の意思で調整する能力を持つリーダーは存在しない。生産率は地政学的状況で決定されており、それは石油を地下から採掘する速度を決定する。また石油価格は、商業的に利益を生む限界生産地点を決定する。仮に指導者がこれらの要素を支配できたとしても、民主主義国の指導者たち——彼らは日常的に政治的競争や譲歩に直面している——も権威主義国の指導者と同様に、あるいは彼らよりもなおいっそうのこと、収入が欲しくてたまらないはずだ。

「石油収入」は一国の経済的、政治的特徴から完全に外生的なものではない。しかし、この変数はより民主的で、平和で、安定している国家であればそれだけ上方バイアスを持つはずであり、それゆえ石油の呪いの知見に反するバイアスを持つはずなのである[26]。

分析の透明性と頑健性

　私はもっともシンプルでもっとも透明性のある適切な方法、すなわち散布図、クロス集計表、および平均の差の検定といった方法でデータの分析を試みた[27]。可能な限り、所与のパターンと一致する国と一致しない国の両方を示す表や図を用いる。あいまいで不透明な言葉遣いは最小限にするよう努力した。すべてのデータは他の人間が検証できるように私のウェブサイトにアップロードしてあり、https:dataverse.harvard.edu/dataverse/mlross から入

表1.1 石油および天然ガス生産国 2009年

数値は人口一人当たりの石油と天然ガスの生産量の推計値を米ドル（2009年の名目価格）で示したもの。

国名	一人あたりの生産量（2009年米ドル）
中東・北アフリカ	
＊カタル	24,940
＊クウェート	19,500
＊アラブ首長国連邦	14,100
＊オマーン	7,950
＊サウジアラビア	7,800
＊リビア	6,420
＊バーレーン	3,720
＊アルジェリア	1,930
＊イラク	1,780
＊イラン	1,600
＊シリア	450
イエメン	270
エジプト	260
チュニジア	250
ラテンアメリカ、カリブ海諸国	
＊トリニダード・トバゴ	6,250
＊ベネズエラ	2,130
＊エクアドル	820
スリナム	680
＊メキシコ	610
＊アルゼンチン	530
コロンビア	430
ボリビア	270
ブラジル	240
キューバ	110
サハラ以南のアフリカ	
赤道ギニア	12,310
＊ガボン	3,890
＊アンゴラ	2,400
＊コンゴ共和国	1,940
＊ナイジェリア	370
スーダン	260
チャド	230
カメルーン	100

表1.1（続き）

数値は人口一人あたりの石油と天然ガスの生産量の推計値を米ドル（2009年の名目価格）で示したもの。

国名	一人あたりの生産量（2009年米ドル）
北アメリカ、ヨーロッパ、オーストラリア、ニュージーランド	
＊ノルウェー	13,810
＊カナダ	2,530
デンマーク	1,270
＊オーストラリア	790
＊アメリカ合衆国	730
＊オランダ	670
ニュージーランド	430
＊ルーマニア	170
＊イギリス	150
クロアチア	140
ウクライナ	110
東南アジア	
＊ブルネイ	11,590
東ティモール	1,910
＊マレーシア	860
インドネシア	140
タイ	150
パプアニューギニア	120
旧ソヴィエト連邦諸国	
アゼルバイジャン	2,950
＊カザフスタン	2,370
＊ロシア	2,080
＊トルクメニスタン	1,810
ウクライナ	340

注：＊「長期的な産油国」：1960年以来、あるいは1960年以降に独立して以来、その統治期間の3分の2の期間において石油を生産しており、国民一人あたりの石油とガスの収入（2000年のドル価格のに換算）が100ドルを超える国。
出所：計算はBP 2010; US Geological Survey n.d.; World Bank n.d. に基づく。

手できる。本書は透明性が政府に石油収入をより良く管理することを促すと論じており、同様に透明性は社会科学者により入念な分析を促すことだろう。

　第3章、第4章、第5章の補遺では、各章の主要な論点がより洗練された方法で示されるよう、回帰分析を行っている。ここでは「3つ以上の独立変

数を用いるならば、モデルの特定化が正確かつ条件が分析者の主張に一致することを確証できるような、入念なデータ分析は誰にもできない」[28]というクリストファー・エイケンの警告に留意し、私は自分のモデルをシンプルなままにしておく。

データセットが不完全で欠測が「非ランダム」であるならば、研究者は誤った推論をしてしまう。私は完全、あるいはほぼ完全なデータセットを作るよう細心の努力をしている。すべての国のデータを得ることはしばしば不可能であり、1980年以前の低中所得国の経済データはとくに不足しているので、回帰分析の表上に示した推定結果ごとに欠損値の割合を報告している。

主要な分析結果はすべて頑健性をチェックする一連の検定を行っており、それらは相関関係が影響力の強い少数のケースや特殊なデータセットの利用、（少なくとも容易に測定されるような）交絡変数の欠落、あるいは手法の恣意的な使用に依存していないかどうかを確認するものである。世界の石油は中東と北アフリカに集中しているので、中東地域を表すダミー変数を含めた場合と、より劇的には中東諸国をすべて分析から外した場合の両方において、回帰分析の結果が受ける影響の大きさを報告している。自身による分析結果のほとんどは検定をパスしたが、一部には問題が残った。

政治学者はしばしば、従属変数に対する主要な説明変数の「主観的な」効果を報告する。そうした変数は、我々が真の因果モデルを推定しており、正確な変数測定を行っている場合に限って妥当なものであるといえるが、我々はそのような因果モデルを推定することもなければ、正確に測定することもしていない。典型的にはこれらの値が我々の依拠する条件の変化に敏感なのであり、科学的正確さに誤った印象を生みだすことがある。そして「石油収入」が豊かで安定している民主主義国においてほぼ確実に上方バイアスを持つため、推定結果は石油の真の効果を過小評価することになる。

ある任意の変数のために、産油国が非産油国とは明らかに異なる価値を持つかどうか、および両者の違いを報告することが率直かつ明白であることを私は知った。読者には石油のインパクトの規模についてざっくりとした印象を与えるべきだし、誤解を招く主張は避けるべきである。

因果プロセスを理解する

　第3章から第6章において、石油とさまざまな帰結をむすびつける因果プロセスについての議論を明確にする、シンプルな理論モデルを構築する。第3章にて、モデルは単なる二つの主体、すなわちみずからの福利を改善したい市民集団と現職でありたい支配者の二者から出発し、石油収入が支配者の権力を維持する力をどれほど強めるのかを明示的に描きだす。第4章では、男性と女性の市民を区別して、石油収入の上昇が女性の労働市場参入をどれほど妨害するのか、そして女性を経済的かつ政治的にどれほど周縁化するのかを説明する。第5章のモデルは人口を石油産出地域に居住する住民と産出地域外に居住する住民に分け、所得が低い場合に石油の富がどれほど武装反乱の可能性を高めるのかを説明する。第6章はおもに他の研究者が作り上げたいくぶんか条件を緩和したモデルを用いて、異時点間のトレードオフを作りだし、経時的な石油収入の変動を管理する支配者の能力に影響を与える諸要因に焦点を当てる。

　実証的に因果メカニズムを研究する際、最良の統計分析であっても限界がある。我々が観察データを用いるとき、そして分析単位が国家のように巨大で不透明なものであるとき、問題はより深刻になる[29]。ここで、クロスナショナル・データにおいて私が記録した関連性が国家レベルでの結果を十分説明し、かつ石油収入と特定の結果をむすびつける因果プロセスに肉薄したことを示すため、簡潔な事例研究も行う。この事例研究はコロンビア、コンゴ共和国、赤道ギニア、インドネシア、ナイジェリア、韓国、ソヴィエト連邦およびロシア、スーダン、そして米国ルイジアナ州といった幅広い国々を含んでいる。

　第5章、すなわちある国の石油生産が女性に対して決定的な影響を及ぼす議論において、私は意識的に事例研究法を用いて、多くの点でよく似ているものの大量の石油を産出する1ヶ国（アルジェリア）を含めた3ヶ国（アルジェリア、モロッコ、チュニジア）を比較する。石油がアルジェリアにおいて女性の経済的な進歩をいかに阻んでいるかを示すとともに、モロッコとチュニ

ジアの女性がいかに早く進歩したのかを説明する。

本書で行っている量的分析と質的分析には重大な限界がある。分析の透明性を増すことにより、読者が自分自身で証拠を吟味できることを、私は希望している。

注
1 本書では、「石油」という単語は石油と天然ガスの両方を指している。また、「石油の富」「原油の富」「石油生産」「石油収入」といった用語も、それぞれが同じ意味として使用される。なお、一国の石油と天然ガスの価値を計測する方法については、本章の補遺 1.1 で定義する。「産油国」あるいは「石油国家」とは、当該年の石油および天然ガスの収入が人口一人あたり 100 ドル（2000 年価格）以上の国を指す。2009 年には、地球上のさまざまな地域に 56 の産油国が散らばっている（表 1.1 を参照）。
2 Vincer 1952; Lewis 1955; Spengler 1960; Watkins 1963 を参照。
3 例えば、Lerner 1958; Lipset 1959; Inkeles and Smith 1974; Adsera, Boix and Paune 2003; Inglehart and Norris 2003 を参照。
4 David Ignatius, "Oil and Politics Mix Suspiciously Well in America", *Washington Post*, July 20, 2000 からの引用。
5 BP 2010; UN Comtrade, database (http://comtrade.un.org/db/)。
6 本書は石油に焦点を当て、これ以外の鉱物資源は取り扱わない。鉱物資源の中でも、石油はその産出国の政治にもっとも強い影響を与える。他の鉱物資源が同様の呪いを持つかどうかは重要な問題ではあるが、そうした問題は本書の関心を越える。
7 序文に記したように、私も間違っていた。私のこれまでの研究のいくつかは、こうした間違った主張の一部を支持するものになっている。
8 この問題に関しては、de Soysa, Gartzke, and Lin 2009; Coglan 2010b; Sarbahi 2005 を参照。
9 他の性質に焦点を当てて石油収入の重要性を論じる者もある。例えば、Karl 1997; Jensen and Wantchekon 2004; Morrison 2007; Dunning 2008 を参照。
10 Alnasrawi 1994.
11 セブンシスターズとは、ニュージャージー・スタンダード石油（後のエクソン）、スタンダード石油・カリフォルニア（後のシェブロン）、アングロ・イラニアン石油（後の BP）、モービル、テキサコ、ガルフ、ロイヤル・ダッチ・シェルを指す。2010 年までに、こうした企業はエクソン・モービル、BP、シェル、シェブロン・テキサコの 4 つの企業に統合されたが、公的に石油を取引する企業としては今日でも世界最大規模を誇る。
12 Kobrin 1980; Victor, Hults, and Thurber 2011.
13 Energy Information Administration 2010.
14 1857 年から 2000 年にかけて、全産油国の 63％が石油生産開始年に世界平均程度、あるいはそれ以上の収入を得ていた。これについては補足 1.1 を参照。
15 今後石油輸出国となり得る国家は、キューバ、ガーナ、ギニア、ギニアービサウ、ギアナ、イスラエル、リベリア、マリ、サントメ・プリンシペ、セネガル、シエラレオネ、タンザニア、トーゴ、ウガンダである。インドネシアとチュニジアは、かつては輸出国で今では輸入国となった。アフリカにおける石油収入の急拡大については、Klare 2006 を参照。
16 Energy Information Administration 2010.
17 私は、2000 年の時点で主権国家であり、人口 20 万人以上の 170 ヶ国のすべてを対象とした。対象国は 1960 年の時点でデータセットに含まれるか、もしくは 1960 年当時に植民地支配かにあった場合は、独立した最初の年からデータセットに含まれる。南ベトナム、南イエメン、東ドイツなど、1960 年から 2000 年の間に姿を消した国家は対象外となる。ドイツは西ドイツの後継国家として扱われ、ベトナムは北ベト

ナムの、イエメンは北イエメンの、ロシアはソヴィエト連邦の後継国家として扱われる。
18 例えば、Sachs and Warner 1995; Collier and Hoeffler 1998; Ross 2001a を参照。
19 これは私の議論のすべての部分で問題になるというわけではない。石油の富が女性を雇用する傾向にある産業を排除したり（第4章参照）、あるいは石油の富を強奪することによって武力反乱が可能となったり（第5章）といった小数の事例に見られるように、石油によって生みだされた収入が政府の収入に転化しようとしまいと、石油の富は問題を発生させる。
20 Goldman 2008; Stern 1980 を参照。
21 サウジアラビアは、この点に関して部分的に例外である。「スウィング・プロデューサー」としての役割があるため、サウジアラビアは少なくとも短期間では、国際価格に一方的に影響を与えることができる。
22 Vhristian Daude and Ernest Stein (2007) によれば、「より良い制度」――「統治の実効性」「規制の質」のスコアが高い――を持つ国は、より多くの海外直接投資を獲得することが明らかであることを示したが、石油に関する投資を個別に検討してはいない。Rabah Arezki and Markus Brückner (2010) は、汚職が進展するとそれだけ石油生産が低下することを明らかにしている。
23 United Nations Conference on Trade and Development 2009.
24 石油生産地が後に他国に渡ったり独立したりした場合でも、石油生産が開始された時期にその生産地を支配していた国の所得をデータとして採用した。生産開始時期のデータを提供してくれたスティーブ・ハーバーとヴィクター・メナルドに感謝する。
25 Haber and Menaldo (2009); Tsui 2011.
26 事実、Gilbert Metcalf and Vatherine Wolfram (2010) は、民主主義国の石油生産者は、非民主主義国の石油生産者よりもすばやく石油を採掘してしまう傾向にあることを明らかにした。
27 Christopher Achen (2002, 442) によると、「強力な方法論的研究から生まれた実証的に一般化された学説で重要なものは何ひとつない。その代わりほとんど例外なく、そうしたものは図やクロス集計表で見出されてきた。」および Shapiro 2005 を見よ。
28 Achen 2002, 446.
29 統計分析にまつわる限界についての重要な議論は、Brady and Collier 2004; King and Zeng 2006; Przeworski 2007 を見よ。

第2章
石油収入にまつわる問題

> ある国民がどのような精神の持ち主であるか、どのような文化段階にあるか、その社会構造はどのような様相を示しているか、その政策が企業にたいして何を準備することができるか——これら、その他の多くのことがらが財政史のうちに見出されると言っても過言ではない。財政史の告げるところを聞くことのできるものは、他のどこでもよりはっきりと、そこに世界史の轟きをきくのである[訳注1]。
>
> ——ジョゼフ・シュンペーター『租税国家の危機』

　人間が食べたものに影響を受けるように、政府は徴収した収入に影響を受ける。大半の政府が毎年同じような収入を得ているので、その特徴は容易に見落とされてしまう。歳入に大きな変化があった場合、例えば石油が発見されたような場合にのみ、普段は見えていなかった重要性が明らかになってくる。

　石油収入はその規模が例外的に大きいこと、それを生みだす源泉が特殊な性質を持つこと、安定性がないこと、隠匿性があることによって特徴づけられる。これらの4つの特徴は、石油産業の長い伝統のある組織と、1960年代と70年代に発生した石油生産の環境を大きく変えることになった革命的な変化という二つの事柄を良く反映している。

訳注1　シュムペーター『租税国家の危機』（木村元一・小谷善次訳、岩波文庫、1983年）12頁。

石油収入の規模と源泉

　政府が石油産業から得る収入は、それ以外の産業と比べてとてつもなく大きい。このため産油国では、同程度の規模で石油を持たない国と比べて、政府はより大きくなる。

　ナイジェリアを例に考えよう。ナイジェリアは、ビアフラ戦争が終結した1960年代に一大石油生産国となった（図2.1参照）。1969年から77年にかけて、ナイジェリアが産出した石油の量は380％も増加し、石油の実質価格は4倍にもふくれ上がった。石油とその他の収入からなるナイジェリア政府の総収入は、インフレを勘案しても上記の8年間で49億ドルから215億ドルに拡大した。同時に、ナイジェリア経済に占める政府支出の割合も10％から25％に拡大した。これは単にナイジェリア政府が急拡大しただけではない。それだけではなく、ナイジェリア政府の経済活動が、他の部門の経済活動よりもずっと素早く成長したことを示しているのだ。

　アゼルバイジャンと赤道ギニアは2000年代初頭に石油輸出国として台頭し、同時期に石油価格も上昇した。2001年から2009年にかけて、インフレを勘案した額でアゼルバイジャンの政府支出は600％、赤道ギニアのそれは800％増えた[2]。

　しばしば政府は石油収入に関する真の規模を隠すので、産油国における政府の規模を正確に計測することは難しい。しかし、政府の規模がほぼ確実に過小評価されているような石油に富む国の不十分なデータでさえ、なにがしかのことを語るものだ。図2.2は134ヶ国の石油収入を横軸に示しており、縦軸にはそれら諸国の政府の規模を、各国の経済に占める割合で示している。右上がりの線が示しているように、石油収入が増えればそれだけ、その国の政府の規模は大きくなる。

　では、石油はどのようにこうした違いを作りだしているのだろうか。この問いに答える一つの方法は、産油国の政府とそれに隣接する同程度の収入を持ちながら、なおかつ石油を産出しない国の政府を比較することである（図2.3参照）。そうした比較によれば、石油に支えられた政府の規模は、それに

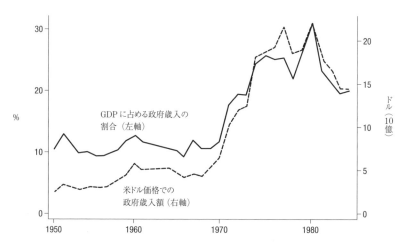

図 2.1　ナイジェリア政府の規模　1950-84 年

出所：米ドル価格での政府歳入額については、Bevan, Collier and Gunning 1999 を、GDP に占める政府歳入の割合については、Heston, Summers, and Aten, n.d., table 6.2 に依拠した。

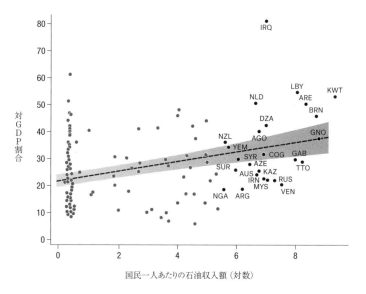

図 2.2　石油と政府の規模

縦軸は GDP に占める政府歳入の規模を示す。
出所：政府歳入は IMF の第 4 条協議報告書から、1997 年から 2007 年の間で利用可能な最新のデータを使用。石油収入は政府歳入と同年のデータを使用した。

第 2 章　石油収入にまつわる問題　｜　45

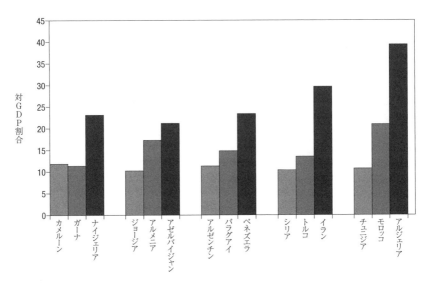

図2.3　産油国と非産油国の政府の規模

棒グラフはその国の経済に占める政府の割合を示し、色の濃い棒グラフは産油国を示す。
出所：政府歳入についてはIMFの第4条協議報告書を、1997年から2007年の間で利用可能な最新のものを使用。

隣接する非産油国に比べて、16％（アゼルバイジャンとアルメニアを比較する場合）から250％（アルジェリアとチュニジアを比較する場合）も大きい。問いに答えるもう一つの方法は、クロス表を用いて実質的な石油収入（2000年価格で年間一人あたり100米ドルと定義）を有する国の政府の規模を、それより少ない石油収入の国と比較するものである（**表2.1**）。こうした比較から、産油国の政府が非産油国の政府よりも大きいことは火を見るよりも明らかで、平均で45％も大きい[3]。

　規模が大きいため、石油収入は政府の財源に大きな影響を及ぼす。大半の一般的な政府は税金で資金を調達している。しかし石油の富が成長するにつれて、政府は租税への依存を減らし、「非税収入」への依存を高める。**表2.2**は石油産業と租税依存の関係を示している。低所得国でも高所得国でも、民主主義国と権威主義国の別なしに、産油国の政府は非産油国の政府に比べ

表2.1　政府の規模　2003年

数値はGDPに占める全政府歳入の割合を示す。

	非産油国	産油国	差
低所得国（5,000ドル未満）	21.2	27.7	6.5**
高所得国（5,000ドル以上）	32.8	44.6	11.8*
すべて	23.5	33.2	9.6**

*5％の水準で有意。
**1％の水準で有意。
出所：IMFの4条報告書2003年版に基づく。そこにデータがない国については、IMFのデータを遡って直近のものを使用した。

表2.2　財とサービスからの税収　2002年

数値は政府歳入に占める財とサービスからの税収の割合を示す。

	非産油国	産油国	差
低所得国（5000ドル未満）	32.8	24.9	-7.9**
高所得国（5000ドル以上）	29.6	24.1	-5.5*
すべて	31.6	24.5	-7.1***

*片側t検定で10％の水準で有意。
**5％の水準で有意。
***1％の水準で有意。
出所：世銀のデータに基づく。

て、商品およびサービスに対する税収依存が30％も低い。

　石油収入への依存が高くなれば、税への依存が低くなるという現象はそれほど目を引くものではないかもしれない。しかしこれは石油収入の影響を控え目に述べたに過ぎない。石油産業は同様の規模の他の産業に比べてより多くの収入を生じさせる。より多くの石油収入を得ると、政府は税収を少なくする傾向がある。結果として、産油国の政府は単に石油収入に依存するだけではなく、極端に石油収入に依存するのであり、同じく極端に税から解放されるのだ[4]。

　国民経済に貢献する割合に応じてすべての産業から政府が資金を得ると仮定すると、政府の資金は国民経済を反映したものとなるはずだ。例えば、もしも国民経済の収入の4分の1が石油から得られるのであれば、政府歳入の4分の1もまた石油収入から得られることになる。しかし、図2.4で示された

化石燃料が豊富な31ヶ国の事例を確認すると、このようなことはほとんど発生していない。石油部門は平均してこうした国々の国民経済の19%を生みだしているが、政府予算についてはその54%を賄っている。

石油収入の割合の高さと租税依存の低さの関係は、驚くべきことではない。住民全体から租税を徴収するよりも、石油部門から収入を得ることのほうが必要となる官僚組織は簡素で、政治的には有権者から好まれる。これは経済的にも、少なくともある程度までは合理的だ。国庫が石油収入であふれかえっているとき、政府が国民への課税を減らせば、それは歳入の一部を国民に分け与えたことになる。しかしながら、本書の後の部分で確認するように、石油収入への政府の依存は、その国の政治と経済に非常に広範な影響を与えることになる。

石油収入の規模と源泉が持つ特徴は、産油国が持つ特性と同じところに起因する。つまり、政府が石油の埋蔵量に対する所有権を有していること、その産業が極端に多くの利益を生み、またその利益は1970年代以降にはおもに政府が獲得したこと、石油以外の産業に及ぼす直接的な影響が小さいこと、である。

政府の所有権

ほぼすべての国において、埋蔵されている石油は政府の所有物だ。国有であるということが、石油収入の規模と源泉の両方に影響を与える。国有ということから、政府は石油産業から得られる収入に対して非常に大きな請求権を持ち、そこから直接に収入を得ることができるので、民間企業に課税しなくてもよくなる[5]。

政府は少なくともローマ帝国時代から、鉱物資源に対する所有権を主張してきた。当時、鉱山と鉱物資源は征服の権利によって国家に属していた。国有化に関するローマ帝国の伝統は、近代初期のヨーロッパにも根づいており、その大半は勅令によって行使された。ドイツでは12世紀の神聖ローマ皇帝フレデリック1世が、イギリスでは12世紀後半と13世紀初頭のリチャード1世とジョン王および議会の1689年の法令が、スペインでは1383年の

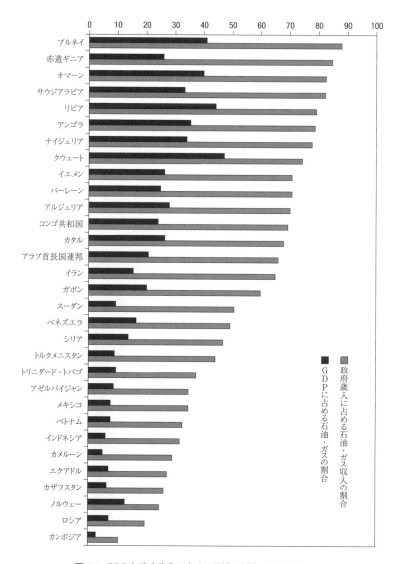

図 2.4 GDP と政府歳入に占める石油の割合　2007 年

黒い棒グラフは GDP に占める石油の割合を、グレーの棒グラフは
政府歳入に占める石油収入の割合を示す。
出所：Bornhorst, Gupta, and Thornton 2009.

第 2 章　石油収入にまつわる問題

アルフォンソ11世の勅令が、フランスでは1810年にナポレオン法典によって成文化された長年の伝統が、いずれも国有化を機能させた。

この伝統は「ロイヤルティ（royalty）」の用語に今日も残されている。『オックスフォード英語辞典』によれば、この言葉は君主の「大権、権利、特権」と、「鉱物資源や石油、または天然ガスの生産者がその採掘場を保有するものに対して行う支払い」の両方を意味する。

現代の石油生産が20世紀初期に始まった頃、地下の鉱物資源に対する政府の所有権はヨーロッパではすでに十分に確立されていた。イギリス王室は埋蔵されている金と銀に対する所有権を古くから主張していたが、1918年の石油法によって、地下のすべての石油についても同様に所有権を確立させた。資源を国有化する原則は、植民地支配を通じてヨーロッパから世界中の国家の法令として浸透していった[6]。

今日、地下の埋蔵石油に対する広範な個人所有を認めている国家はアメリカだけだ[7]。1849年のゴールドラッシュで採鉱者がカリフォルニアに集まったとき、アメリカは適用すべき鉱物法を有していなかった。採鉱者の権利を守り、紛争を調整するため、採掘者は自分たちの規則を作り上げる必要があった。州法と連邦法はじょじょにこれらの主張と規則を認めるようになり、鉱山を開拓した者は誰でも政府からその保有権を妥当な価格で購入する権利が成文化された。この「下から」のプロセスは、個人の所有者に極端に有利であり、また世界の主要な産油国には見られないシステムを生みだすにいたった[8]。

レントの生成

国有という形態は重要だが、それがつねに大きな非税収入を生みだすとは限らない。政府はときとして損失を生みだすような、鉄鋼工場や自動車工場といった石油企業とは異なる種類の企業を所有することもあるからだ。しかしレントという極端な利潤を利用できるおかげで、国営石油企業は驚異的な利益を生みだすことができる。

ほとんどの産業において、一般的には企業は「普通」の利益を生みだす。

この「普通」の利益とは、需要と供給によって決定される。もしもこの利益が一般的な水準を大きく下回るようであれば、そうした企業の一部はその産業から撤退し、そこに残った企業の利益を押し上げることになる。もしも企業の利益が一般的な水準を大きく超えるようであれば、その例外的な利益の争奪戦に加わろうと、その産業に新規参入する企業が増えるだろう。そうなると、利益は一般的な水準まで低下する。しかしながら石油業界の企業は、生産費用以上の、そしてそれをはるかに超えた利益、すなわちレントを獲得できている。ここでは、生産費用には投下資本に対する通常の割合での収益も含まれる。

　石油やそれ以外の採掘産業でレントが生成されるためには、大きく分けて二つの条件が満たされる必要がある。第一に、好ましい地理的条件だ。これを有していると、同業他社に比べてより安価に、より質の高い石油を獲得することができる。ある油田では、やや質の低い石油を採掘するのに高い費用が必要で、そのために正常な利益しか得ることができないが、別の油田では低コストで質の高い石油を採掘可能だとしよう。このような二つの油田を比較すると、後者の油田はそれを保有する企業に「差額レント」を生みだしているといえよう[9]。安価な採掘費用で高品質な石油を産出する油田は限られているので、新規参入企業がこのようなレントを得ることは容易ではない。

　石油の需要が一時的に供給を上回るようなときには、生産者はまた「希少」レントを得ることができる。理論的には、石油の供給は最終的に需要に追いつくか、あるいは需要が供給水準まで後退することで、需要と供給が均衡する。しかしこのような調整には年月が必要だ。なぜなら、石油の供給は少しずつしか増加しないからだ。仮に石油を素早く増産することが可能であったとしても、石油供給の価格弾力性は相対的に低いので、生産者が価格の上昇に対応して市場により多くの石油を供給しようとするには時間がかかる。

　図 2.5 は 2008 年の主要石油輸出国 11 ヶ国におけるレントの規模を表している。黒い部分は 1 バレル当たりの平均生産費用を、また黒い部分と灰色の部分を積み上げた上端は、各国の石油の質が反映された世界市場での概算価格を示している。2008 年末の時点では、1 バレル当たりの生産費用はサウジ

アラビアの 1.80 米ドルからカナダの 31.40 米ドルまで幅があり、価格は 1 バレル当たりカナダの 65 米ドルからナイジェリアの 99 米ドルまでの幅があった。この生産費用と世界市場での価格の差が 1 バレル当たりのレントであり、それはカナダで 34 米ドル、ナイジェリアで 89 米ドルであった[10]。

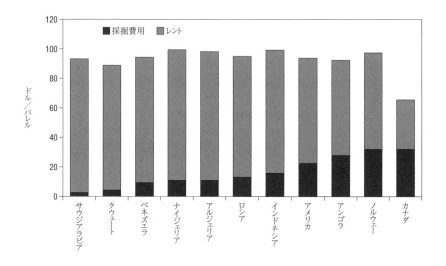

図 2.5　石油価格と石油レント　2008 年

棒グラフの高さは、2008 年 1 月に各国から輸出された石油価格を示し、その中で黒い部分は採掘費用を、グレーの部分はレントを示している。
出所：石油価格はエネルギー情報局のウェブサイト（http://www.eia.doe.gov）から取得した（2009 年 1 月 25 日アクセス）。採掘費用については、Hamilton and Clemens 1999 のデータを調整して使用した。

学者はレントに魅了されてきた。ジョン・スチュアート・ミルは『経済学原理』の中で、レントの概念を以下のように記述している。

> それは、経済学の根本的教義のひとつであって、これが理解されない限り、より複雑な産業諸現象の十分な説明が与えられないだろう。この学説が真理であることの証拠は、はるかに大きな明確さをもって示すことができるであろう[11]。

石油政治の大半は、石油会社と政府がこれらのレントの支配を巡って争うことで形成されてきた。長い時間をかけて確立されてきた原則によれば、資産の売却に由来するレントはその資産の所有者のものであるとされている。私が銀行の貸金庫に保有していた金貨を自宅まで輸送するために輸送会社を雇ったと考えてみよう。このような輸送を依頼したとしても、私がその輸送会社に私の金貨の一部を得る権利を与えたことにはならない。もちろん、私が通常の輸送料金を会社に支払いさえすれば。このたとえ話と同じように、産油国政府が石油会社に国有油田から石油を採掘する権利を与えたとしても、これは石油会社にいかなる石油レントの保有も許したことにはならないはずだ。

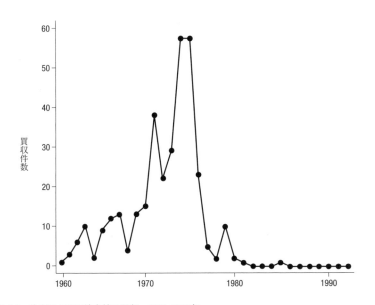

図2.6　政府による石油会社の買収　1960-1993年

折れ線グラフは、全世界で行われた買収件数を年ごとに示したもの。買収には、「公的な買収、強制的な売却、契約の変更、超法規的な介入」が含まれる。一つの会社が何度も買収の対象となった事例もある。
出所：Kobrin 1980; Minor 1994.

　しかし1960年代と70年代の変化が起こるまで、石油会社の規模と各社の

連携力が強かったため、産油国政府がその権利上、本来国庫に入るべき石油レントを石油会社から徴収することはほとんど不可能だった。理論的には、政府は市場での競争を通じて、各石油会社にレントの支払いを強制することが可能なはずだった。例えば採掘権を競売にかけて、より高い金額で入札する企業にそれを販売すればいい。しかし現実には主要石油会社が入札を拒んだため、産油国は不満を持ちながらも契約書に署名せざるを得なかったのだ。

　石油会社はまた別の点でも優位に立っていた。各会社の規模と隠匿性が、政府に対して利益を隠すための数え切れない手段を生みだしていた。巨大な石油会社は垂直方向にいくつもの会社が統合されていたので、一つの会社が石油ビジネスのすべての段階を支配することを可能としていた。つまり、一企業がある国から石油を採掘し、ガソリンに精製し、最終的には別の国の消費者の燃料タンクに注ぐところまで取り扱っていたのである。これにより、会社は余剰利益を輸送価格で隠すことができた。産油国政府の管轄下にある子会社が生みだした利益を、別の国の子会社の利益につけ替えてしまうのだ。

　こうして、石油メジャーは非西側諸国で行った投資を例外的な手段によって回収することができた。ある推計によれば、1950年代に石油メジャーが中東や東アジア諸国で行った投資から得た純利益は、産油国政府への支払いを行った後でも60%から90%に達した。またアメリカ商業省が行った別の研究が示すところでは、1960年代のアメリカの石油会社は、税引き後の利益として中東に行った投資の簿価に対して50%の利益を得ており、ベネズエラに対しては同様に29%の利益を得ていた[12]。いかなる方法によっても、これらの会社は途上国での操業によって莫大な利益を得ていたのだ。

レントの獲得

　1950年代には、途上国政府は自国で産出される石油の富を名目的に所有していたに過ぎず、本来得られるはずのレントのごく一部しか得ることができなかった。しばしば途上国政府は、自国からどの程度の石油が採掘され、どの程度が輸出されているのか、管理することすらできなかった。こうした状況のすべては、1950年代、60年代、70年代に石油産業を席巻した国有化

の波によって変化した。

　最初に石油を国有化した諸国は、アルゼンチン（1910年）、ソ連（1918年）、ボリビア（1937年）、メキシコ（1938年）だった。しかし、第2次世界大戦前には石油国有化は珍しい出来事だった。1950年代末まで、セブンシスターズと呼ばれた7大国際石油会社は、アメリカとソ連の外で行われていた国際的な石油貿易の98%を管理していた[13]。

　しかしながら、1950年から1970年の間に、石油会社と産油国政府の力関係は劇的に変化した。経済史家のエディス・ペンローズは1976年に以下のように記している。

> 石油採掘の初期に締結された採掘・生産契約は何度も再交渉を迫られた。それはいつも決まって、産油国に有利なものとなった。契約に書かれた利権は産油国の採掘地の大半を取り扱っていたものの、量に関しては縮小された。採掘に課せられた条件は非常に厳しく、油田管理やそれにまつわる様々な事柄も契約に盛り込まれるようになった。また、すべての財務管理も産油国に有利なように変更された[14]。

　1971年から76年にかけて、産油国による石油会社の買収がピークを迎えたことで、石油企業から産油国政府への権力移行は最高潮に達した。1980年までに、ほぼすべての途上国は自国の石油産業を国有化し、それらを管理するために国営石油会社を設立した。ステファン・コブリンの言葉を借りれば、「これらすべてを合わせた結果は、国際的な石油産業の革命的な構造変化であった[15]」。1985年以降、新たな国有化件数は急激に減少したが、これは国有化の情熱が他に逸れてしまったからではなく、非西側諸国の政府が自国で稼働中の石油資産のほぼすべてを独占したからである。

　1960年代と70年代の国有化によって、政府は石油レントのより多くを獲得することができるようになった。1950年代には、大半の主要産油国は国際石油会社と「折半」の契約を結んでおり、石油販売がもたらす利益の半分がそれぞれに渡ることになっていた。しかし石油企業はその規模と垂直的に会

社をつなげた構造のおかげで、産油国政府から利益を容易に隠匿することができた。産油国政府は、石油会社が契約を履行しているのかどうか、確認する術がなかった。ある研究によれば、石油利益に占める産油国政府の取り分は、1960年代に50％であったものが国有化によって1974年までに98％に拡大した[16]。

自国の石油産業を支配するようになった産油国政府は、石油生産のスピードを管理することをも可能とした。典型的な事例として、イラクの石油産業を押さえていたセブンシスターズを見てみよう。規模においてはサウジアラビアに次いで第2位という大油田、そしてやはりサウジアラビアなみに安価に採掘できるにもかかわらず、外国資本のイラク石油会社は石油の国際価格が下落することを防ぐために、生産量に厳しい制限を課していた。しかし1972年にイラク政府がイラク石油会社を国有化してから7年間に渡って、生産量は2倍以上に拡大した。

何が国有化の波をもたらしたのか？

一つの要素は、1950年代から60年代の脱植民地化にともなって発生した、途上国における民族主義的な感情の高まりである。このような感情は海外企業への敵対心を巻き込んだ。こうした海外企業の現地子会社は、しばしば植民地支配期にその支配と密接に関わり合って設立されたものであった。このため、外国石油企業の国有化は国民に受けが良かった。

例えばメキシコでは、1938年の外国石油企業国有化は国民から熱烈な歓迎をもって迎えられ、それが行われた3月18日は祝日に設定されている。イラン首相モサッデクは、前任者が英国系石油会社であるアングロ・イラニアン石油会社の国有化に反対して暗殺されたため、1951年にこの石油会社を国有化せざるを得なかった。アングロ・イラニアン石油会社の国有化は国民から熱狂的に支持され、特別な国民の祝日となった[17]。

国有化に関連した政治家は、ときとして大規模な賞賛を獲得することになる。イラクでは、イラク石油会社の国有化は革命指導評議会副議長のサッダーム・フセインによって行われ、これはサッダームに対する民衆のイメージ

を改善させ、またイラク・バアス党への国民の支持を広げることになった。ある伝記作家によれば、イラク石油会社の国有化は、サッダームの「名声への門」となったのである[18]。

1969年の軍事クーデターによってムアンマル・カッザーフィーがリビアの指導者になると、彼はすぐに自国の石油会社の国有化に取りかかった。これは新たな収入の洪水をもたらしたため、彼は有力な部族長を懐柔し、また自身の「革命」の政策目標に資金を確保することができた。

こうした彼らの人気にもかかわらず、国有化が成功するためには次の段階が必要だった。すなわち、石油メジャーの交渉力の低下である。1960年代まで、産油国政府は石油メジャーにあえて挑戦しようとはしなかった。石油メジャーは国際的な石油貿易を厳しく管理しており、いかなる産油国政府も自国の石油産業の支配を主張すれば、それを海外に輸出できなくなった。なぜなら、セブンシスターズがほぼすべての流通と販売のルートを支配していたからである。国有化は産油国政府に高くついた。メキシコが1938年に石油国有化を行うと、国際石油会社はメキシコ産原油をボイコットし、メキシコに国際石油会社が保有するタンカーを使うことを禁じ、さらにガソリン添加剤をメキシコに販売することを禁じた[19]。イランが1951年にアングロ・イラニアン石油会社を国有化した際は輸出禁止措置が取られ、また2年間の生産拒否期間の後、モサッデク政権はイギリスとアメリカの特殊部隊によるクーデターで崩壊した。シャーは政権に復帰すると、アングロ・イラニアン石油の国有化を撤回した[20]。

しかし1950年代と60年代には、石油メジャーの交渉力は低下しつつあった。その理由の一つは、「独立系」石油会社の台頭により、石油メジャーのシェアが低下していたことにある。こうした独立系の石油生産者には、ゲッティ石油、スタンダード・オイル・インディアナ、イタリアの国営石油会社であるENI、そしてソ連が含まれた。また、台頭してきた小規模な会社が、それまでセブンシスターズが独占していた採掘や油井設置およびその他の専門技術を産油国政府に提供したことも、同様に重要である。

もう一つの理由は、1960年にOPECが設立されたことである。当初は、

OPEC加盟国はそれまで秘密とされていた石油会社との契約の情報を共有していただけだった。しかし時が経つにつれ、加盟国は協調した交渉戦略を発展させ、それによって最終的には産油国は契約内容を改善することができた。

さらに重要なのは、米、仏、英といった西側主要国が海外における自国の経済的利益を軍事力で保護することに消極的になっていったことが挙げられる。1953年にモサッデク政府を転覆させた米英合同作戦は、実施当時は成功として評価された。しかしその後の20年間、強力な主要西側諸国に対する弱小勢力の軍事的反抗が確認されるようになっていった。ベトナムやアルジェリアでのフランスの敗退、1956年のスエズ危機での英仏の敗退、ベトナムとカンボジアでのアメリカの敗退である。1960年代後半までに、西側諸国は友好国を守るため、あるいは敵対勢力を放逐するために軍隊を派遣することに消極的になっていった。

そして最後の理由は、石油ビジネスの特殊な性質により、しだいに産油国政府の交渉する立場が改善されていったことにある。石油の採掘には巨大な事前投資が必要となり、この投資は採掘権購入や油井、石油輸送拠点、パイプラインといった、容易に移転できず、また別の目的に使用することが難しい特殊な資産を購入するために用いられた。ひとたび会社がこうした投資を行うと、その費用が膨大であるがゆえに撤退することが困難になってしまう。撤退するとしたら、会社はこうした投資をすべて放置したままその場を去らなければならないからだ。

国際石油会社は、経済学者が「時間非整合性」と呼ぶ問題に直面していた。初期投資が行われる前には、会社は非常に強い交渉力を持っており、そのため会社に非常に有利な契約を産油国政府に突きつけることができる。しかしひとたび会社が投資を行ってしまうと、会社は交渉力の大半を失ってしまう。会社が投資を引き上げてしまうかもしれないという心配がほとんどなくなるため、産油国政府は望まない契約条項を自由に廃止できるようになってしまうのだ[21]。

石油メジャーが石油の輸送と供給を排他的に支配しており、また自国の軍事力によって支えられていた間は、自社に有利な契約を産油国政府に強制す

る交渉力を有していた。しかし、独立系石油会社が台頭してセブンシスターズの寡占状況を破壊し、また西側諸国が海外での軍事力の行使を控えるようになったとき、産油国政府が石油メジャーとの契約を破棄し、また国有化を進めようすることを止めるものは何もなかった。

1970年代以降、国営石油会社は国外向けの石油供給を支配している。しかし外国企業と移民労働者を追いだし、外国からの支援をほとんど受けずに自国の石油企業を経営しているのはメキシコやリビアといった少数の国だけで、ほとんどの国では国際石油会社が資本へのアクセスや技術力、国際市場のネットワークを生かし、一定の役割を担い続けた。

今日、国営石油会社と民間会社の関係には多様性が見られる[22]。中東諸国を中心とする少数の国では、国営石油会社が日々の操業を管理しており、特殊な業務に関する契約についてのみ、国際石油会社を利用する。これ以外のほとんどの国においては、政府は外国企業と採掘権契約、生産分与契約、あるいは合弁契約を締結し、日常的な業務以外の広範な権利を民間企業に与えている。

石油ビジネスは今日、国営石油会社、民間企業、政府と民間が所有権を共有する混合形態によって営まれている。それらはあまりにも複雑で巨大であるため、それぞれの企業の価値を計ることは困難だ。株式公開市場に登記されている会社であれば、その発行済株式（自社保有分を除く）の市場価格を基に、企業価値を計算することができる。この方法を使うと、2005年時点での世界最大規模の石油会社はエクソン・モービル、BP、ロイヤル・ダッチ・シェルだ（**表2.3**参照）。しかし国家によって完全に所有されている会社はこの表には示されていない。もし我々が別の方法、例えば会社が保有する確認埋蔵量を基に計算するのであれば、上位10社のうち9社は国営石油会社になる（**表2.4**参照）。2003年に公表された研究では、国営石油会社が世界の石油埋蔵量の80%を占め、世界の石油生産の75%を占めるとされる[23]。

1950年代と60年代の国有化以前でも、政府は大きな、そしてときとして莫大な利益を獲得したが、国有化によって石油産業を完全に支配したことで、1970年代の急激な石油価格高騰に起因する利益をも得ることになった。

表 2.3　上場株式から計算した資本規模に基づく、
世界の大規模石油・ガス会社　2005 年

順位	会社名	所有形態	市場資本規模 (10 億ドル)
1	エクソン・モービル	私企業	349.5
2	BP	私企業	219.8
3	ロイヤル・ダッチ・シェル	私企業	208.3
4	ガスプロム（ロシア）	混合	160.2
5	トタル	私企業	154.2
6	ペトロチャイナ	国営	146.6
7	シェブロン	私企業	127.4
8	エニ	私企業	111
9	コノコ・フィリップス	私企業	80.7
10	ペトロブラス（ブラジル）	混合	74.7
11	ルクオイル	私企業	50.5
12	スタトイル（ノルウェー）	混合	50.3
13	シノペック（中国）	国営	48.7
14	スルグトネフチェガス（ロシア）	混合	45.8
15	ONGC（インド）	国営	37.2

出所：PFC Energy（http://www.pfcenergy.com）

石油と民間部門

　石油は政府の歳入を増やすかもしれない。しかし、そうなったとしても、経済の他の部門に比べて、なぜ政府部門がより素早く成長することになるのだろうか。石油生産によって、なぜ民間部門は政府部門と同じように素早く成長するような経路をたどらないのだろうか。実際のところ、1950 年代と 60 年代に人気を博していた経済理論は、天然資源の高騰は民間部門の多様な成長パターンを生みだすと主張していた[24]。しかし、石油ブームから得られる民間部門の利益はおもに政府支出の増加からもたらされており、これはとくに低所得国で顕著だった。この現象の背後にある原因を理解すると、なぜ政府部門が民間部門に比べてより素早く成長するのか——すなわち、石油は政府の歳入を増加させるが、民間の他部門を成長させることはほとんどなく、むしろ害悪となり得る、という現象を説明することができる。

表 2.4 確認埋蔵量に基づく、世界の大規模石油・ガス会社 2005 年

順位	会社名	所有形態	確認埋蔵量 （10億バレル）
1	サウジ・アラムコ	国営	262
2	イラン国営石油	国営	125
3	イラク国営石油	国営	115
4	クウェート石油	国営	101
5	アブダビ国営石油	国営	98
6	ベネズエラ国営石油会社（PDVSA）	国営	77
7	リビア国営石油	国営	39
8	ナイジェリア国営石油	国営	35
9	ルクオイル	私企業	16.1
10	カタル石油	国営	15.2
11	ロスネフチ（ロシア）	国営	15.2
12	PEMEX（メキシコ）	国営	14.6
13	アルジェリア国営炭化水素化学輸送公社	国営	11.8
14	エクソン・モービル	私企業	10.5
15	BP	私企業	9.6

出所：EIA Annual Energy Review 2007（https://www.eia.gov/totalenergy/data/annual/previous.cfm#2007）、各社の報告書。石油埋蔵量の数値は推計であり、出所によって少しずつ異なる。

　この奇妙な現象の背後には、3つの力が作用している。第1の力は政府が石油を所有していることだ。もしも地下の資産が民間によって所有されていれば、石油採掘は政府部門よりも民間部門を潤すことになるだろう。石油に対する政府の所有権は、石油生産の民間部門への影響を制限するように作用する。

　第2の力は、石油を生産するという営みが大概持っている「飛び地」としての性質である。国家が採掘と精製、輸送を管理するとはいえ、こうした活動がその国の別の経済部門を刺激すると予想することも可能だ。

　しかし、石油ビジネスは「飛び地」で操業する典型例である。沖合の石油生産プラットフォームのように、孤立し、自己充足的な、文字通り飛び地で操業するような例もあるが、石油生産がいつもこうした環境で行われるわけではない。石油採掘装置が数百、数千マイルも延々と続くこともあり、ある

研究によれば、ナイジェリアは2006年には海上と陸上合わせて5284本の油井を持ち、7000キロに及ぶパイプラインを有し、275の中継基地、10基のガスプラント、10の輸出ターミナル、四つの製油所と三つの天然ガス液化プラントを所有していた[25]。それでもなお、石油生産は一般的に「経済的な」飛び地として活動を行う。つまり、石油産業以外の経済に直接的な影響を与えないのだ[26]。

　この問題を取り挙げるには、とりあえずしばらくは別の種類の経済活動、例えば製造業を例にして考えたほうがいいだろう。ある国で製造業が成長すると、製造業以外の部門も成長する。これは少なくとも三つの経路で達成される。それは、その製造業の被雇用者が他の部門で生みだされた商品やサービスを購入すること（これを「雇用効果」と呼ぶ）、製造業の被雇用者がそこで働いている間に、その後たとえ転職したとしても、転職後の別の業種でも活用できるような技術を身につけること（「実地訓練効果」）、製造業を営むある会社が生産活動に用いるために別の経済業種によって生みだされた商品を投入すること（「後方リンケージ効果」）、の三つの経路だ。さまざまな国を対象とした幅広い研究が、こうした効果の規模や、スピルオーバー効果の重要性を明らかにしてきた[27]。

　しかしこれら三つの経路は、次の二つの理由から石油産業では適切に機能しない。

　第1に、石油採掘とその生産は極端に資本集約的だ。石油会社は大量の高額設備を用いるが、労働者はほとんど必要とされない[28]。サウジアラビアは世界最大の産油国であり、石油と天然ガスはGDPの約90％を占める。しかし石油と鉱業部門は全就労者のわずか1.6％、全人口の0.35％を雇用しているに過ぎない[29]。沖合油田がより一般的になるにつれ、石油産業はいっそう資本集約的になりつつある。一つの深海油田プラントの建設には5億ドル以上の費用がかかり、賃貸するにしても年間2億ドル以上かかる。しかし、一度設置してしまえば200人以下の労働力で操業可能で、しかもその労働者はたいてい外国人で、石油プラットフォームの上で生活を送る[30]。

　資本集約度を測る方法は、会社が資産や施設に対して投資した総額を、そ

の会社が雇用している従業員数で割ることだ。ある研究が海外で操業する米国系企業を調査したところ、繊維会社は従業員一人あたり1万3,000ドルの投資を行っていることが明らかとなり、ここから繊維産業はもっとも資本集約度が低い産業だと判明した。石油とガス会社は従業員一人あたり320万ドルの資本を費やしており、これは石油産業が並外れた規模でもっとも資本集約が進んだ産業であることを示している（図2.7参照）[31]。

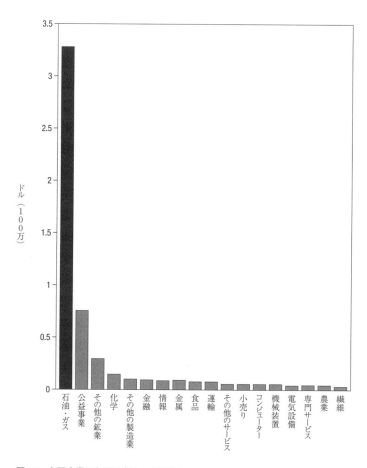

図2.7　主要産業における資本・労働比率
棒グラフは、海外で操業するアメリカ企業における労働者一人あたりの投資額を示している。
出所：Schultz 2006.

石油部門は比較的少ない雇用しか生みださず、このため雇用者効果や実地訓練効果が小さくなる傾向にある。

　第2に、石油産業は現地企業から調達した財を投入することはほとんどなく、このために現地経済に対する後方リンケージ効果をほとんど生みださない。石油企業は大量の設備を使用するが、こうした設備は高度に専門化されたものであることが多く、高所得国で生産される。例えば、ほとんどの深海採掘プラットフォームはシンガポール製か韓国製だ。多くの企業が現地でおもに「購入」するものは石油採掘権であり、その代金は政府に直接渡る。

　これら二つの理由により、石油生産そして石油企業が民間部門に与える影響は驚くほど小さい。これはとくに低所得国において顕著である。例えばコンゴ共和国では、石油生産が経済の3分の1を計上する状態が長く続いていた。しかし最近のIMFの分析によれば、1960年から2004年にかけて、石油生産は石油以外の経済成長にまったく影響を与えていなかったことが明らかとなった[32]。

　ジャーナリストであるピーター・マアスは、その著書『石油の世界』において、彼が赤道ギニアで天然ガスを産出しているマラソン石油（本部はアメリカのヒューストン）のプラントを取材したときのことを次のように記している。このプラントはマラソン石油によって建設、操業されており、従業員の大半は外国人であった。

> そのプラントは、他の途上国の石油施設と同様に、現地社会に多くの利益をもたらしているにもかかわらず、あたかも月面に存在するかのように現地社会から隔絶していた。時間通りに配達してくれないマラボ〔赤道ギニアの首都〕のセメント会社に発注する代わりに、マラソン社は自社の建設現場内に独自に小さなセメント工場を建設してしまった。セメントの原材料は外国から輸入され、建設が終了するとこのセメント工場は取り壊されるという。移民労働者が居住するプレハブの移動式住居を建てるのにも、現地の労働者が使われることはなかった。このプラントは自前の衛星通信電話を備えており、それはマラソン社が所有するテキサ

スの電話網に直結されていた。そのため、この電話番号はヒューストンの市外局番で登録されており、マラボに電話するためには国際電話を利用しなければならなかった。このプラントは自前の発電所や浄水施設、下水処理施設まで備えていた。この工場は現地の送電網、上下水道から分離されていたのだ。[33]

　最後に、石油はしばしば「オランダ病」のおかげで民間部門の成長に失敗することがある。『エコノミスト』誌は天然ガス輸出がオランダ経済に及ぼした影響を描写するために、1977年11月にこの用語を考案した。しかしこの現象が最初に確認されたのは19世紀、1849年のカリフォルニアのゴールドラッシュと、1851年のオーストラリアで発生したゴールドラッシュであった。

　銀行家の（そして皮肉なことに、一時的に『エコノミスト』誌の記者であった）ウィリアム・ニューマーチは、こうした金採掘ブームが、アメリカやオーストラリアの他の経済部門を発展させる刺激となることを論じた。しかしこれに対してアイルランドの経済学者であるジョン・エリオット・ケアンズは、驚くべき予言を発表した。ゴールドラッシュはそれ以外の経済を刺激できない（この点に関しては、われわれが本書で確認した飛び地効果に要約されている）が、そればかりでなく、他の産業部門の生産量を減少させて悪影響を与える、と。ケアンズの主張は正しかった。彼はもっとも早い段階で、オランダ病を喝破して経済学者に説明していたのだ[34]。

　ジャーナリストは、資源輸出とむすびついた困難であればそれが何であれ、「オランダ病」と呼んだり「資源の呪い」と呼んだりして、無造作に用語を使用することがしばしばある。しかし経済学者は、より厳密な定義に基づいて用いる。その定義によれば、オランダ病とは「ある国の天然資源部門の急成長が、製造部門と農業部門の衰退を招く現象」である。

　この衰退は、二つの効果によってもたらされる。その一つは「資源移転効果」だ。これは、資源部門が急成長すると、この部門が農業部門や製造部門から労働力と資本を引き寄せるため、労働力と資本を取られた農業部門と製

造部門で生産コストが上昇してしまう現象を指す。第2の効果は「支出効果」だ。これは、急成長した資源部門から資金がその国の経済に流出することで、その国の実質為替レートを引き上げる。為替レートが高くなれば、それだけ農産物や工業製品を国内生産するよりも輸入したほうが安くなる。

結果として、価格の安い輸入品との競争によって製造部門と農業部門は国内市場のシェアを失い、また高い為替レートのせいで生産コストが上昇するために国際市場でも競争できなくなる。輸入できない財やサービス（建設、治安、教育といった、いわゆる「非貿易財」）はこうした影響の範囲外にあり、被害を受けることはない。こうして、資源輸出ブームが農業部門と製造業部門のみを相対的に縮小させ、他の部分は変化せずにそのまま、ということになる[35]。

オランダ病が現実の現象であることに、もはや何の疑いもない。1970年代の石油ブームの後、アルジェリアやコロンビア、エクアドル、ナイジェリア、トリニダード・トバゴ、ベネズエラといった石油輸出国で、オランダ病は農業部門と製造部門に損害を与えた[36]。ナイジェリアでは、オランダ病は1970年代の初頭から1980年代半ばにかけて猛威を振るった。それは農産物の価値を下落させ、カカオやパーム油、ゴムの輸出に立脚した産業を破壊した[37]。アルジェリアでは、急拡大する石油輸出がまず1970年代後半に、それから1990年代と2000年代の初頭に、製造業の輸出を半分に減らした。

純粋に経済的な観点から眺めると、オランダ病はその名前が意味するような深刻な事態ではない。比較優位説に従えば、石油と天然ガス輸出が拡大すると、その国の比較優位の状況に変化が発生し、他の輸出が脇に追いやられることになる。もしも石油部門が生みだした収入が、製造部門や農業部門が失った収入よりも大きければ（単純な経済モデルにおいてはこのようになるはずだ）、その国は良い状態のままであるはずだ[38]。

とはいえ、石油生産には悪い波及効果がある、もしくは農業部門や製造部門が良い波及効果を持ち、それらが単純な経済モデルに表れないのだとしたら、オランダ病は依然として有害である。もしそうならば、より大きな石油部門を持ち、同時により小さな農業部門や製造部門を持つ国は、別の形でオ

ランダ病の被害を受けることになる。例えば、より経済が不安定になったり、より民主化が停滞していたり、女性の権利がいっそう制限されていたり、より多くの暴力的な紛争が発生することになる。一度こうした問題が織り込まれると、オランダ病はますます深刻なものとなる。

　だがここではとりあえず、経済の一部を担う政府にオランダ病がどのような影響を与えるのかを考えてみよう。通常は政府が石油部門を所有しているので、石油の富は政府を拡大させる。これに対して農業部門や製造部門は通常だと民間に所有されており、こうした部門が縮小することは民間部門の縮小を意味する。オランダ病は、経済活動が民間から政府に移行することを手助けすることになる。

　では、経済のその他の部門、例えばサービス部門はどうなるのだろう。じつは石油ブームの間、産油国のサービス部門は繁栄する。サービス部門は、現地で建設を行うときの作業そのもの、また医療や小売りサービスといった輸入できないものを提供するので、為替レートの上昇による悪影響を受けることはない。極端に大きな石油の富を持つ国では、民間部門の大半はサービス業からなる。世界銀行による1990年のデータによれば（これは比較的完全なデータのうちもっとも新しいものである）、OPEC諸国では労働力の56%はサービス部門で雇用されていたのに対し、OPEC諸国以外の国の平均は40%だった[39]。産油国においては、こうしたサービス部門の企業は、道路や橋梁、病院の建設といった政府の公共事業への参入に依存したり、また石油企業にサービスを提供したりする場合もしばしばである。

　要するに、オランダ病はいくつかの産業（農業や製造業）を縮小させ、政府の援助に依存させる効果を与え、また別の産業（サービス業）をより大きくする。後者の場合、それは部分的には政府との契約によって達成される。石油の富がなぜ驚異的に他の部門に影響を与えないのか、そしてそうした中で生き残ってきた企業がなぜいっそう政府に依存するようになるのか、オランダ病は飛び地効果とともにこの仕組みを説明する。

石油収入の不安定性

　石油収入の第3の特徴は、その不安定性だ。石油収入は予想外に急増し、また急落する。この変動は次の三つの要素が絡み合うことで生みだされ、これらの要素の働きで変動は緩やかにもなれば、激しくもなる。その要素とは、石油価格の変化、生産率の変化、政府と石油会社の契約である。

価格の変化

　1861年1月、ペンシルヴァニアのタイタルヴィルで石油が発見された直後には、その価格は1バレルあたり10ドルだったが、その後12ヶ月で価格は99%低下し、10セントになった[40]。これが最初の石油価格の変動だ。

　こうした価格変動の原因は、単純な経済的事実に求められる。短期的には、石油の需要と供給はともに価格弾力性が低い。つまり、供給者も消費者も、価格の変化に応じて生産量や消費量を素早く調整することができない。例えば、石油価格が上がっても、生産者が生産量を拡大させるには数年という時間が必要だ。なぜなら、そのためには莫大な事前投資が必要であり、そこから利益を挙げるには何年もかかるからだ[41]。そしてまた、消費者が石油価格の上昇に対処するために住宅に断熱対策を施したり、より燃費の良い自動車を購入したりして石油利用を控えるようになるのにも、また時間がかかる[42]。

　このように、価格弾力性が低いために、供給または需要のちょっとした変化が価格に大きな影響を与える。イラクやリビア、ナイジェリアで予想外の暴力的な事件が発生してわずかに供給量が低下するだけでも、価格は大きく跳ね上がる。同様に、需要がわずかに上昇しただけで、価格は青天井となる。需要や供給の変化予測もまた、市場の投機家たちがそれに反応することで、価格が変動する。アメリカで販売されている全製品95%のどれよりも、石油価格の変動は激しい[43]。

　とはいえ、石油市場にも安定の時代はあった。図2.8は1861年から2009年の1バレルあたりの石油価格の変動を、インフレ調整後の価格で示したものである。石油産業が始まって最初の1世紀をかけて価格はじょじょに安定

化しており、もっとも安定していたのは1935年から69年だ。この期間、石油の実質価格の上下幅は年間5.9%に収まっており、20%以上変動したのは1947年の1年だけだ。しかし1970年以降は、石油価格は1年間に平均で26.5%も変化するようになった。1970年代以前には石油価格がほとんど変化しなかったため、石油価格の予想を悩ませるようなものはなかった。しかし1973年以降、石油価格の予想は大きな企業活動となり、それには陰鬱なグラフを読み解く作業がついてまわった[44]。

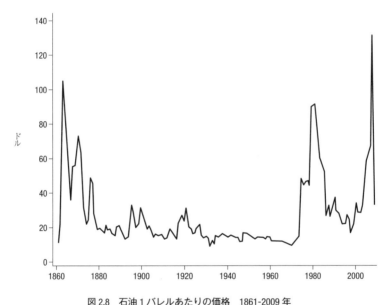

図2.8　石油1バレルあたりの価格　1861-2009年

石油価格は米ドルの2005年価格。
出所：BP 2010

1970年前後に価格が再び不安定になったのには、三つの理由がある。

第1に、1960年代から70年代にかけて産油国を席巻した国有化の波がある。1930年代から60年代には、石油の国際取引を支配していた石油会社は、需要の変化に対応するために生産量の増減を行い、価格の安定化を図っていた[45]。1960年代にオイル・グラット〔世界的な石油の過剰供給現象〕が発生す

ると、石油会社はペルシャ湾地域、とくにイラクで石油の減産を実施し、価格の下落を押さえるために利益の縮小を受け入れた。しかしながら、1960年代と70年代に力を持ちはじめた産油国政府は、国際的な石油供給を管理する能力、すなわち石油価格を安定化させる能力を国際石油会社から奪い取ってしまった。

　1960年代と70年代の石油国有化は、石油産業100年の歴史を通じて初めて、その垂直的に統合された会社組織を解体した。石油産業の国営化以降も国際石油会社は輸送と販売を管理していたが、生産までも管理することはできなかった。いまや国営企業が石油生産を管理しており、こうした国営企業は新たに登場した「スポット市場」を通じて、石油を個人的に売買する投資家たちの中でもっとも高い値をつける買い手に、自由に石油を販売することが可能となった[46]。長期契約に代わって市場がしだいに石油価格を決定するようになったため、価格は需要と供給の変化を反映して自由に変動するようになった。

　第2に、固定相場制を支えたブレトン・ウッズ体制が崩壊したことである。第2次大戦が終結してから数十年の間、ブレトン・ウッズ体制は各国の通貨価値の変動を制限し、このため米ドルで決済される商品の価格が変動することを抑えていた。1971年に固定相場制が崩壊すると、米ドルの価値が変動するようになった。これがドルで決済されていた国際市場で取引される商品の価格を不安定なものにした[47]。

　最後に、変動の中でも価格上昇傾向が見られたのは、石油供給が逼迫していたためである。1940年代から70年代半ばにかけて、アメリカは世界最大の産油国であり、同時に消費国であった[48]。しかし1970年10月、アメリカの石油生産は限界に達し、その後確実に減少しはじめた。同時に、アメリカの消費は急激な成長を続けた（図2.9参照）。結果としてアメリカの石油輸入は急増し、1969年から73年にかけて2倍となった。1970年まで、石油需要に応えるための生産余力は国際的に十分に確保されていたが、1970年以降、石油会社は生産を拡大することができず、それに代わって価格が上昇した。

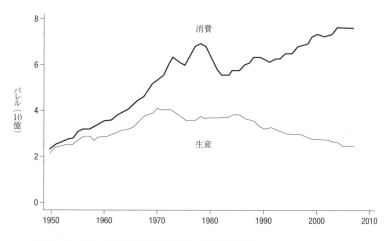

図 2.9　アメリカの石油生産と石油消費　1947-2007 年
折れ線グラフは、各年のアメリカの石油消費（上の折れ線）と石油生産（下の折れ線）を示している。単位は 10 億バレル。
出所：エネルギー情報局（http://www.eia.doe.gov）（2009 年 1 月 15 日アクセス）。

　1973 年から 74 年にかけて、これらすべての要素が重なると石油の実質価格は 3 倍に跳ね上がり、1978 年から 79 年にかけて再度 2 倍に上がった。当時の貨幣価値で、石油価格は 1970 年には 1 バレルあたり 1.8 ドルだったが、1980 年には 36 ドルまで上昇した。

　今日の石油アナリストによれば、1973 年から 74 年の石油ショックは、イスラエルとその周辺諸国との戦争であるヨム・キップル戦争〔日本では第 4 次中東戦争という名で知られている〕に対応して OPEC のアラブ諸国がボイコットを行った結果であるとされる。しかしこの説明は不完全だ。なぜなら、1956 年のスエズ危機〔日本では第 2 次中東戦争〕と 1967 年の 6 日戦争〔日本では第 3 次中東戦争ともいう〕でもアラブ諸国はボイコットを実施したが、これらは石油の国際価格にまったく影響を与えなかったからだ。1973 年から 74 年のアラブ諸国による石油ボイコットは、当時すでに自社所有の油田を失っていた国際石油会社が増産して事態に対応することができなかった時期に、またアメリカがスウィング・プロデューサー〔需給の変化に対応して生産量を変化させることで、価格を調整する能力を有する産油国〕としての役割を喪

失していた時期に行われたものであり、それまでのボイコットとはまったく異なるものであった[49]。

　1970年代になると、多くの政策担当者が、世界は歴史的に石油価格が高い時代に突入したと確信した。1972年のローマクラブの報告書『成長の限界』は、今後数十年にわたって1次産品がますます希少となり、天然資源に富む国は国際社会の中で特権的な地位を得ることになると予言した[50]。エコノミストのジョン・P・ルイスによれば、ローマクラブの報告書は、「これまでにないほどに世界中の政治関連組織の注目を集めた」。鉱物資源の富の不利益に関して1950年代と60年代に一部の経済学者が行った議論は、正しくなかったとみなされたのだった[51]。

　しかし、石油が高価格で取引される新しい時代は、価格が不安定化する時代であることが判明した。1970年代には価格は上昇したが、1980年から86年には石油の実質価格は3分の2以下に下落した。これは西側諸国が消費を抑え、サウジアラビア政府が生産量を拡大したためである。

　1986年から99年にかけて、再び石油価格は安定化した。石油産業アナリストの中には、1970年代の石油ショックと1980年代初頭の価格崩壊は例外的な異常事態であると論じる者もあった。2000年になると、二人の著名なアナリストが「長期的な傾向から判断すると、今後20年は石油余剰の時代が続き、価格は低下する」と記述している[52]。しかしながら、今世紀になると石油価格は再び急上昇し、1999年1月に1バレルあたり10ドルだったものが2008年7月には145ドルになり、その5ヶ月後には40ドル以下にまで下落した[53]。

生産量の変化

　ある国の石油収入は生産量によっても変化し得る。例えば、ある国が石油や天然ガスの採掘を開始すると、生産量の拡大は新しい収入の洪水をもたらし、政府はそのすべてを適切に使うことができなくなってしまうこともある。この点については本書の第6章で取り扱う。

　もちろん、生産は落ち込むこともある。産油国が有する油田の埋蔵量には

限界があるので、長期的には採掘量は減少する。すべての石油保有国の石油が予測可能な将来に枯渇するのではないか、と心配する必要はない。サウジアラビアやクウェート、イラク、イランは何十年もの間、あるいは何百年もの間、生産量を落とさずに済むほどの埋蔵量を有している（図2.10参照）。しかし大半の産油国が保有するのは小規模な油田であり、こうした産油国は生産量の落ち込みのために収入の減少に直面することになる。現時点においてすでに収入が少なく、同時に収入を石油部門に依存しているような政府は、大きな危機に直面する。インドネシアやエクアドル、ガボンといった主要産油国の一部は1980年代と90年代に石油の大半を採掘し尽くしたが、その後も新規油田の発見が続いたので、猶予期間を謳歌している。シリアやバーレーン、イエメンなどでは、近い将来に石油が枯渇すると予想されている。

　ある意味では、生産量の変化は価格の変化よりも心配する必要のないことだろう。なぜなら、生産量の変化は事前に知ることが可能で、またそれは価格変動ほど不確実なものではないからだ。しかし別の側面から考えると、生産量の変化はより深刻であるともいえる。なぜなら、こうした事態は政府に別の問題、すなわち鉱物資産の枯渇を埋め合わせしなければならないという問題を突きつけるからだ。

　自国の天然資源を掘ることで収入を得る国家は、商品やサービスを産出することで収入を得る国家とは、本質的に異なる道を歩んでいる。こうした違いを理解するためには、収入と財産の違いを理解するとよい。個人の収入の代表例は給与だが、個人の財産とは、その個人が貯蓄しているお金である。ある国の収入がその年にその国で生産された商品やサービスの価値であるならば、その国の財産とは、そこで蓄積された資産である。

　すべての国は4種類の財産を持つ。まず物的な意味での資本であり、これは道路や建物、インフラ設備である。次に人的資本であり、これはすなわち労働力の規模、質、教育水準である。さらに社会関係資本もある。これはその国で共有されている道徳や社会規模、市民団体などが該当する。最後に自然資本であり、ここに土地や森林、鉱物資源が含まれる[54]。物的、人的、社会関係資本はすべて再生可能な資源である。適切に育てることができれば、

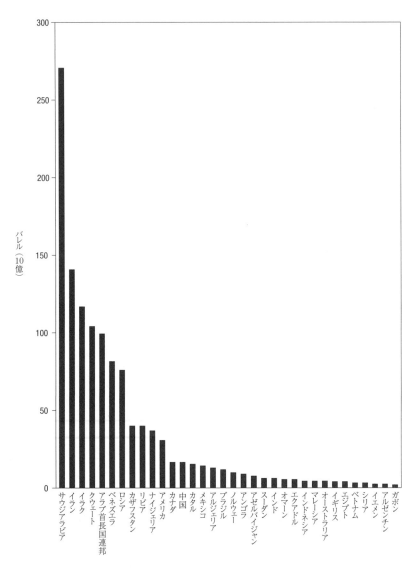

図 2.10 石油の確認埋蔵量 2005 年
棒グラフは石油の確認埋蔵量を示している（単位は 10 億バレル）。天然ガスは含まれていない。
出所：BP 2010．

こうした資本は確実に収入を生みだす。

　しかしながら、石油が生みだす収入は、完全にその国の自然資本に由来するものである[55]。ある種の自然資本、例えば大地や森林は、適切に管理されれば確実に維持してゆくことができる。しかし石油は限りある資源なので、一度採掘されてしまうと再び生みだされることはない。それは再生不可能な財産である。ある国が石油を生産して販売するとき、その国は保有している自然資源を減少させているのだ。この資源を道路や学校といった他の形態の資本に転換できない限り、石油の枯渇は国家の収入が落ち込むことにつながる。

契約の不安定化

　価格と生産量の変化は、石油収入が不安定な理由を部分的に説明するが、そこには政府と石油会社の契約もまた影響を与えている。契約は、石油販売が生みだす利益の何割が政府の懐に入るのか、また採掘と精製と輸送に携わる民間企業が何割の利益を得るのかを規定する。こうした契約は、価格や生産量の変化によって引き起こされる不安定さの緩和・促進の双方に作用し得る[56]。

　こうした契約がなぜ問題となるのか、その理由を理解するためには、石油価格を固定要素と変動要素に分けて考えるとよい。例えば、時間とともに石油価格が1バレルあたり20ドルから120ドル、平均価格70ドルで変動していると仮定しよう。このとき、価格の固定要素は20ドルだ。これは石油価格が20ドルをけっして下回らないことを考えれば当然そうなる。これに対して価格の変動要素は石油価格から固定要素を差し引いた部分、つまりゼロから100ドルの範囲をとり、その平均は50ドルとなる。

　もしも、契約が一つの油井から発生する利益を、このような固定要素と変動要素に分けるなら、固定要素分を受け取る契約主体は価格変動の影響を受けることがなく、同様に変動要素分を受け取る契約主体は価格変動の影響を完全に被ることになる。実際、変動要素分を受け取る契約主体は、石油価格が示す以上の変動を被ることになる。というのも、石油価格は全体で6倍に

変化し得る（20 ドルから 120 ドル）が、変動要素は 100 倍に変化し得る（1 ドルから 100 ドル）からだ。長期的視点に立つと、変動要素は固定要素に比べてより大きな収入を生みだす。なぜなら固定要素分の受け取りがつねに 20 ドルであるのに対して、変動要素分の平均は 50 ドルだからだ。しかし、こうした不安定さが高くつくこともあり得る。

　1950 年代まで、石油契約は政府側に対しておおむね石油収入の固定要素分を割りあてており、国際石油会社は利益のより大きな部分を獲得していたが、同時にそれはより不安定な部分でもあった。石油会社は石油採掘にともなう利益の大半を獲得する一方で、価格変動などに起因するリスクの大半を引き受けていた。例えば、1948 年にサウジアラビア政府とゲティ石油との間に締結された契約では、国際的な石油価格にかかわらず、政府側に 1 バレルあたり 55 セントの固定価格での支払いが明記されており、当時の国際石油価格は 1 バレルあたり約 2 ドルであった[57]。サウジアラビア政府は安定的で将来予測のできる収入を獲得していたが、石油価格が高騰したときには棚ぼた式の大きな利益を得ることができなかった。ゲティ社はしばしば大きな棚ぼた式の利益を獲得することができたが、価格変動のリスクも負わなければならなかった。国際石油会社が生産量を制限したり、あるいは増大させたりして石油の国際価格を維持しようと大きな労力を払っていた背景には、こうした理由があった。会社は、価格変動のリスクの大半を自社で負わなければならなかったのだ。

　産油国の政府が 1960 年代と 70 年代に自国の石油部門を国有化すると、上記のような契約は大きく変更された。今日、外国企業は石油収入の固定価格分を受け取ることが多く、産油国政府はより大きな割合で変動部分を獲得している。アンゴラの石油契約を分析したある研究によれば、石油価格が 50％上昇すると政府の歳入は 82％増加するが、国際石油会社の収入は 9％しか増えない。また石油価格が下落すると、それ以上の規模で政府の歳入が減少する[58]。市場が活況を呈しているときに政府はそれ以上に多くの歳入を獲得するが、価格が暴落したときに政府が失う歳入はよりいっそう大きなものとなる[59]。

契約は別の方法でも収入の安定性に影響を与える。契約が最終的にまとまるときには、政府はしばしばすぐ手にすることができる「契約報奨金」を得る。これは一度限りの棚ぼた式利益として作用する。石油会社は生産開始から数年間は税率やロイヤルティを低く抑えることで、こうした報奨金や初期投資を回収する。このため一度契約報奨金を受け取ると、政府はその後数年間に石油収入や石油会社からの税金をほとんど獲得できなくなるかもしれない。このように仮に価格や生産水準に変化がなくとも、政府の歳入の急増と崩壊が発生する。

　政府は石油価格をほとんど管理することはできないが、契約に関しては大きな裁量を有している。しかし現在のところ、大半の政府は歳入を安定化させる契約を作成する代わりに、歳入を不安定化させるような契約に調印している。

　価格変動、生産量の変動、そして契約というこの3要素が組み合わさることで、産油国の予算は異常なほどに不安定となる。図2.11 は石油大量保有国のイランと石油少量保有国のエジプトの政府歳入を比較したものだ。1970年には、どちらの政府も歳入として120億ドル（2009年価格）を得ていた。それ以降、イランの歳入はかつてないほど急成長し、しかし同時により不安定になっていった。イランの歳入は1972年から74年にかけて3倍になり、74年から88年には80％以上も減少した。そして88年から2005年には不安定ながらも急激に拡大した。エジプトの歳入もまた成長したが、それはよりゆっくりと穏やかなものであった。

石油収入の隠匿性

　石油収入は、政府にとって極端に隠蔽が容易なものだ。多くの民主主義諸国の政府は、石油収入を国民に開示する。ブラジルやニュージーランド、ノルウェー、アメリカのアラスカ州などは収入透明性の模範といえよう[60]。しかし大半の非民主主義的産油国、および半民主主義的産油国、すなわちイランやベネズエラのような国は、つかみどころのない石油収入の性質を利用し

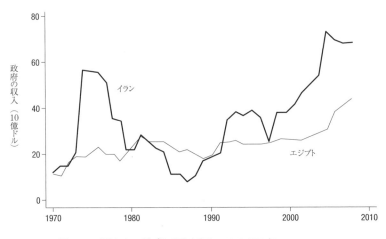

図2.11　イランとエジプトの政府歳入、1970-2009年

出所：Central Bank of Egypt, annual reports; Central Bank of Iran, annual reports.

て、国民にその情報を開示しない。あるアナリストによれば、「採掘産業が有する隠匿性は最近まであまりにも当然のことと思われていて、国家と会社のどちらもあらためてこの隠匿性を守り抜くためのうまい言い訳を作りだす必要に迫られることもなかった」[61]と分析している。

　隠匿性はその性質のために計測が難しい。政府が国民に対してどの程度の金額を隠しているのか、明らかに記述することは容易ではない。それでも一国研究の多くは、資源保有国の財政が不自然に不透明であることを明らかにしてきた[62]。例えばカメルーンに関する最近の研究では、1977年から2006年までの石油収入の46％が政府予算に移転され、残りの54％については公式な説明がないという[63]。世界中の94ヶ国に関して2010年に実施された財政政策の調査によれば、予算を化石燃料に依存している政府は、そうでない国と比べてその予算が極端に不透明であることが明らかとなった[64]。

　産油国が例外的に隠匿性を有することは、明確に報告されない予算外の資金で取引している痕跡をたどることで、その一部が明らかになる。収入源を石油に依存する政府は支出の大半を帳簿に記載せずに使用する目的で、しば

しばこうした資金の使い方をする。ときには政府は国民の調査から守られている石油会社の財務の中にこうした資金を隠すことがある。例えば、

- インドネシアのスハルト大統領は、1998年に罷免されるまで、国営石油会社であるペルタミナを使ってその利益を秘密裏に自身の支持者に配分していた。これが最高潮に達したとき、ペルタミナは政府予算の3分の1を管理していたが、同社は国民への情報開示をしなくてもいいように守られていた[65]。
- サッダーム・フセインの統治期において、イラク政府の予算の半分はイラク国営石油会社を経由して使用されており、同社の予算は秘密にされていた[66]。
- アゼルバイジャンでは、政府予算の半分が国営石油会社（SOCAR）を経由しており、その総額はやはり不明である。
- アンゴラの政府予算の多くは同国の国営石油会社のソナンゴルを経由しており、そこを経由した総額はまったく公にされていない。しかし、IMFが1999年に分析したところによれば、それは政府の総支出の40％に相当するという[67]。
- 1929年から2000年までメキシコで与党の座にあった制度的革命党は、メキシコ国営石油公社（PEMEX）からの資金に大きく依存していた[68]。2000年の選挙時には、PEMEXは同社の労働組合を通じて、制度的革命党に1億ドル以上を投入したとされている[69]。選挙の前にPEMEXは突如として資金のばらまきを行い、このばらまきの対象となったのは政治的に重要な地域の「市民団体、学校、基金、農業共同体、漁業団体、労働団体、地方政府」であった[70]。
- 2011年にリビアで内戦が発生すると、ムアンマル・カッザーフィー大佐はトリポリに隠されていた「数百億」の現金を用いて国際的な制裁に対抗し、自身に忠誠を誓う者に資金的な援助を行ったり、傭兵を雇ったりした。『ニューヨークタイムズ』は情報機関関係者の言葉として、政府系ファンドも含めたリビア政府の資産と、カッザー

フィー家の資産を区別することは難しいと報道した[71]。

　帳簿外の資金運用のもっともとんでもない事例は権威主義的な政府からもたらされるが、同様の傾向は部分的な民主主義国にも見られる。イラン政府は、半政府企業であるボンヤードを経由して、政治的に重要な人物に石油の利益を移転していた。ボンヤードは名目的には政府の管轄外にあり、国民への情報開示から保護されていた[72]。

　ベネズエラの事例はさらに雄弁にこの問題を語っている。1980年代と90年代には、ベネズエラ国営石油公社（PDVSA）は、世界でもっとも政治的に中立で、またもっとも適切に運営されていた石油会社であった。しかし2000年代初頭、チャベス大統領は同社が有していた独立した権限を剝奪し、同社の重役を自身の忠実な腹心と入れ替えた。次に、チャベス大統領は同社を彼の新しい社会開発プログラムを管理する地位に据え、彼自身の政治の道具とした。2004年までにベネズエラ国営石油公社の予算の3分の2は石油に関連する活動ではなく、社会開発プログラムに用いられるようになった。この社会開発プログラムが成長するにつれ、同社の透明性は失われていった。2003年以降には同社の財務公表は不十分なものとなり、中立なアナリストの目には、同社の活動を監視することがしだいに難しくなったことは明らかだった[73]。

　西側の国営石油会社でも汚職が見られる。1990年代の半ば、フランスの国営石油会社であるエルフ・アキテーヌ〔現トタル社〕の一連の会計報告は、同社が政党、とくに共和国連合を支える重要な資金源になっていることを明らかにした。ジョン・ヘイルブルンは次のように述べている。

> 検事らは、エルフの少数のマネージャーがおよそ4億ユーロを着服し、選挙活動や外国の政治家への賄賂、あるいは私腹を肥やすためにこれを用いた証拠を明らかにした。2003年の裁判では、37名がこのスキャンダルに巻き込まれた。このスキャンダルには数名の閣僚経験者やフランス憲法会議議長、コール元ドイツ大統領、オマル・ボンゴ・ガボン大統

領、デニス・サッソゥ・ンゲッソ・コンゴ大統領が巻き込まれた[74]。

これまで論じてきた石油産業の二つの特徴は、なぜ石油収入は容易に隠されてしまうのか、ということを説明する。石油は国有財産なので、石油会社は契約締結を通じて政府と、しばしば国営会社を経由して交渉することでのみ、石油にアクセスすることができる。こうした契約はとてつもなく複雑であるが、究極的にはどの程度会社が支払うのか、ということを規定する[75]。こうした契約の条項は秘密で、支払いの規模を知ることはほとんど不可能だ。国際石油会社は自社が政府に支払った金額を公表し得るが、そうされることはほとんどない[76]。もしも石油が国家の所有物でなかったら、こうした交渉は必要ではないだろう。石油会社は土地の権利を購入するのと同じような方法で石油を購入できるだろうし、また他の会社と同様に納税することだろう。

もう一つの特徴は国営石油会社の横行であり、こうした会社は1970年代から石油産業を支配してきた。農業や製造業、サービス業でも、あらゆる種類の国営企業は1980年代まではしごく一般的だった。しかしながら1980年代と90年代、ほとんどの国では非効率的で汚職の温床であり、政府の収入を浪費する国営企業は民営化された。低所得国では、全就労人口に占める国営企業の割合は1980年に20％だったものが97年には9％に減少し、中所得国では13％から2％へと減少した[77]。

だが石油ビジネスに関しては、民営化の動きはまったく発生していない。事実、2000年代の油価の高止まりを受けて、ベネズエラやボリビア、エクアドル、ロシアでは新たな国有化すら発生している[78]。多くの非民主主義的国家においては、国営石油会社は議会の監視対象となっていない。非民主主義諸国の議会の役割はそもそも限定されているが、それでも大半の権威主義的政府は通常予算を議会に提示し、国民にも開示する。しかし国営石油会社の予算は例外とされるか、あるいはあまりにも簡素に記述されるために、その財務状況はほとんど明らかにされていない。

もしも寛容な会計係が政府を運営するのであれば、異常なほど多額の石油収入は問題にされないかもしれない。だが政府は私欲にまみれた政治家たちによって支配されているのであり、自分たちの意のままになるこうした類いの財源に大きな影響を与えている。その収入が大きく、不安定で、曖昧としており、しかも税金に依存していない国家は、特殊な性質を有しているのだ。

注

1　Bevan, Collier, and Gunning 1999.
2　インフレを計算しない場合、アゼルバイジャンの政府支出は12倍、赤道ギニアでは13倍である。これらの推計はIMFがこれら2ヶ国に関して作成した第4条協議報告書に基づく（訳者注：IMFはその協定第4条に基づいて、加盟国の経済政策を定期的に議論することになっており、議論の成果は報告書として公表される。この報告書は、一般に「第4条協議報告書」と呼ばれる）。
3　この表、およびこれ以降のすべての表について、私は産油国とそれ以外の国々の違いが有意であることを確認するために、標準的な平均値の差を用いて検定を行った。
4　Bornhorst, Gupta, and Thornton 2009; McGuirk 2010参照。これは産油国政府が税を「通常」の水準に維持していたとしても、そうした政府の規模が現在よりも大きくなることを意味している。
5　議論を展開する都合上、ここでは、試掘権や採掘権、国営石油企業からの移転などの税によらない手段を通じて政府が石油収入を獲得すると想定されている。しかし実際には、政府は石油業務に関わる民間企業に課税することでも石油部門から利益を得ている。この点については、第7章で取り扱う。
6　Elian 1979; Bunyanunda 2005.
7　すべてのアメリカの地下資源が個人所有というわけではない。政府は沖合の石油資源については国有としており、それはアメリカの石油生産量のおよそ4分の1を占める。公有地の地下にある石油は当然国有である。
8　アメリカの鉱山法の改定に関しては、Libecap 1989 を参照。Gavin Wright and Jesse Czelusta (2004, 11) が指摘しているように、このことはアメリカで鉱物資源に関する権利が適切に機能しているということを意味しない。
　アメリカで鉱物資源の存在する最良の土地の大半は、連邦法に明記されている手続きを経ずに個人の手に渡った。例えば、600万エーカー〔約2万4,281平方キロメートル〕の石炭埋蔵地が1873年から1906年の間に個人所有となったが、その大半は農地に偽装されていた。ミネソタ州やウィスコンシン州の北部の鉄鉱石埋蔵地の大半は、ホームステッド法の条文を曲解することで獲得された。
9　財が持つ質の違いや商品を生みだす費用の格差という本質的な差異によって生みだされるレントは、19世紀の経済学者であるリカードが最初に記述したため、「リカード型」レントと呼ばれることがある。
10　レントの推計が概算であることは認めなければならない。これらの数値はKirk Hamilton and Michael Clemes (1999) のデータをインフレ調整して更新したものである。
11　Mill [1848] 1987, 16:3. 〔以下の翻訳を参照し、その一部の表現を改め、また本書の引用部分に合うように改変した。J. S. ミル『経済学原理』末永茂喜訳、岩波文庫、1960年、第2巻、426頁〕多くの社会科学者の議論によれば、レントを追い求めることは諸悪の根源であり、経済的浪費、汚職、暴力などがそこに含まれる。Krueger 1974; Buchanan, Tollison, and Tullock 1980; Conander 1984を参照。レントの影響の妥当性を検証するよりも、レントに関する理論を生み出すほうが容易である。
12　Hartshorn 1962.
13　Levy 1982.
14　Penrose 1976, 198.
15　Kobrin 1980, 17; Jodice 1980 と Minor 1994 も参照。

16　Mommer 2002.
17　Yergin 1991, 463.
18　Coughlin 2002, 108.
19　Krasner 1978.
20　Mahdavi 2011.
21　レイモンド・バーノン（1973）は、この問題を「効力を失う取引」と呼ぶ。
22　契約形態に関する議論に関しては、Johnston 2007 を参照。Paul Stevens (2008) は、とくに中東において、資源ナショナリズムの周期が存在することを指摘している。
23　McPherson 2003.
24　Spengler 1960; North 1955; Watkins 1963.
25　Lubeck, Watts, and Lipschutz 2007.
26　この問題、および石油部門とそれ以外の経済部門の間の「財務上のつながり」を、いまだ存在しない「前方と後方のつながり」に置き換える必要性を初めて論じたのは、Hirschman 1958 である。
27　Javorick 2004; Moran 2007. 理論的には、製造業の会社が他の産業で使用されるような商品を、より低価格で生産することができれば、そうした商品を使用する企業は競争力を持つようになり、成長することが期待される。こうした効果を「前方リンケージ効果」と呼ぶ。しかし実際には、こうした効果が確認された事例はほとんどない。
28　事実、1950 年代に石油が燃料として石炭に勝利したのは、こうした理由による。石炭の生産は労働集約的に行われるので、労働者のストライキとその結果発生する供給中断という弱点があった。アメリカやヨーロッパの石炭産業においては、第 2 次大戦後に発生したストライキにより、多くの石炭会社が労働力の削減とストライキの回避を可能とする石油産業に業種転換を行った。Yergin 1991, 543-45 参照。
29　International Labor Organization 2005.
30　Williams 2006.
31　Shultz 2006.
32　Bhattacharya and Ghura 2006.
33　Maass 2009, 35-36.
34　Bordo 1975.
35　Corden and Neary 1982; Neary and van Wijnvergen 1986.
36　Gelb and Associates 1988; Auty 1990.
37　Bevan, Collier, and Gunning 1999.
38　Matsen and Torvik 2005.
39　World Bank 2004.
40　Yergin 1991.
41　もしも石油生産企業が在庫を抱えていたとしたら、市場に追加供給できるだろう。これでさえも精製と輸送における隘路のせいで、数ヶ月を要する。
42　Smith 2009.
43　Kilian 2008; Regnier 2007 を参照。
44　あるエコノミストによれば、1973 年以来、石油価格は「ランダム・ウォーク」であるという。すなわち、翌年の価格を予測する最良の指標は今年の価格だが、この予測を使ってもひどく不正確なものしか導きだせない。Engel and Valdés 2000; Hamilton 2008 を参照。
45　Levy 1982.
46　Leonardo Maugeri (2006) は、スポット市場の誕生に関して適切な説明を行っている。
47　Cashin and McDermott 2002.
48　ただし、Goldman 2008 によれば、1898 年から 1901 年の間はロシアがアメリカよりも多く石油を生産していたという。
49　Tetreault 1985.
50　Meadows et al. 1972.
51　Lewis 1974, 69. Prebisch 1950; Singer 1950; Nurske 1958; Levin 1960; Hirschman 1958 などを参照。これらの、そしてこれら以外の諸研究に関しては、Ross 1999 で説明がなされている。
52　Jaffee and Manning 2000.

53 これらの価格は、米ドルの実質価格であり、スポット市場におけるブレント原油の価格である。情報はアメリカのエネルギー情報局のウェブサイト (http://www.eia.doe.gov) に示されていたものである (2010年4月13日にアクセス)。
54 こうした分類は、生産要素の古典的な分類である「土地」(自然資源)、「労働力」(人的及び社会資本)、「資本」(物的資本) と大まかに一致する。
55 厳密に言えば、鉱物資源の販売が生みだす収入は所得に分類されることさえなく、資産の売却に基づく収入として分類される。この問題に関する多くの示唆を与えながら、またこの問題がいかに混乱を生んでいるのかを論じているものとして、Heal 2007 がある。
56 こうした契約はその国の税制全体の一部となっている。つまりはさまざまな税、ロイヤルティやそれ以外に政府が税として徴収するその他の使用料である。税制は政府歳入の安定化に影響を与える。例えば、資産税は従量税あるいは従価税とともに安定的な収入源となるが、こうしたものに比べて収益税や所得税はより不安定な収入源となる (Barma, Kaiser, Le, and Viñeula 2011)。
57 Yergin 1991.
58 Shaxon 2005.
59 Michael Shafer (1983) はザンビアとコンゴ民主共和国における銅産業の国有化に際して発生した破滅的状況を分析し、この点をずっと以前に明らかにしている。
60 Revenue Watch Institute 2010.
61 Rosenblum and Maples 2009, 12.
62 アンゴラ、カンボジア、コンゴ共和国、赤道ギニア、カザフスタン、トルクメニスタンの石油収入の隠匿性と濫用については、ロンドンに拠点を置く NGO であるグローバル・ウィットネスのサイト (http://www.globalwitness.org) で入手できる。チャドとナイジェリアにおける同様の問題については、別の NGO であるパブリッシュ・ホワット・ユー・ペイのサイト (http://www.publishwhatyoupay.org) で入手可能である。
63 Gauthier and Zeufack 2009.
64 International Budget Partnership 2008. このサーベイについては本書の第3章でより詳細に取り扱う。
65 Crouch 1978.
66 Alnasrawi 1994.
67 Human Rights Watch 2004.
68 Ascher 1999; Greene 2010.
69 Schroeder 2002.
70 2000年にメキシコが民主的な体制に移行した後も、選挙の年になると PEMEX の寄付は急激に増大した (Monero 2007)。
71 Risen and Lichtblau 2011.
72 Brumberg and Ahram 2007; Mahdavi 2011.
73 Mares and Altamirano 2007; International Crisis Group 2007.
74 Heilbrunn 2005, 277.
75 Johnston 2007; Radon 2007.
76 Transparency International 2008.
77 Guriev and Megginson 2007.
78 Guriev, Kolotilin, and Sonin 2010; Duncan 2006; Kretzschmar, Kirchner, and Sjarifzyanova 2010.

第3章
石油の増加、民主主義の後退

  民主的な政府が存在するところに石油と天然ガスを埋めることが適切ではないと神がお考えになったことが問題なのだ。
        ——元米副大統領、ディック・チェイニー、2000 年

 2011 年 1 月、中東全域で民主主義を求める民衆運動が発生した。数十年間、世界のどの地域よりも中東の民主化は遅れ、そして石油の生産は増えていた。これは偶然の一致ではない。石油によって資金を得ていた支配者はそのオイルマネーを用いてみずからの地位を確固たるものとし、民主主義的な改革を防いできた。ほぼすべてのアラブ諸国の街頭で民衆運動が発生したものの、チュニジアやエジプトといった石油に乏しい国の支配者を倒すのは、リビアやバーレーン、アルジェリア、サウジアラビアのような石油に富んだ国の支配者を倒すのに比べて、ずっと容易なことが判明した。
 石油はつねに民主主義の障害となってきたわけではない。1970 年代まで、産油国は非産油国とちょうど同程度に民主的——あるいは非民主的——だった。しかし 1970 年代から 90 年代にかけて、民主化の波が地球上のあらゆるところに押し寄せ、ほとんどすべての地域の国々に自由を運び入れたときにも、この波は中東地域やアフリカ、旧ソヴィエト連邦の石油が豊かな国々には至らなかった。1980 年から 2011 年にかけて、産油国と非産油国の間にある民主的状況の格差はこれまでになく拡大した。
 この章では、支出の増加や減税、軍の忠誠の獲得、汚職と無能さの隠蔽といった手法を通じて、石油によって独裁者がその地位を維持し続けた仕組みを説明する。石油が民主主義的改革を阻害するのは避け難いというわけではない。少数ではあるが、石油の豊かな途上国の一部では依然として民主主義

への移行が見られる。メキシコやナイジェリアはその最新の事例だ。しかし、中東だろうとそれ以外の地域だろうと、産油国が民主化することは非常に珍しい。石油と民主主義はたやすくは混じり合わないのだ[1]。

民主主義をもたらすもの

　民主主義ほど、政治学者の関心を引きつけてきたテーマはない。しかし、何が独裁体制から民主主義への転換をもたらすのか、また何が民主主義から独裁への転換を引き起こすのかという基本的な問いへの答えについて、一致した見解はない。民主主義をどのように定義し、どのように計測するのか、というさらに単純な問いに関しても、広く議論がなされている状況だ。

　それでも、研究者はいくつかの重要な事柄について合意を成立させてきた。

　おそらくは、アダム・プシェヴォスキとその門下生による民主主義的な国家に関する最小限の4条件については、大半の研究者が合意するだろう。その条件とは、大統領だろうと首相だろうと、その国の行政府の長がかならず選挙でその地位に就くこと。立法議会が選挙を経て構成されること。選挙を通じて自由に競争する少なくとも二つの大きな政党が存在すること。少なくとも現職与党が選挙で敗北すれば、選挙を経てできた新しい政府に置き換わること[2]。

　民主主義国家の数が時間の経過とともに増加してきた点についても、研究者は合意している（図3.1参照）。1970年代には、世界の国家は一つの民主主義国家に対して4つの独裁国家の割合で存在していた。しかし1990年代までに、民主主義国家の数は独裁国家の数を凌駕した。今日、世界の国の60%が民主主義国家である。

　こうした民主化への傾向が存在する理由を説明することはより困難で、さまざまな研究がさまざまな原因を提示している。石油の問題はとりあえずわきに置くとして、民主化には以下のような重要な要素があると言われている。

- **高所得であること**。多くの研究が明らかにしているところでは、権

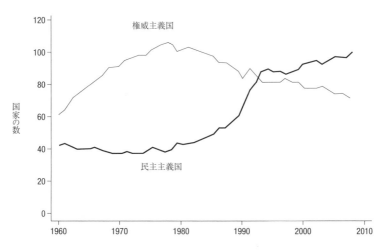

図 3.1　民主主義国と権威主義国の数　1960-2008 年

細い折れ線グラフは権威主義国の数を、太い折れ線グラフは民主主義国の数を示している。
出所：Cheibub, Gandhi, and Vreeland 2010 のデータを基に作成。

威主義的な国家がより高い所得を得るようになると、民主主義国家に移行する傾向が強まる[3]。

- **緩慢な経済成長であること**。一部の研究者は、権威主義的な政府は経済危機に見舞われるとより容易に民主主義国家に移行する傾向があることを示している[4]。
- **地理的・一時的な近接性があること**。サミュエル・ハンチントンの有名な説によれば、民主主義への移行は「波」となって現れる。すなわち、隣接する諸国家がしばしば一度に民主化（あるは権威主義化）することがある。1980 年代のラテンアメリカや、1990 年代のアフリカや中・東欧諸国、今日の中東諸国の一部がそれだ。最近の研究は、こうしたクラスターを形成する効果に関する説明を作成・発展させてきた。他の条件が同じならば、ある一国が民主主義へと移行すると、その隣国が同様の変化をたどる可能性は高くなる[5]。
- **イスラーム文化の影響**。多くの研究者は、イスラーム文化とその伝統が民主主義の障害であること、このことが中東・北アフリカのほ

第3章　石油の増加、民主主義の後退　｜　87

ぼすべての国が長らく非民主的な状況にあったことを良く説明すると論じる。

すべての研究が、こうした要素が重要だとみなしているわけではない。カルラス・ボイシュや、ダロン・アセモグルとジェームス・ロビンソンの最近の著作は、不平等の重要性を強調している。アセモグルとロビンソンそして共同研究者のサイモン・ジョンソンとピエール・ヤレドの研究は、植民地支配の形態と歴史の固有性が積み重なっていくことを重視する[7]。この問題に関する研究はつねに揺れ動いており、一致しない部分がある。

なぜ財政が問題なのか？

上記すべての要素を考慮したとしても、石油は差異を生みだす。権威主義的国家がより多くの石油を産出すると、そうした国家が民主化する傾向は弱まる。第2章で確認したように、石油の生産は政府の歳入に強い影響を与える。しかしながら、なぜこうした収入は政府の説明責任に影響を与えるのだろうか。この問いに答えるためには、財政問題に関する民主主義の理論を参照する必要がある。

政治的予算循環研究のおかげで、どのようにして政治家が財政を操作するのか、そしてどのようにして国民がこうした操作に反応を示すのか、社会科学者には多くのことがわかっている。数多くの研究が明らかにしているところでは、政府の財政政策は選挙に合わせて揺れ動く。これは政治家が有権者の支持を獲得するために、支出を増やしながら同時に減税を行うからだ。研究者が観察したところ、この循環はアメリカや、より一般的には先進工業諸国、さらにはラテンアメリカを含む多くの民主主義国家で広く確認された。政治的予算循環は権威主義体制諸国にも見られる。そこでは選挙は競争的でないにもかかわらず、独裁者達は選挙に際して有権者の支持を得るために予算を利用する[8]。

こうしたことを全体的に考えてみれば、より大きな予算を持ち、より税率

の低い政府を国民は支持することが導きだされよう。しかし、このことは民主化について我々に何を教えてくれるのだろうか。

　税の徴収と民主主義の勃興の関係を研究した成果から、いくつかのヒントを得ることができるだろう。独裁者による課税は、民衆が代議政治を要求する引き金になると論じるものもある[9]。税と民主化の間に関係があることの証拠は、歴史家が提供してきた。歴史家によれば、代議政治は近代初期のヨーロッパにおいて、イギリスやフランス、スペイン、オーストリア・ハンガリー帝国、オランダの統治者が新しい税を導入する権利と交換に、自分たちが保有していた権限の一部を議会に手渡したことに由来する[10]。

　アメリカの国民の大半は別の事例をよくご存じだろう。後にアメリカ合衆国となる13のイギリス植民地は、イギリスによる課税、とくに1765年の印紙法（多くの印刷物に課税する法）に反対し、これが独立運動につながった。最終的に税は撤回されたが、ジョージ王が「我々の同意なく税を課した」という事実は、反乱者の主要な不満として1776年の独立宣言に明記され、民主主義原理に約束された主権を持つ政府を成立させることにつながった[11]。

　私は2004年に行った研究で、やや異なる状況でも同じ力学が働くことを示した。元来の主張が意味するのは、国民は税が低く維持されることのみに関心を持ち、増税を行う独裁者は民主化を余儀なくされる、ということである。1971年から97年までの世界中の国の課税水準を見渡したところ、この仮説は当てはまらないことが分かった。しかし、私が行った統計的分析によって修正を加えれば、この主張を支持する証拠が見いだせる。すなわち、国民は税額に見合った利益が得られないならば、高くなった税の支払いを拒否する。

　このことからわかるのは、国民は税と政府から提供される便益の両方を秤にかけているということだ。国民は、自分たちが享受する便益がどのように変化するのかと関係なく、いつも税負担の軽減を要求するとは限らない。同様に、自分たちが支払う税を考慮せずに、政府から提供される便益を最大化しようとは考えない。そうではなく、税を減らしながら便益を拡大させることを望む。もしも税負担が高くなって政府から提供される便益が増えないの

なら、あるいはもしも政府から提供される便益が低下しても税が減額されないのなら、国民は政府批判を行う。

このことは、国民は小さな政府を望むのではなく、効率的な政府、出費に見合うだけの政府を望むということを示唆する。政府支出に占める税の割合を低く抑えている権威主義的な政府は、民主化への移行を回避する可能性が高い[12]。

政府の支出に比べて税負担が増加すると民主化を志向する反政府運動が発生するという考えは、政治的予算循環の概念と密接に関係している。この二つはともに、国民は自分たちにより多くの便益を提供し、しかも税金を低く抑える政府を支持し、より高い税を課しながらもより低い便益しか提供しない政府をすげ替えようとすることを意味する。もしもこうした税に基づく反乱が独裁国家で発生すれば、民主化を引き起こすだろう。

民主主義の財政理論

こうした研究は、石油の富が民主主義にもたらす影響について、多くのことを示唆する。石油収入は政府の歳入規模を拡大させるので、これはまさに政府によって提供される便益を増加させることになる。こうした普通ではない財源——この収入は税ではないのだ——のおかげで、政府は税を低く抑えることができる。石油の隠匿性もまた重要だ。だが石油の隠匿性を分析する前に、まずは石油の富が政府の説明責任に与える影響について、論理的にその仕組みの詳細を検討しよう。

石油と民主主義の議論をより明快なものにするためには、非数理モデルを使用することが適切だ。すなわち、単純化された仮想世界を用いて石油と民主主義の関連を描きだしてみるのだ[13]。このモデルは、あたかも一つの行為主体として扱うことができるような集合的に行動する市民の集団と、政府をコントロールする一人の支配者からなる。本章に続く三つの章において、いかにして石油収入が内戦や女性の機会喪失、不十分な経済政策などのさまざまな結果をもたらすのか論じる際にも、このモデルを補強しながら使用して

ゆく。

　まずは、政府を動かしている人物の目標が、支配者の地位に留まることにある、という前提を設けよう。この目標のために、支配者は財政の力を用いて政治的な支持基盤を作り上げようとする。つまり利益供与を行ったり、公共財を供給したりといった支出政策と、租税を低く抑えるという両方の方法が採られる。もしも支配者が十分な支持を得られない場合は、挑戦者が支配者を追い落とし、その座に就く。その国が民主主義国家ならばこれは選挙を通じてなされ、独裁国家ならば民衆の反乱によって達成されるだろう。

　市民は経済的な安寧に関して、現在と将来の両方で強い関心を持っている。市民の支配者への支持を決定づけるのは、自分たちの収入に対する政府の影響だ。市民は、自分たちからほとんど何も（例えば税としても）取らず、しかし多くを与える（例えば利益供与や公共財の供給といったような）政府を好む。もしも政府が市民に対して大きな利益を与えつつ租税を少なく抑えていたとしたら、市民は政府を支持するだろう。もしも政府が市民にほとんど利益を提供せず、しかも租税が高額ならば、市民は支配者のすげ替えを試みるだろう[14]。

　こうした条件の下で、石油を持たない権威主義国家では、どのような事態が発生するのだろうか。政府が余剰も赤字もなしに財政を運営できると仮定しよう。そこでは歳入はすべて租税からもたらされるので、政府が集める税と、政府が配分する利益は1対1の比率となる。経済が好調なときを想定するのならば、政府は低い税率で大衆の支持を維持するのに十分な利益を提供することができるだろう。しかし経済成長が緩慢なときには、政府は利益を削減するか、あるいは増税しなければならず、こうした事態は支配者が支持を失うことにつながる。

　もしもこの仮想国家が民主主義国ならば、市民は選挙によって別の政党を与党に据えるだろう。しかしもしも独裁国家ならば、市民には憲法に則って自分たちが敵対する支配者を交代させるための手段を持たない。このことは、市民がストライキやデモ、あるいは暴動に訴えて、無理矢理に支配者を権力の座から引きずり下ろすことを意味する。

独裁者を追い落としたからといって、自動的に民主主義へと移行することにはならない。だが、もしも市民に先見の明があるのなら、彼らは新しい支配者が独裁者と同じく民衆の支持を得られないような場合に備えて、次の政府をその地位から下ろせるようにする手段を模索するかもしれない。つまり、民主化に向かう改革だ。また、もしも無能な独裁者が自身の地位を維持する権限を制約することに同意するなら、やはり民主化が進展することになる。市民が無能な独裁者に交代を迫るようになることや、また将来の独裁者の行為を心配することが、長い年月をかけて民主化のプロセスを進めて行くに違いない[15]。

　さて、ようやく石油の影響を考えるところまでやってきた。石油生産は非税収入を増加させる。そうなると政府は集めた税よりも多くの利益を市民に提供できるようになる。石油（あるいはそれ以外の非税収入）を持たない国だと、政府が全税収を上回る利益を市民に配分しようとするなら、赤字財政でこれを行わなければならない。こうした戦術は選挙時には有効かもしれないが、長期的に続けられるものではない。しかし石油に富む国は、税収よりも大きな利益の配分を無期限に続けることが可能で、これによって政府は民衆の支持を維持し、民主化を志向する反乱を避けることができる。石油を持たない独裁体制はじょじょに民主化するが、石油を持つ独裁体制は独裁であり続ける[16]。

　このモデルに基づく議論は、今までのところ次のような重要な仮定を前提としている。すなわち、市民は政府による税収の使い道には大きな注意を払うが、石油収入の使い道については関心を払わない、ということだ。しかしこれは本当だろうか。石油保有国を知る者なら誰でも、その国民が石油収入の公平な分け前を得ようと情熱を傾けていることをよく知っている。第2章で論じたように、産油国の国民は、石油レントが国外に流出するのを防ぐために外資系石油企業の国有化を強く支持した。また第5章で見ることになるが、国民はときとして武器を手にしてでも石油収入のより大きな分け前を得ようとする。ペルシャ湾の君主国に関する研究を行ったマイケル・ハーブは、次のように指摘している。

石油君主国の国民は、自分たちに現金を分け与えてくれる支配者を賞賛し、この賞賛が政治的な支持へと変化する、と説明されることがある。賞賛が贈与を得ることによって生じるとはいうものの、しかしながら、湾岸のアラブ人たちは、自分たち自身が国民として石油を保有していると考え、支配者の所有物とはみなしていない。…そもそも自分たちの持ち物と考えているものを受け取ったからといって、それを自分に与えた人を賞賛しようとする者はいない[17]。

産油国の国民の大半は、自国の鉱物資源の富から利益を得る権利を持っていると考えている。彼らがそのように考えないとみなす根拠はどこにもないのだ。

おそらくは、実際のところ国民は政府の支出と「税収」の比率などには関心を持っておらず、支出と「収入」の比率に関心を持っているのだろう。石油のない国では、政府の全収入は租税によってもたらされる。それゆえに、そこでは支出と歳入の比率は支出と税収の比率と同じものになり、元々のモデルに手を加える必要はない。しかし産油国の国民は自分たちの政府が税以外の収入源を持っていることをよく知っており、その使途について関心を抱いている。もしも政府がその収入に比べてあまりにも少ないサービスしか提供していないと国民が思い込んだとしたら、国民は反乱を起こすだろう。

だが、ここには一つの罠がある。第2章で説明したように、石油収入は政府が容易に隠匿できる収入で、それゆえ秘密の契約の下に置かれ、裏帳簿を経由する。国民は政府が「ある程度」の石油収入を得ていることを知っているのだが、それが「どの程度」の収入なのかは知らない。

これまでのところ、私は市民が政府について「完全な情報」を持っていると仮定してきた。市民は政府の支出をよく理解しており、その支出の内容はもっともらしいものだ、と。なぜなら、市民は政府の計画やプロジェクトを観察できるからだ。また、市民は政府がどのような税を徴収するのか理解することで、なぜ自分たちが税を支払わなければならないのか理解する[18]。

しかし、産油国の市民は政府が石油収入としてどの程度の収入を得ているのか、直接的に観察することができない。市民はこうした情報のために政府やメディアを信頼するしかない。もしも市民が民主主義国で生活しているなら、こうした情報はおそらく入手可能だろう[19]。もしも独裁国家で生活しているならば、政府はこうした収入の一部を隠匿するだろう。そしてもし市民が政府の石油収入の規模を理解できないのだとしたら、彼らは政府の効率がよいのだと誤った判断を下し、相対的に控えめな収入を使って大量の財やサービスを寛大に提供してくれていると考えるだろう。経済的に豊かな独裁者は、石油収入の一部を隠匿することで、政府の支出と歳入の比率について「国民が知覚した値」を引き上げることができるのだ。

　石油収入を持っていようといまいと、すべての独裁者は隠匿性から利益を得ている。しかし産油国の独裁者は隠匿性からより多くの利益を得ている。なぜならば、産油国の独裁者は隠匿性によって国民を欺き、政府の収入の規模を小さく見積もらせることができるからだ。産油国の独裁者は非産油国の独裁者よりも予算をカモフラージュし、メディアにより強い規制を課す傾向にある。

　要するに、支配者は一般的に、そして独裁者はとくに、政府が収入に比べて多くの利益を提供していると市民が信じているときには、権力を維持する。このことは、非産油国では、国民が自分たちの支払った租税から十分な利益を得ているということを意味し、産油国では租税と政府の石油収入から十分な利益を得ていることを意味する。市民は税を観察することはできるが、石油収入については観察できない。よって産油国の独裁者は石油収入の一部を市民の目から隠すことで、政権への支持を拡大できる。

　もしも政府が莫大な石油輸出収入の流入を隠匿できなくなったとしたら、何が起こるだろうか。支配者が国家に帰属する石油の富を浪費していると国民が知るようになったら、情報の透明性が高まることで民主化要求運動に火がつくかもしれない。こうした反乱が成功するか否かは、もう一つの要素、すなわち軍の忠誠にかかっている。リチャード・スナイダーが1992年に行った「新家産制独裁主義」に対する反乱の研究は、軍の一体性と忠誠が民衆

表3.1 民主主義への移行 1960-2006年

数値は、民主主義体制に移行する権威主義体制国の割合を、年平均で示している。			
	非産油国	産油国	差
全国家・全時代	2.22	1.19	-1.02**
収入別			
低収入国（5000ドル未満）	2.41	1.52	-0.89*
高所得国（5000ドル以上）	1.35	0.73	-0.63
時代別			
1960-79年	1.13	1.33	0.20
1980-2006年	3.18	1.14	-2.04***
地域別			
ラテンアメリカ	4.30	11.27	6.96***
ラテンアメリカ以外	1.93	0.43	-1.50

* 片側t検定で、10%の水準で有意。
** 5%の水準で有意。
*** 1%の水準で有意。
出所：Cheibub, Gandhi, and Vreeland 2010 から算出。

の革命の行く末を決定することを明らかにした[20]。ここでは再び、石油収入の規模が民主主義への移行の妨げとなるかもしれない。独裁者の財政に余裕があり、軍への利益配分を直接に管理しているのなら、そうした独裁者は軍の支持を容易に獲得することができ、いかなる反乱も鎮圧することができるだろう。

データを眺める

本章の補遺において、石油と民主主義の統計的関係を眺めるために多変量解析を用いる。しかし石油と民主主義の基本的な関連性は、単純なクロス表とグラフでも描きだすことができる。

独裁者が石油を有していると民主化の可能性が低いということには有力な証拠がある。**表3.1**は主要なパターンを示している。表中の数値は独裁体制国家が民主化する割合を年平均で示している。最初の列は非産油国を示し、次の列は産油国を、最後の列は両者の差を表している[21]。

最初の行は、石油を持たない権威主義国が民主化する可能性は毎年2.2％、石油を有する権威主義国では1.2％であることを示している。これに続く二つの行は、こうした傾向が経済的に豊かな国でも貧しい国でも同様に作用することを示しているが、貧しい国においてのみ統計的に有意であることを示している。

　石油の富（あるいは石油への依存）が民主制に及ぼす全体的な影響は不明だと論じる研究がある。ある研究によれば、石油はいくつかの経路によって民主化移行を妨げることがある一方で、他の経路によって民主化を促進することもあるとされる[22]。しかし表3.1の数値が示しているように、石油は民主化に対して明らかにマイナスに作用する。

　データを観察するもう一つの方法は散布図だ。これは1960年から2008年の間に民主化を経験したすべての国家を含む。その中には1960年に権威主義的体制だった64ヶ国と、1960年以降に独立し、独立した時に権威主義国家だった50ヶ国が含まれる。図3.2はこれら114ヶ国の石油収入を民主制への歩み——あるいは停滞——とともに示すものだ。横軸は1960年から2008年までの平均石油収入を示し、縦軸の数値はもともと権威主義体制下にあったこれらの国が、民主主義的な統治の下に暮らすようになった期間の割合（1960年から、あるいは独立時から）を示している。継続して権威主義的体制にあった国の値はゼロで、ごく初期に民主化してその後ずっと民主主義的体制にあった国は、この値が100に近くなる。

　右下がりの曲線が示しているのは、石油と権威主義体制の持続性の包括的な関係だ。その国の石油収入が大きくなればそれだけ民主化しなくなる（そして民主主義的体制下にある期間が少なくなる）[23]。早いうちに民主化し、その後も民主主義国であり続けている国、例えばドミニカ共和国、トルコ、ポルトガル、スペインなどでは、石油はほとんど、あるいはまったくない。ある程度の石油と天然ガスを持つ少数の国、例えばボリビアやルーマニア、メキシコはより最近になってから（そしてまたふらふらと）民主化した。しかし1960年から2010年まで、石油と天然ガスを大量に有する国で民主化に成功した国は一つもない。

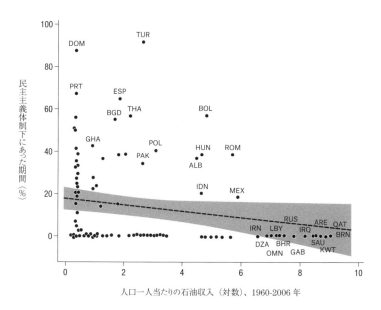

図 3.2 石油と民主主義体制への移行 1960-2006 年

それぞれの点は、1960 年時点で権威主義体制下にあった国（1960 年以降に独立した国については、独立した最初の年に権威主義体制下にあった国）を示している。縦軸は各国が民主主義体制下にあった期間を％で示している。縦軸の数値が大きい国はそれだけ早い時期に民主主義に移行し、その後も民主主義を維持してきたことを示す。縦軸の最底辺に位置する国々は、民主主義体制にまったく移行しなかったことを示す。
出所：Cheibub, Gandhi, and Vreeland 2010 のデータを基に作成。

ありがたいことに、石油の富は民主化をかならず阻止するものではない。**表 3.2** は 1946 年以降に権威主義体制から民主主義体制に移行した産油国のうち、石油収入が多い順に上位 10 ヶ国を並べたものである。1958 年に発生したベネズエラの民主化移行は表の一番上に記載されている。これに続いて民主化した石油輸出国 3 ヶ国は、ナイジェリア（1979 年）、エクアドル（1979 年）、コンゴ共和国（1992 年）である。これら 3 ヶ国の移行は、後に権威主義体制へと逆行した。ナイジェリアとエクアドルはその後、民主主義国に復帰したが、それは石油収入がずっと落ち込んでからのことだった。こうしたことから、ベネズエラの民主化は非常に特異な事例だといえる。というのも、1958 年のベネズエラの民主化以降、2000 年に民主化したメキシコ以上に石

表 3.2　産油国における民主主義への移行　1946-2010 年

本表は、莫大な石油の富を保有する国で 1946 年以降に権威主義から民主主義に移行した国を示している。ここでは、一度は民主主義体制に移行してもその後権威主義体制に戻った場合、それは移行が失敗したものと判断され、2010 年の時点で民主主義であり続けている国は、移行が成功したものと判断される。石油収入の数値は民主主義に移行した年のものを示している。

国	年	石油収入	結果
ベネズエラ	1958	1,717	成功
ナイジェリア	1979	1,007	失敗
エクアドル	1979	773	失敗
コンゴ共和国	1992	563	失敗
メキシコ	2000	442	成功
アルゼンチン	1983	428	成功
ペルー	1980	336	失敗
ボリビア	1982	307	成功
エクアドル	2002	280	成功
ボリビア	1979	264	失敗

出所：Cheibub, Gandhi, and Vreeland 2010 のデータを基に算出。

油収入を持つ国で民主主義国であり続けた国は一つとして存在しないからだ。

石油と民主主義の長期的展望

　第 2 章が示しているように、価格の急上昇と国際石油会社の国営化によって、1970 年に石油収入の急激な増加が発生した。この石油収入の増加は産油国が民主化する可能性が低くなるのと同時に発生している。

　今しばらく表 3.1 に戻って確認しよう。最初の行で示された 47 年間を考察の対象としてみると、産油国は非産油国に比べて、民主化する可能性が 40％も低い。しかしこれを第 4 行と第 5 行のように 1960 年から 79 年までの期間と 80 年から 2006 年までの期間に分けると、顕著な違いが現れる。1980 年よりも前には、産油国と非産油国とで、民主化する傾向、あるいは民主化しない傾向には違いがない。この時期の産油国と非産油国の間には、統計的に有意な差は存在しないのだ。1980 年以降になると、非産油国の民主化率は 3 倍も上昇するが、産油国の民主化率には何の変化もない。非産油国は今や産

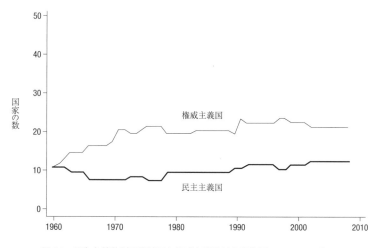

図 3.3 民主主義体制の産油国と権威主義体制の産油国 1960-2008 年
折れ線グラフは 35 ヶ国の長期産油国の体制区分を示している。
出所：Cheibub, Gandhi, and Vreeland 2010 より算出。

油国に比べて 3 倍も民主化する可能性が高い。

このように、我々は表 3.1 を、1970 年代以降に民主主義国の数が確実に増加していることを示すものとして捉え直すことができる。では、長期産油国をそれ以外の国と分けて分析すると、どのような違いが現れるのだろうか。これを示したのが図 3.3 である。ここから、我々はまったく違うパターンを確認できる。長期に渡って石油やガスを産出してきた国々は、それ以外の国が民主化していったのに対して、ほとんど変化がなかった[24]。1980 年代と 90 年代の祝福されるべき民主化「第三の波」は、大半の産油国には到達しなかった。1979 年に始まる世界的な民主化の潮流は、非産油国からやってきたのだ。

このことは、全世界の権威主義体制国家において、石油に富んだ国の占める割合が増加していることを意味する。1980 年代には、産油国は世界の権威主義体制国家の 25％をわずかに上回る（103 ヶ国中の 27 ヶ国）程度を構成しているに過ぎなかったが、2008 年までに 40％以上（74 ヶ国中 30 ヶ国）を構

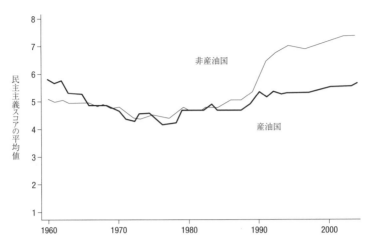

図 3.4 民主主義の水準の経時変化 1960-2004 年

折れ線グラフは、長期産油国（太線）と非産油国（細線）のポリティスコアの平均値を示している。ここでは、ポリティスコアを 1 から 10 の間で数値が大きければ民主主義の水準も高くなるように変換して使用している。
出所：Marshall and Jaggers 2007 のデータを使用して作成した。

成するようになった。民主主義の唱道者によれば、石油の影響はますます顕著になってきたのだという[25]。

では、石油は 1980 年以前には反民主化効果をまったく有していなかったのだろうか。これはほとんど明らかにはならない。補遺 3.1 によれば、この問題は民主化をどのように定義するかに依存する。他の変数を統制した上で、ある指標を用いれば、石油は 1960 年から 80 年にかけて穏やかではあるがはっきりとした反民主化効果を示す。しかし別の指標を用いると、石油はいかなる効果も持っていないことになる[26]。

おそらく図 3.4 はもっと単純な解答を示している。これは長期産油国とそれ以外の国との民主主義スコアの平均値を比較したものだ。民主主義スコアは 1 から 10 で計測され、数値が大きくなるほど民主主義の度合いが高まることを示している。この数値は民主主義を計測するために広く使用されている Polity IV に基づいている[27]。1980 年代初頭まで、産油国と非産油国の民主

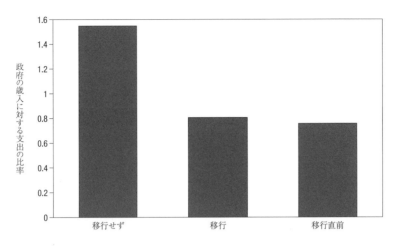

図 3.5　権威主義体制の政府の支出と歳入の比率　1970-2008 年

棒グラフは、公表されている政府の歳入に対する政府の消費支出の比率を示している。対象は権威主義体制諸国のみで、民主主義体制への移行を経験していない国（左）と、移行した国（中央）、移行した国がその 1 年前にどのような状況にあったか（右）を示している。
出所：財務データについては World Bank, n.d. を、民主主義に関するデータは Cheibub, Gandhi, and Vreeland 2010 を基に作成した。

主義スコアはほとんど同一の値を取るが、それ以降は両者のスコアの間隔は確実に広がっていった。

支出と歳入

歳入に対する政府支出の割合が高い権威主義的な政府は、民主化する可能性が低い。この命題の証拠はほんのわずかしかない。残念なことに、支出と歳入に関する正確な数値は乏しく、こうした議論を確かめることは困難だ。さらにこのモデルによると、最重要課題は国民が考えるところの政府の歳入なのであって、政府の実際の歳入ではない。そして世論調査をしないことには、こうした国民の考えを測定することはできない[28]。

それでも、政府支出と歳入に関する既存のデータから多くのことを理解することができる。図 3.5 は権威主義的な政府の支出と歳入の比率を、これまで民主化をまったく経験していない政府（一番左側の棒グラフ）と、権威主義

体制から民主化した政府（中央の棒グラフ）について比較したものだ。民主化を経験していない政府は、民主化した政府に比べて歳入に対する政府支出の比率が2倍程度高い。三つめの棒グラフは民主化を経験した政府が民主化する以前の支出と歳入の比率で、そこでも比率はまた低い。

石油に支えられた独裁者たちは、こうした余剰収入を本当に国民の支持を得るために使用しているのだろうか、それとも単に汚職のために消費してしまうのだろうか。石油収入が持つ隠匿性のために、この問題に答えることは難しい[29]。しかし、にもかかわらず石油に支えられた独裁者が国民の要求を満たすために多額の資金を費やしている証拠は存在する。アラビア半島の産油国のように国民一人あたりの石油収入が大きな国家は、大学卒業までの教育費や医療費の無償化、食費や住居費への補助金など、多岐にわたる便益を無償で国民に提供する。1980年代に石油価格が暴落した際には、サウジアラビア政府は課税を実施し補助金を削減しようと試みたが、広範囲な国民から批判が巻き起こったため、政府はこれらを撤回した[30]。2011年の民衆蜂起に対しては、中東のほぼすべての政府が国民に対して新たな補助金を提供した。石油に富んだ国ではこうした補助金はより寛大に提供され、リビア以外では効果があったことがわかる。

燃料への補助金の総額がでたらめに高額で、また経済的にまったくの無駄で、さらに環境破壊の影響があるとしても、石油収入に立脚する政府の多くはこの補助金制度を継続する。部分的に民主的なイランでも、市場価格で販売されればその代金が政府の収入になるにもかかわらず、2007-08年にはGDPの20％にも達するガソリンと電気料金への補助金が投入されており、これは4人家族につき3,275ドルの補助金に相当する[31]。

産油国の国民が安いガソリンを好むことは驚くに値しない。しかし、こうした補助金が民主主義国家よりも権威主義国家において大きくなることは、驚くべきことだろう。権威主義的国家は、民主主義国家よりも国民の声を聴かなくて済むはずなのだから。

図3.6は、石油収入とガソリン価格の相関関係を、独裁国家と民主主義国家のそれぞれについて示したものだ。横軸はそれぞれの国家の石油収入を示

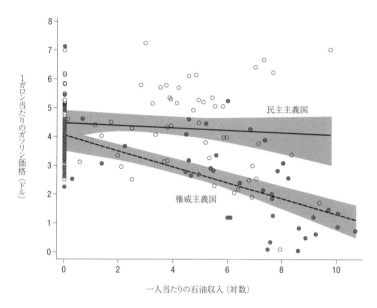

図 3.6　石油収入とガソリン価格　2006 年

白点は民主主義国を、黒点は権威主義国を示す。
出所：ガソリン価格については、Gesellschaft für Technische Zusammenarbeit 2007 を、民主主義の
データについては Cheibub, Gandhi, and Vreeland 2010 を使用して作成した。

しており、縦軸は 2006 年の 1 ガロン〔約 3.78 リットル〕あたりのガソリン価格を示している。また黒丸は非民主的国家を、白丸は民主主義国家を示している。どちらの種類の国家でも、多くの石油を産出すればそれだけガソリンへの補助金は多くなる。しかしながら、この傾向は権威主義国家（下の破線）において強く、またそうした国家ではガソリンの価格はより低くなる。もっとも極端な事例はトルクメニスタンで、圧政で名高い政府はガソリン 1 ガロンあたり 2 セント〔約 20 円〕で国民に販売しており、さらに電力は無料だ。

　なぜ独裁者はかくも手厚い燃料補助金を提供するのだろう。一つの理由は、おそらく政府がこうした補助金を廃止すると、国民からの反発を招くことにつながるからだ。そうした事態は民主主義国で発生するものとは違って、権威主義体制の指導者を危機的状況に陥らせる。2007 年にミャンマーで

発生した民衆デモは燃料補助金の削減に反対するものだったが、これはすぐさま軍事政権に反対するデモに変化した。2008年2月にカメルーンで発生した暴動は、燃料補助金の撤廃に反対するデモとして始まったが、現職大統領がその地位に居座り続けることを可能とする憲法改正を阻止する運動へとエスカレートした。2010年4月のキルギスタンでは、燃料価格の高さに反対するために集まった民衆が、最終的には大統領をその座から引きずり下ろすこととなった。権威主義的な指導者が燃料価格を低く抑えようとするのには、十分な理由があるのだ。

隠匿性

計測することが困難だとはいえ、政府の隠匿性は石油に支えられた独裁者を権力の座に留まらせることに特別な役割を持っているようだ。

その国の財政の隠匿性を計測する手段の一つに、OBI（Open Budget Index、予算公開指数）を用いた方法がある。この指標は85ヶ国の政府を対象に、その予算を91の項目で評価したものだ。評価項目の中には、政府が重要な予算書類を公開しない頻度や、そうした書類が情報を包括的に取り扱っている度合い、政府の会計監査が果たす役割などが含まれる。指標は0から100で数値化され、数値が大きくなればそれだけ予算透明度が高くなるように設定されている[32]。

表3.3は2008年の産油国と非産油国の予算透明度の数値を示している。全体の傾向として、産油国は非産油国と同程度の値となっている。しかし、民主主義国家と独裁国家にグループ分けを行うと、新しい事実が浮かび上がってくる。独裁制の産油国では予算透明度は低くなる。一方で民主制の産油国は予算透明度がいくぶん高くなるが、これは統計的には有意ではない。

図3.7は、権威主義体制諸国の予算透明性の値を縦軸に取り、横軸には石油収入を取ったものだ。石油収入が大きくなると、それだけ予算の隠匿性が高くなる。アフリカ産油国の予算隠匿性はとくに顕著だ。アフリカでもっとも隠匿性の高い5ヶ国のうちの4ヶ国——アンゴラ、チャド、ナイジェリア、カメルーン——は、多くの石油を輸出している国々でもある。もっとも透明

表 3.3　予算の透明性　2008 年

予算透明性に関する指数は 0 から 100 の間で表され、値が大きいほど透明性が高い。

	非産油国	産油国	差
すべての国家	39.6	39.9	0.3
民主主義国のみ	43.3	56.5	13.2
独裁国家のみ	33.4	18.9	-14.5*

*マン・ホイットニー・ウィルコクソン検定で 5% の水準で有意。
出所：International Budget Partnership 2008 のデータを使用して作成。

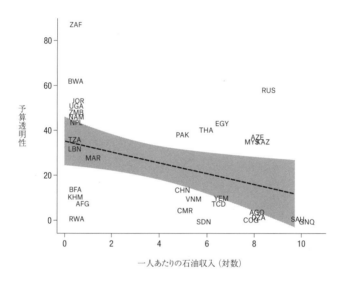

図 3.7　権威主義体制諸国における石油と予算の透明性　2008 年

予算透明性のスコアは 0 から 100 の間で表され、値が大きいほど予算の情報が開示されていることを示す。ここでは権威主義体制諸国のみを取り扱う。
出所：予算の透明性については、International Budget Partnership 2008 のデータを使用して作成。

性の高い 5 ヶ国——南アフリカ、ボツワナ、ザンビア、ウガンダ、ナミビア——では、いずれもほとんど、あるいはまったく石油が産出されない。

「報道の自由指数」を用いると、メディアに対する規制を調べることができる。この指数はすべての国家を 1（完全な検閲）から 100（完全な報道の自由）まで数値化したものだ[33]。表 3.4 が示しているように、民主主義国家と独裁国家を一緒に取り扱うと、産油国に報道の自由が少ないことは明らかだ。しか

表 3.4 報道の自由 2006 年

報道の自由指数は 0 から 100 で表され、値が高いほど報道の自由が大きい。数値の大きさが良い結果を意味する形にするために、もともとの数値を反転させて使用した。

	非産油国	産油国	差
すべての国家	54.0	44.5	-9.5***
民主主義国のみ	65.7	67.0	1.3
独裁国家のみ	35.5	25.8	-9.7***

* 片側 t 検定で 10％の水準で有意。
**5％の水準で有意。
***1％の水準で有意。
出所：Freedom House 2007 のデータを基に作成。

し民主主義国だけを抜きだすと、その中では石油の富による報道の自由への明確な効果は消失する（中央の行）。しかし、独裁国家の中で比較すると、石油が検閲と強くむすびついていることが明らかとなる。石油に支えられた独裁国家は、租税収入に支えられた独裁国家よりも、隠匿性が高いのだ。

　政府の公開性に関するもう一つの証拠がある。政府は支出については熱心に報告しようとするが（というのも、支出は国民に人気があるため）、どれほどの収入を集めたのかについてはなかなか公表しようとしない、ということが私の議論から導きだされる。そしてまた、石油国家はとくに収入を公開しようとしない、ということも。**表 3.5** は 2006 年（世界銀行のデータで完全に近いデータの中で最新のもの）の収入と支出の情報に関する各国の公表状況を示している。ここに、二つの明らかなパターンを見いだすことができる。一つは、どの国家も収入よりも支出に関するデータを公表する傾向にあるということ。しかしながら、もう一つは、産油国は非産油国と同程度の支出に関するデータを公表しながら、収入に関しては非産油国よりも隠匿性が強いということだ。

表 3.5 財務情報の公表状況 2006 年

数値は、世界銀行に 2006 年の「政府の収入」と「政府の消費」を報告している国の割合を示している。

	非産油国	産油国	差
政府の収入に関する情報	64	50	-14*
政府の支出に関する情報	90	89	-1

＊マン・ホイットニー・ウィルコクソン検定で 10％の水準で有意。
出所：World Bank n.d. を基に作成。

石油国家としてのソヴィエト連邦

　石油に支えられた国家の代表例として広く知られている諸国は、中東や北アフリカ、あるいはサハラ以南のアフリカに位置している。これに対してあまり知られていないのがソ連だ。しかしソ連は、歴史の大半の時期を通じて世界第2位の産油国であり続け、また危機的状況に際して国民からの支持に弾みをつけるために石油収入に依存してきたのだった。

　第2章では、1970年以前に大半の産油国が自国の石油産業をほとんど管理できていなかったことについて説明した。だがソ連は、1917年のロシア革命の直後に石油産業を国有化した。その結果として流入することになった石油収入によって、ソ連政府は多岐にわたる社会政策と驚くほど非効果的なソ連経済を、補助金で支えることを可能とした。しかしながら、石油収入は拡大し続ける経済に追いついてゆけなくなり、ある専門家によれば、1950年代の初期までに限界に達した石油収入は、ソ連経済のアキレス腱となった[34]。

　しかし1960年代にシベリアに新しい商業油田が開発されたことで、ソ連は主要な石油輸出国へと変貌した。1973年以降に石油価格が高騰しはじめると、突如としてクレムリンは現金であふれかえることとなった。1973年から85年にソ連が獲得した国際基軸通貨の80％は、石油によってもたらされたものだった。

　歴史家のスティーブン・コトキンによれば、ソ連指導部は1970年代と80年代初期に降ってわいた石油収入を、アフガニスタンへの介入や、東欧の同

第3章　石油の増加、民主主義の後退

盟国の軍備増強など、巨大な軍事費につぎ込んだ。国内に対しては、

> 石油収入はかつてなく拡大したソ連邦高級官僚の賃金を上昇させ、役得を増大させた。また石油は西側からの自動車製造技術や合成繊維、その他の消費財の購入にあてられたばかりでなく、ソ連の家畜のための西側の飼料購入にまで用いられた。後になって、ソ連の住民はブレジネフ時代を振り返り、助成価格で販売されていたソーセージであふれかえっていた国営倉庫を懐かしく思いだした。石油は1970年代のソ連を救ったが、それは避けられない運命を先延ばしにしただけだった[35]。

石油価格は1980年にピークに達した後、続く6年間で70％も下落した。これはソ連の石油収入に関しても同様で、このことが最終的にはソ連政府の崩壊へといたる経済的、政治的危機を招いたのだった。このことについて、クリフォード・ガディとバリー・アイクスは次のように指摘している。

> ソ連のすべてのシステムは、それを維持するために利用可能な天然資源の収入が恒常的に流入するという前提で成り立っていた。本質的には成長をともなわないこうした基盤がひとたび生みだされると、それを支えるための資源収入の継続的な投入が必要となった[36]。

1985年から86年にかけて、ソ連の指導者たちは石油の生産量を上げることで収入に弾みをつけようと試みていた。しかし、生産稼働状況にあるほとんどの油田はすでに消耗が激しく、生産拡大のために無理な技術が次々投入されたにもかかわらず、石油生産は減少しはじめ、危機が始まった。1986年から91年にかけて、石油生産は25％減少し、石油価格の緩やかな上昇は見られたものの、政府の外貨保有量は大幅に減少しはじめた。

1985年3月にソ連共産党書記長に就任していたミハエル・ゴルバチョフは、こうしたソ連の経済危機によって、経済に対する国家の統制を緩和する経済改革（ペレストロイカ）と、選挙を通じた地方および中央官庁の役職の選

出、報道の自由、組合の自由といった政治改革（グラスノスチ）の実施が必要だと確信した。

しかしながら、主要な公共財、とりわけ食料を国民に提供するのに十分な外貨がないままでは、ペレストロイカもグラスノスチもソ連を支えることはできなかった[37]。1990年9月17日の閣議において、政府高官たちは互いに石油生産を増大させて政治・経済危機を打開する道を模索していた。ゴスプラン（国家計画局）のユーリ・マスリュコフは、当時のことを次のように説明している。

> 我々は唯一の外貨収入源が石油であることをよく認識していました。このため私はこんな提案をしました。私が思うに、私たちは…石油生産を増大させるためにはさらに断固たる手法を用いなければならない、それが採掘者にとってどんな状況を生みだすことになろうとも…。もしも今必要とされるすべての決断を下さないのなら、翌年には思いもよらない状況に陥るだろうという胸騒ぎがあったのです。…社会主義国家においてもっとも決定的な形で終わりを迎えることになる。我々には崩壊が突きつけられていて、しかもそれは自分たちだけの問題ではなく、連邦システム全体の崩壊だったのです[38]。

効率的ではなかったにせよ、事実上すべての商品を国民に提供してきた社会主義経済は、石油収入なしに支え続けられず、1991年12月までに政府の権威は失墜し、崩壊した。1980年に石油産業がピークに達した時点で、ソ連は国民一人あたり3,100ドルの石油・天然ガス収入を得ていた。1991年までにこの収入の3分の2が失われ、それは一人あたりおよそ1,050ドルにまで落ち込んだ。

悲劇的なことに、ソ連の崩壊は新たに誕生したロシアで経済危機が終焉することを意味するものではなかった。1998年に石油価格が1バレルあたり10ドルにまで下落すると、ロシアの石油収入は国民一人あたり475ドルにまで下落、これはピークだった1980年に比べると85％も下落したことにな

る。政府は破産し、数十億ドルにのぼる国内向けの債務が不履行となった。

ラテンアメリカという例外

　サド・ダニングの特筆すべき研究によれば、ラテンアメリカは石油の反民主化効果の影響を受けていないようだ[39]。ふたたび表3.2に戻って考えてみよう。この表は1950年以降に民主化した産油国の上位10ヶ国を記している。民主主義への移行を成功させた5ヶ国は、ベネズエラ（1958年）、ボリビア（1982年）、アルゼンチン（1983年）、メキシコ（2000年）、エクアドル（2002年）とすべてラテンアメリカの国々である。別の言い方をすれば、今日のラテンアメリカの産油国は（非産油国とともに）、すべて民主主義国家だ。これは、表3.1のクロス集計の下の行を見れば、一目瞭然である。ラテンアメリカにおいては、石油を産出する国が民主化する可能性は、産出しない国の2倍以上も高いが、ラテンアメリカ以外の地域では、石油を産出しない国が民主化する可能性は、産出する国の4倍以上も高い。

　ラテンアメリカの例外を説明するには、いくつかの方法がある。ダニングの議論によれば、石油が民主化を阻害するのは、格差の小さい国に限られる。これに対してラテンアメリカのように格差が大きな国では、富裕エリート集団は民主主義によって自己の資産が課税され、接収されるかもしれないという懸念を抱いている。しかしながら石油収入がそうした懸念を軽減してしまうため、民主化が素早く進展してしまうのだ[40]。

　こうした理由づけには説得力があるが、正確に検証することはほとんど不可能だ。なぜなら、不平等を世界的に比較できるデータは非常に乏しく、しかも各国で不平等の計測方法が異なっているからである。その上、世界の主要産油国の多くについては、不平等に関するデータが存在しない。石油収入の規模が大きくなれば、そうした国が公表する不平等に関するデータは少なくなる[41]。

　別の説明として、次のようなものもあり得る。石油が民主化を阻害するのは、民主主義の経験を持たない国に限定される、と[42]。本章の冒頭で提示し

たモデルでは、石油のおかげで独裁者は政府が獲得する石油収入の本当の規模を隠蔽することができるので、石油は独裁者への支持を強固なものにすると理解された。もしもその国が過去に民主主義的な統治下にあった場合、独裁者はこうした石油収入を隠蔽することが困難になるかもしれない。すなわち、国民はかつて自分たちが享受していた報道の自由によって、自分たちの国の石油収入の本当の規模を知っており、それゆえに独裁者の主張に対して疑いを持つだろう。

　こうした仮説が正しいとするならば、石油収入が民主主義への移行を阻止するのは、国民がそれまでに民主主義をまったく経験していない国に限定される。実際のところ、ラテンアメリカの産油国の大半は、アルゼンチンやボリビア、ブラジル、チリ、コロンビア、エクアドル、ペルーといった国々とともに、民主主義の経験がある。民主主義の経験がないメキシコは、民主化がもっとも遅かった。民主主義体制に移行したアフリカ最大の産油国であるナイジェリアは、産油国としての初期段階において民主主義を経験している。本章の補遺で提示される証拠から明らかなように、ラテンアメリカの例外は、少なくとも部分的には、大半のラテンアメリカの産油国がかつて民主主義を経験したということから説明することができる。

　ともあれ、原因がなんであろうと、ダニングの主張は正しい。石油はラテンアメリカでは民主主義とより強固にむすびついているが、それ以外の途上国ではまったくむすびつかない。

石油の富は民主主義を阻害するのか？

　石油の富は、民主主義国家をより民主的ではないものに変えてしまうのだろうか。一瞥する限りでは、こうしたモデルは正しくないようだ。もしも石油が現行の政府を支える機能を有するなら、民主主義体制も権威主義体制も、どちらの政府も強化されるはずだ。またいくつかの統計分析が明らかにするところによれば、石油収入は民主主義諸国が民主的であり続けることを助ける[43]。

しかしより詳細に分析すると、答えは込み入ったものになる。このモデルによれば、権威主義だろうと民主主義だろうと、石油は現職者に力を与える。そうであれば、力を得た独裁者は、独裁体制が維持されれば自身が権力の座に居続けることになるので、自国が独裁国家であり続けることを望む、という筋書きを想定できる。しかしながら、民主主義国家で石油によって力を得た現職者は、かならずしも自国が民主主義国家であり続けることを望むとは限らない。事実、民主主義国であっても自国をより独裁的な国家にしてしまえば、現職者はより長期にわたって権力の座に留まることが可能となるからだ。

すべての民主主義国家が一様にこうした危機にさらされると疑ってかかる必要はない。経済的に豊かな民主主義国家は、執政府に対してより実効的な制限を課している。これは議会と法廷が強い影響力を有しているためだ。しかしさほど豊かではない民主主義国家は、通常、立法府や法廷の権限が弱く、執政府に対する制限も弱い。経済的に豊かな民主主義的な産油国においては、現職者が大き過ぎる権力を獲得することを防ぐ抑制と均衡の仕組みが機能し、石油が現職者にもたらす力を抑制する。だが貧しい、あるいは中程度の経済水準にある民主主義国家においては、石油の富はその国が民主主義的であり続けるために必要な抑制と均衡の仕組みを破壊するのに十分な力を現職者に与えてしまう。

このことは、石油の富が低所得民主主義国を民主的ではないものに変えてしまう効果を持つということを意味する。低所得あるいは中所得の産油国の数があまりにも少ないので、十分な信頼性をもってこうした仮説を検証することは難しいかもしれない。そうではあるものの、**表3.6** が示すように、この仮説が正しいことを示す証拠が、それほどはっきりしないが存在する。この表は、1960年から2008年までのすべての国家を対象に、1年間で民主主義国家が失敗する割合、つまり1年の間に民主主義国家が独裁国家に移行する可能性を示している。全体的な傾向として、産油国で民主主義が失敗する傾向は一般的ではないという結果が得られるが、これは統計的には有意ではない（第1行）。対象国を経済的な豊かさで分けても（第2行、第3行）、産油

表 3.6　権威主義体制への移行　1960-2008 年

数値は、所与の 1 年間で民主主義から権威主義へと移行した国の割合を示す。			
	非産油国	産油国	差
すべての国、全時代	1.9	1.17	-0.72
収入別			
低収入国（5000 ドル未満）	3.32	2.97	-0.35
高収入国（5000 ドル以上）	0.28	0.46	0.18
時代別			
1960-1979 年	3.7	0.74	-2.95**
1980-2008 年	1.08	1.3	0.21
収入と時代			
低所得国、1980-2008 年	1.86	3.33	1.46

* 片側 t 検定で 10％の水準で有意。
**5％の水準で有意。
***1％の水準で有意。
出所：Cheibub, Gandhi, and Vreeland 2010 を基に作成。

国と非産油国の間で民主主義の失敗には有意な違いは認められない。

では、時間を考慮すればどうだろうか。我々が以前に確認したところでは、1970 年代の転換点以降に石油が強固に反民主主義効果を持つことが明らかとなった。第 4 行と第 5 行が示すのは、1960 年から 1979 年の産油国において、民主主義の失敗は極端に減少するということだ。そして 1980 年以降は、産油国でわずかに頻度が高くなるが、この違いはやはり統計的には有意ではない。

では、こうした二つの要素を組み合わせて見るとどうなるだろう。1980 年以降の低収入民主主義国家（第 6 行）を見てみると、産油国の中で民主主義の失敗の頻度が顕著に高くなる。しかしながら、ここで現れる差異は片側 t 検定の結果では統計的な有意差を確認できない。本章補遺の分析では、交絡変数を制御することで、とくに 1980 年以降の低所得国について石油と民主主義の失敗が統計的に有意であることが明らかとなる [44]。

経済的に豊かな工業国を除いて、民主主義的な産油国は少なく、こうした相関関係に意味があることを示すことは難しい。しかし事例研究のレベルにおいては、民主的に選出された現職者の権限を石油が強化し、またこうした

現職者が民主政治の制約を後退させるという現象が、石油によって可能となることが示される。

もっとも驚くべき事例が提示されるのはアメリカだ。アメリカの石油産業の大半は各州の規制を受けており、連邦政府の管轄下にはない。つまり州政府が石油収入を得ている。このため、もしも石油と天然ガスの富がアメリカの政治家に力を与えるのならば、それは州政府レベルでもっとも顕著に確認できるだろう。エリス・ゴールドバーグとエリック・ウィブルズ、そしてエリック・ムヴキィェへの研究、およびジャスティン・ウォルファーズの研究は、大きな石油収入を得ている州では、現職の知事が再選される可能性が高く、対立候補に大差で勝利する場合が多いことを明らかにした[45]。

非常に極端な事例が1920年代初頭のルイジアナで発生している。そこでは州知事のヒューイ・ロングが石油ポピュリズムと呼び得る政策を通じて、かつてないほどの政治的影響力を獲得した。石油企業への税率を引き上げると、そこから獲得した収入を使って新しい道路や病院の建設、児童生徒への教科書の無償配付を実施し、また自身を支持する州議会議員や地方議会議員を優遇した。州からもたらされる気前の良い金銭によって、ロングは絶大な人気と絶大な権力を獲得し、彼に同調しない新聞社を検閲し、州内部の地方政府で彼に対立する者を財政的に締め上げ、州職員の採用と解雇を、副保安官から学校の教員にいたるまで、個人的に決定した[46]。ルイジアナの石油収入のおかげで、ロングと彼の後継者となった親族は、「他のアメリカの州知事に比べて、南アメリカの独裁者というにふさわしかった」[47]。

1920年代と30年代のルイジアナ州における民主主義の崩壊は、近年の低所得民主主義諸国における民主主義の後退を予言していた。2000年8月に発生した石油価格の高騰によって、多くの産油国で選出された指導者が自身の権力に対して課せられていた制限を撤廃することが可能となった。

- アゼルバイジャンでは、イルハム・アリーエフ大統領が2009年3月に大統領の任期制限に関する憲法の改正を提案した。反対派は投票をボイコットしたが、政府の発表では投票者の90%が賛成票を投じ

たとされる。
- ナイジェリアの2007年の選挙では、大統領選挙においても上院と下院の議会選挙においても、与党のPDP（人民民主党）に大勝利がもたらされた。国内外のメディアはともにPDPを支援する賄賂が横行していることを報道した。インターナショナル・クライシス・グループによれば、このときの選挙はナイジェリア始まって以来の不正選挙となったという[48]。
- 2009年6月にイランで行われたマフムード・アフマドネジャードの大統領再選選挙は、国内外のメディアからは、不正投票が横行する欠陥の多いものと見られていた。アフマドネジャード政権はデモの鎮圧に際して革命防衛隊に多くを依存していた。政府は革命防衛隊が所有する企業と業務契約を交わし、その中には何十億ドルにも達する石油契約が入札なしに提供されたものもあった[49]。
- 最近の数十年間、ベネズエラのチャベス大統領は、低所得層や軍といった彼の支持母体内部での自身の人気を高めるために、高騰する石油収入からいくつかのプロジェクトに資金を投入した。彼は自分への支持を頼みに、自分の権力をチェックする独立した組織を排除しようとした。例えば、最高裁判事で自身に敵対的な者を交代させたり、メディアに新しい制限を設けたりした[50]。2009年2月には、チャベスは公務員の任期を撤廃する憲法改正を行い、永久にその職に就くことを可能にした。

ロシアを再検討する

　ソ連の事例が石油収入の権威主義体制を存続させる手法を示しているのと同様に、1998年以降のロシアもまた、弱い民主主義が石油収入によって危機に陥る仕組みを示している。ロシアでも、石油収入は選出された現職大統領への支持を強化し、大統領は自身の権威に対する抑制と均衡機能をじょじょに撤廃したのだった。

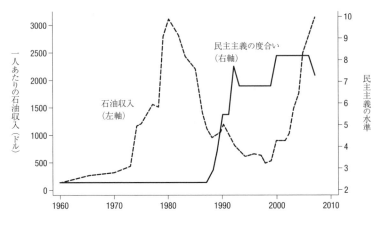

図 3.8　ソ連とロシアにおける石油と民主主義　1960-2007 年

実線は Polity IV データセットに基づく、ソ連とロシアにおける民主主義水準を示す。
破線は一人あたりの石油収入を、ドル（2000 年価格）で示す。民主主義指標は 1 から
10 で示され、10 が完全な民主主義を意味するように変換してある。
出所：Marshall and Jaggers 2007 のデータを基に作成。

　ロシアでは、石油と天然ガスからもたらされる収入の低下が、1998 年の財政破綻を引き起こした。財政の弱さは、完全な民主主義とはいえないものの、市民の自由の拡大や報道の自由、実体を有する競争的な政治への扉を開きはした。しかし 2000 年にロシアの石油産業が回復を始めると、民主主義は後退しはじめた。大まかな推移は図 3.8 に示してある。これは、1960 年から 2007 年までのロシアの民主主義の水準と石油収入を示している。

　2000 年から 2006 年まで、ロシアで急拡大する石油部門は目覚ましい経済回復を助けた。実質収入は 48％増加し、失業率は 9.8％ から 6％ に減少し、政府の石油収入は 7 倍以上、143 億ドルから 1,070 億ドル（いずれも 2000 年価格）に増加した[51]。

　石油部門の成長は、部分的には生産量の増加によってもたらされた。2000 年から 2006 年にかけて、石油生産は 43％、天然ガスの生産量は 12％増加した。しかしながら、収入増の大半は価格上昇によってもたらされたものだった。2000 年から 2006 年にかけて石油価格は倍に上昇し、天然ガスの価格は

150％以上も上昇した。降ってわいた利益のおかげで、長らく塩漬けにされていた負債は返済が完了し、財政赤字は黒字に転換した。法人税に関する限界税率は35％から24％に引き下げられ、個人に対する最高税率も35％から13％に引き下げられた[52]。

こうした大型予算と低税率は、1990年代初頭におおむね民営化されていた石油部門を、ウラジミール・プーチンが再び掌握したことの現れだった[53]。石油部門のような巨大な利益を民間部門に置くことは、国家としてのロシアの弱体化に貢献した。ロシアは最大企業から税を徴収することが不可能で、それゆえそこから徴収される税によって公的サービスや予算のバランスを取ることができないことを理解した。民営化はまたこうした企業の所有者に巨大な政治力をもたらした。巨大石油企業のシブネストの所有者だったボリス・ベレゾフスキーは一大メディア帝国を作りだし、クレムリン政治に深く関与していた。やはり石油グループ企業のユコスの所有者で、世界の名だたる富豪の一人でもあったミハエル・ホドロフスキーは、ロシアのリベラル政党のヤブロコと右派勢力同盟に100万ドルを提供し、一致してプーチンに対抗するように仕向け、2001年と2002年には議会で石油企業に対する税率の引き上げを阻止した。ユコスのおもな生産施設の管理部門があるネフテユガンスクの市長は、ユコスが税を支払っていないことを批判した後に殺害された[54]。

ベレゾフスキーはプーチンと袂を分かった後、2001年にロンドンに逃れた。その2年後、ロシア政府はホドロフスキーを逮捕し、脱税と不正の罪で最終的に8年の実刑を下した。またユコスはロシアの国営石油会社のロスネフチにひどい安値で売却された[55]。2006年には、ロシアは国際石油会社に対して、サハリンでの主要事業を国家の管轄下にあるガスプロムに移譲するように強制した。これらの、そしてこれら以外のさまざまな手段によって、国家の管理する会社を通じて直接的に、あるいはより実効性のある政府の規制を通じて間接的に、ロシアの石油とガスの収益の大部分が政府の影響下に引き戻されることとなった。

クレムリンが急速に拡大する石油レントを獲得し、またその配分をより広

範囲に管理するようになったため、プーチンは1990年代に施行された多くの政治的自由を取り消すのに十分な支持を獲得することができた。2008年に彼が選び出したドミートリ・メドヴェージェフに大統領の地位を譲り渡して自身が首相の地位を獲得する頃までに、プーチンは報道の自由を縮小させ、野党勢力の集会を規制し、議会を弱体化させていた。

ミカエル・マクファールとキャスリン・ストーナー・ワイスは次のように指摘している。

> クレムリンの金庫に大量の石油の利益が降ってわいたことで、プーチンは独立した政治権力を取り締まるか、あるいはそうした権力を取り込むことを可能とした。クレムリンはユコス（代表的な民間石油会社）を奪い取ることの経済的損失を怖れる必要はなく、メディアや市民社会の反対派を買収し、抑圧するための豊富な資源を有していた[56]。

ロシアの石油ブームは、政府の財源を増加させることでロシアの民主主義を後退させることに貢献し、少なくともプーチンがすぐに石油産業を国家の管轄下に置くことをふたたび主張するという結果を招くことになった。この結果として流れ込んでくることになった収入によって、プーチンは政府支出を増大させつつ、同時に税率を引き下げることを可能とし、異常なほどの支持を得ることに成功した。定評のあるレヴァダセンターがプーチンの大統領辞職直前に行った世論調査によれば、国民の85％はプーチンの手腕を評価していた[57]。石油価格が記録的な高値をつけたことで、プーチンは自身への支持を利用して1990年代に達成された民主主義的な改革を逆転させ、ロシアを一党支配体制へと逆戻りさせたのだった[58]。

このように民主主義から滑り落ちたのにもかかわらず、ロシアはある意味で例外的なようにも見える。2010年まで、ロシアは他の権威主義的な産油国に比べて顕著な予算透明性を有していた。**図3.7**が示しているように、ロシアは莫大な石油の富と、実際に意味のある予算透明性の両方を兼ね備えた唯一の国家だ。不幸なことに、2010年4月にプーチン首相がロシアの二つの石

油ファンドの資産、収入および支出と、政府の石油およびガス収入に関する情報の公開を差し止める法令に署名したことで、こうした透明性の大半は失われることとなった[59]。この差し止めはロシアの次の選挙が行われた後の2013年まで効力を持ち続けることになっている。

　産油国では、民主主義体制への移行は非常に珍しい出来事だ。石油の富はつねに民主主義を阻害するというわけではなく、またその反民主主義効果は将来的に薄れることもあり得る。しかしながら、過去30年間においては、石油がもたらす政治的な利益は国民ではなく、独裁者が手にしてきたのだった。

補遺 3.1　石油と民主主義の統計分析

　この補遺では石油収入と三つの帰結、すなわち民主制への移行、民主制の失敗、そして民主主義への支持との統計的関連を表すために重回帰分析を用いる[60]。第3章のモデルは仮説の形で示すことのできる次の五つの類型を表している。

> 仮説3.1：権威主義的な政府は国民一人あたりの石油収入をより多く有するほど、民主主義へ移行しにくい。
> 仮説3.2：石油収入は1980年以前よりも以後のほうが民主主義を阻害しやすいだろう。
> 仮説3.3：権威主義的な政府は歳入よりも支出の割合が高いほど、民主主義に移行しにくい。
> 仮説3.4：石油の豊富な権威主義的な政府は、メディアを統制するほど、また財政の透明性が低いほど、民主主義に移行しにくい。
> 仮説3.5：低所得の民主主義的諸国が国民一人あたりの石油収入をより多く有するほど、権威主義へ移行しやすい。

民主制への移行

　一国の石油収入が民主主義への移行のしやすさと相関しているかどうかを見るため、私は政治体制に関する2種類の代替的な測定尺度を用いる。一つは二分法による民主制と独裁制の尺度であり、これを用いてロジット推定を行う。もう一つは21点尺度であり、これを用いて最小二乗（OLS）推定量を観測する。

　ロジットのような最尤推定量は離散型イベントが発生する確率の推定に用いられる。これは石油収入と権威主義的な国家が民主主義に移行する確率とが相関しているかどうかを決定づける適切な方法である。私は石油収入と政

治体制に生じたわずかな変化との相関を見るために、最小二乗モデルを用いる。これは頑健性のチェックとしても使える。最小二乗モデルの欠点は、石油収入と政治体制の全類型、すなわち完全な民主制から完全な権威主義体制まですべてとの関連を含めて観察してしまうことである。よって、我々は民主制への移行に対する石油の影響と、民主主義の失敗に対する石油の影響を区別するために、最小二乗モデルを使うことはできない[61]。

従属変数

ロジット推定の従属変数は「民主制への移行」、つまり権威主義から民主的な統治に変化したある国の当該年には1の値を取り、それ以外は0の値を取るダミー変数である。この変数はプシェヴォスキと共同研究者によって開発され、ジョセ・チェイブブ、ジェニファー・ガンディ、ジェイムズ・ヴリーランドによってアップデートされた、二分法の民主制と独裁制の観測尺度から入手した[62]。

最小二乗推定の従属変数は「ポリティ」つまり -10(完全な独裁制)から 10(完全な民主制)の値を取るポリティ(Polity)IVデータセットの変数である[63]。解釈を容易にするために変数を1から10の値になるよう再尺度化し、高い値ほどより民主的であることを意味する。チェイブブ・ガンディ・ヴリーランドのデータとポリティ・データは、2000年時点において国家主権を持ち、人口20万人以上を有する170ヶ国すべてをカバーしている。ロジット推定は1960年から2006年まで、最小二乗推定は1960年から2004年までをカバーしている。

独立変数と統制変数

重要な独立変数は一国の一人あたりの石油収入の自然対数である。「石油収入(対数)」は暦年半ばの人口で除した、2000年価格米ドルでの石油と天然ガス生産の価値を表しており、その詳細は補遺1.1に記述されている。国家間の石油収入の分布は非常にいびつであるため、つまり当該年度におけるほとんどの国は石油と天然ガスをまったく生産しないため、対数値を取る[66]。

ロジットモデルと最小二乗モデルの両方で、変数に「国民所得」、つまり世界開発指標のデータに基づく一人あたりの国民所得の自然対数で測定され、欠損部分はペン・ワールド・テーブル[64]で補完したものを含めた。民主化に関するほとんどの先行研究は所得が決定的な要因だと主張する。つまり所得が上昇すれば、国家は民主化しやすい[65]。

　ロジットモデルは持続の依存性を考慮した変数も含んでいる。「体制持続」は、1946年以降で権威主義支配下にある国が持続した年数の自然対数である。これは基層的なハザード率を表している。頑健性を検討するパートでは、ハザード率に関するさまざまな仮定によって影響されない結果を示す。

　最小二乗モデルの系列相関をなくすために、AR1（1階の自己回帰）過程、すなわちラグつき従属変数を統制変数に含める方法を援用し、1960年を開始期とする5年ごとの観測値を用いる。

　ロジットモデルと最小二乗モデルはともに期間ダミーの系列、つまり1960年を開始期とする5年ごとの年次変数を、一時的なパターンや同時性ショックを統制するために含んでいる。

　二つの統制変数だけを含めたコアモデルを検討した後（少なくとも期間ダミーは数えないにしてもエイケンの「3の法則」〔本書38-39ページを参照〕を遵守した上で）、追加的な3つの統制変数を含めて分析結果が頑健かどうかを見た[67]。その第1は、ある国が過去に民主制の歴史を持つかどうかを考慮した統制変数である。先行研究には、ある国家が過去に民主主義を経験していれば、その経験が後に民主化移行の確率を押し上げると主張するものがある[68]。「過去の民主制」は、ある国が1946年以降で最低1年間は民主的統治下にあった場合に「1」の値を取るダミー変数である。

　第2の統制変数は「経済成長」であり、一人あたりの国民所得の対前年度の変化で測定される。先行研究によれば経済成長は独裁制の持続を支援する[69]。

　第3の追加的な統制変数は「ムスリム人口」である。これは国民に占めるムスリム人口の割合であり、デヴィッド・バレット、ジョージ・クリアン、トッド・ジョンソンの研究から入手し、未測定国の情報をCIAワールド・フ

ァクトブック・オンラインで補ったデータである[70]。研究者の中には、ムスリム人口が大きい国家は民主化しにくいと主張する者もいる[71]。計量モデルの右辺にあるすべての変数は（期間ダミーと「過去の民主制」を除いて）、1年のラグ（ロジットモデルの場合）もしくは5年ごとの1期ラグ（最小二乗モデルの場合）である。回帰分析の実行にはStata 11.1を用いた。

分析結果

表3.7はロジット推定の結果を示している。表示をわかりやすくするために定数項と期間ダミーを省略した。

表3.7の（1）は二つの統制変数だけを含めている。係数の符号は期待される向きにあるものの、どちらの変数も統計的有意性を得ていない。表の（2）は「石油収入」を含めたもので、民主化移行の確率とは負の相関があり、かつ5％水準で統計的に有意である。この結果は仮説3.1に一致しており、石油収入の大きさは民主主義への移行確率を減少させている。

表3.7の（3）と（4）は1960-79年と1980-2006年の各期間を別個に見たものである。最初の期間つまり（3）において「石油収入」の係数が急激に小さくなり、かつ統計的有意性を失っている。このことは仮説3.2と一致している。すなわち石油の反民主的効果は1970年代以降に大きくなっているのである[72]。

表の（5）は「石油収入」と南米ダミーの交互作用項を含めている。これは石油が南米の民主化を促進し、他の地域では阻害したというダニングの発見を検討するためである[73]。この変数は1％水準で統計的に有意であり、ダニングの主張と一致する。さらに交互作用項を含めたことで「石油収入」の係数の絶対値と統計的有意性が増加しており、このことは南米における石油の民主化促進効果が説明されたとともに、他地域での石油の民主化阻害効果が先行研究の推定よりも大きいことを意味している。

表の（6）はその他3つの統制変数、つまり「過去の民主制」、「経済成長」、「ムスリム人口」を含んだモデルを表している。「過去の民主制」と「経済成長」の変数は期待される向きで「民主化移行」と統計的に有意な相関を持っ

表 3.7　民主主義への移行　1960-2006 年

本表は権威主義国家が当該年度に民主化移行する確率のロジット推定結果を表している。過去の民主制以外の変数はすべて 1 年のラグがある。それぞれの推定結果は 5 年期のダミー系列を含んでいる（表では割愛）。頑健標準誤差は括弧つきで表記。

	(1)	(2)	(3)	(4)	(5)	(6)
国民所得（対数）	0.139	0.332*	0.406	0.124	0.256	0.225
	(0.150)	(0.171)	(0.254)	(0.134)	(0.168)	(0.162)
体制持続	-0.00174	-0.00457	-0.122	-0.438***	0.00964	0.387*
	(0.178)	(0.181)	(0.303)	(0.141)	(0.181)	(0.229)
石油収入（対数）	—	-0.179**	-0.0783	-0.129**	-0.292***	-0.197**
		(0.0787)	(0.114)	(0.0594)	(0.0921)	(0.0897)
石油収入（対数）*南米	—	—	—	—	0.673***	0.415***
					(0.152)	(0.143)
過去の民主制	—	—	—	—	—	1.915***
						(0.465)
経済成長	—	—	—	—	—	-0.0536***
						(0.0168)
ムスリム人口	—	—	—	—	—	-0.720
						(0.551)
年次	すべて	すべて	1960-79 年	1980-2006 年	すべて	すべて
国家数	125	125	89	121	125	125
観測数	3,639	3,507	1,297	2,210	3,507	3,422
欠損値の割合	10.5%	13.7%	23.5%	6.6%	13.7%	15.8%

* 10% 水準で有意
** 5% 水準で有意
*** 1% 水準で有意

ており、かつ統制変数を投入したことで石油収入の係数を約 3 分の 1 ほど低下させている。しかしながら「石油収入」は「民主化移行」との統計的に有意な相関を維持している。

表 3.8 は最小二乗モデルの推定結果を示している[74]。表の（1）は「国民所得」とラグつき従属変数のみを含んでいる。年次ダミー（表では割愛）と同様に、二つの変数は統計的に有意である。表の（2）では「石油収入」を追加

し、統計的に有意でかつ「ポリティ」とは負の相関である。よって仮説3.1と一致する。

　表3.8の（3）と（4）は1960-80年と1985-2004年をそれぞれカバーしている。どちらの期間も「石油収入」は「ポリティ」と統計的に有意な相関があるが、後の期間では「石油収入」の係数が50％程度大きくなっている。この結果は1970年代以降に石油の反民主的効果が大きくなったとする仮説3.2と一致する。

　表の（5）のモデルはダニング効果を再度示すために「石油収入＊南米」という交互作用項を含めている。この交互作用変数は「ポリティ」と正の相関を持ち、これを投入したことで「石油収入」の係数が大きくなっている。表3.8の（6）では3つの追加的な統制変数が3分の1ほど「石油収入」の係数を小さくしているものの、「石油収入」は低いポリティスコアと有意な相関を維持している。統制変数を投入したことにより、とりわけ「過去の民主制」が「石油収入＊南米」の係数を半分以上減少させ、かつ統計的有意性を失わせた。石油が南米において民主化移行を促進させたのは過去の民主制の経験を持っていたからで、石油の民主制阻害効果の本質である収入の隠匿性を民主制の経験が切り崩すという私の議論と、この分析結果は一致している。

　各国の固定効果を導入すると（表3.8の（7））、「国民所得」および期間ダミーと同様に「石油収入」は統計的有意性を失ってしまう。この結果を説明するにはいくつかの方法がある。「石油収入」は政治体制に対して長期的な効果を持っているのかもしれない。つまりその効果は多国間比較においてすでに現れており、短期間においては検出されにくく、かつ各国内の相関〔各国には時系列データがあるため、そのデータの相関を意味する〕においては効果が現れない[75]。これはよく知られた固定効果モデルの欠陥である。すなわち固定効果モデルは従属変数の変化がポリティ変数のように緩慢なものであるとき、相関を見いだすことが困難になるのである[76]。この問題に取り組むため、シルジュ・アスラクセンはリチャード・ブランデルとステファン・ボンドが開発したシステム一般化モーメント法（GMM）推定量の利用を推奨している。これは主要変数の変化が緩慢な場合は、一般的なモンテカルロ・シミュ

表 3.8　民主主義の水準　1960-2004 年

本表は最小二乗回帰分析の係数を表している。従属変数は各国のポリティスコアであり 1 から 10 の値を取るよう再尺度化した。観測データは 5 年ごとに行っている。すべての推定結果にはラグつき従属変数と期間ダミー系列（表では割愛）が含まれており、1 期の自己回帰過程を利用した。頑健標準誤差は括弧つきで表記。

	(1)	(2)	(3)	(4)	(5)	(6)	(7)
ポリティ（ラグつき）	0.652***	0.620***	0.698***	0.697***	0.616***	0.432***	0.151***
	(0.0232)	(0.0236)	(0.0355)	(0.0270)	(0.0235)	(0.0289)	(0.0369)
国民所得（対数）	0.348***	0.508***	0.487***	0.354***	0.518***	0.439***	-0.0628
	(0.0529)	(0.0590)	(0.0904)	(0.0636)	(0.0577)	(0.0649)	(0.266)
石油収入（対数）	—	-0.165***	-0.100**	-0.152***	-0.205***	-0.136***	-0.0755
		(0.0287)	(0.0455)	(0.0298)	(0.0297)	(0.0352)	(0.0832)
石油収入（対数）*南米	—	—	—	—	0.223***	0.0961	0.570***
					(0.0515)	(0.0590)	(0.199)
過去の民主制	—	—	—	—	—	1.474***	
						(0.192)	
経済成長	—	—	—	—	—	-0.858	
						(0.807)	
ムスリム人口	—	—	—	—	—	-1.022***	
						(0.256)	
固定効果	なし	なし	なし	なし	なし	なし	あり
年次	1960-2004	1960-2004	1960-80	1985-2004	1960-2004	1960-2004	1960-2004
国家数	170	170	124	170	170	170	167
観測数	1,032	1,032	414	618	1,032	903	862
欠損値の割合	14.1%	14.1%	21.1%	8.7%	14.1%	24.9%	28.3%

* 10% 水準で有意
**　5%水準で有意
***　1%水準で有意

レーションによる 1 階差分 GMM 推定よりも優れた方法である[77]。この推定量を用いることで、固定効果が存在していても一国の石油収入が権威主義的な統治と相関することをアスラクセンは見いだした。

　ステファン・ハーバーとヴィクター・メナルドの論文は、ラグつき従属変数をともなう国家の固定効果モデルでアレラノ＝ボンドの GMM 推定[78]を行

ったところ、石油の富と民主主義との関連性が消失することを発見した。石油収入と民主主義のような主要変数が粘着的な状態だと、アレラノ＝ボンド推定量は弱い操作変数の問題の悪影響により、ブンランデル＝ボンドのシステム GMM 推定量に劣ってしまうとアスラクセンは主張した。

民主主義の失敗

　民主主義の失敗に関するモデルの変数は民主化移行モデルのものと類似している。従属変数「民主主義の失敗」は民主制から独裁制に移行したことを表すダミー変数であり、チェイブブ・ガンディ・ヴリーランドのデータから入手したものである。コアモデルは一人あたりの国民所得の対数、持続の依存性を考慮した変数（「体制持続」）つまり（1946 年以降）民主的統治が持続した年数の自然対数を統制変数として含めている。

　民主主義の失敗はまれにしか起こらない。具体的には 1960 年から 2006 年までの 2,816 ケースで独裁制への移行はたった 50 件しかなかったので、通常のロジスティック推定量ではバイアスのある推定をしてしまう。そこでゲイリー・キングとランチェ・ツェンが開発したレアイベント・ロジット推定を行い、標準誤差を国ごとにまとめた[79]。

　表 3.9 に示した推定結果のうち（1）は統制変数だけを表している。「国民所得」と「体制持続」の両方が民主主義の崩壊確率を減少させている。表の（2）は「石油収入」を含んでおり、「民主主義の失敗」と 5％水準で統計的に有意な正の相関を持っている。

　仮説 3.5 によれば、石油は高所得国ではなく、低所得国における民主主義の崩壊確率と関連していなくてはならない。この傾向を明らかにするために、表の（3）と（4）において国民所得 5,000 ドル未満の国（3）と以上の国（4）に分けて確認した。「石油収入」は低所得国における「民主主義の失敗」確率とだけ相関している。

　もし石油の反民主主義的な力が時間とともに増大しているならば、仮説 3.2 の通り、「石油収入」は 1980 年以前よりも以後のほうがより強い影響力

表 3.9 権威主義への移行　1960-2006 年

本表は民主主義国家が当該年度に権威主義へ移行する確率のレアイベント・ロジット推定結果を表している。すべての説明変数は 1 年のラグつきであり、標準誤差は国ごとにクラスタ化されている。頑健標準誤差は括弧つきで表記。

	(1)	(2)	(3)	(4)	(5)	(6)
体制持続（対数）	-0.342**	-0.342**	-0.240	-0.892**	-0.417*	-0.280
	(0.168)	(0.169)	(0.164)	(0.452)	(0.242)	(0.209)
国民所得（対数）	-0.641***	-0.717***	-0.580***	-2.480***	-0.689***	-0.960***
	(0.142)	(0.141)	(0.177)	(0.651)	(0.172)	(0.218)
石油収入（対数）	—	0.121**	0.113*	0.129	0.0949	0.242***
		(0.0564)	(0.0630)	(0.174)	(0.117)	(0.0752)
所得グループ	すべて	すべて	5,000ドル未満	5,000ドル以上	すべて	すべて
年次	すべて	すべて	すべて	すべて	1960-79	1980-2006
国家数	105	105	76	46	60	103
観測数	2,673	2,673	1,301	1,372	728	1,945
欠損値の割合	1.6%	1.6%	～2%	～1%	4.7%	0.4%

* 10% 水準で有意
** 5%水準で有意
*** 1%水準で有意

を有するはずである。そこで 1960 年から 1979 年までのデータを用いた表の (5) のモデルと、1980 年から 2006 年までのデータを用いた (6) のモデルを推定した。結果は仮説と一致し、「石油収入」は 1980 年以降の「民主主義の失敗」とだけ相関していることがわかった。

頑健性

表 3.10 は次の 3 つのモデル、すなわち民主化移行を予測するロジットモデル（1 列目）、ポリティスコアを予測する最小二乗モデル（2 列目）、民主主義の失敗を予測するレアイベント・ロジットモデル（3 列目）の頑健推定結果を要約したものである。各列は異なる条件の下での「石油収入」の係数値と統計的有意性を示している。

表 3.10　民主主義：頑健性のテスト

これらは記載した各モデルにおける「石油収入」変数の係数である。詳しくは本文を参照。

	民主化移行	民主主義の水準	権威主義への移行
コアモデル	-0.292***	-0.250***	0.242***
単純な体制持続	-0.293***	—	0.255***
体制持続の二乗を追加	-0.294***	—	0.265***
離散型石油収入	-1.88***	-1.04***	1.03**
主要国を除外	-0.229**	-0.152***	0.216***
中東諸国を除外	-0.179*	-0.123**	0.242***
地域ダミーを追加	-0.160*	-0.138***	0.230***

* 10% 水準で有意
** 　5% 水準で有意
*** 　1% 水準で有意

　1行目はコアモデルにおける「石油収入」の係数である。「民主化移行」を予測するコアモデルは表3.7の（6）であり、「国民所得」「体制持続」「石油収入＊南米」および期間ダミーを統制している。「ポリティ」を予測するコアモデルは表3.8の（5）から得たもので、ロジットモデルとほぼ同じだが、持続の依存性を相殺するために「体制持続」の代わりとしてラグつき従属変数を含めた。「民主主義の失敗」確率を推定するレアイベント・ロジットモデルは表3.9の（6）から得たもので、「国民所得」と「体制持続」を統制し、1980年から2006年の期間に分析を限定している[80]。

　基本のロジットモデルとレアイベント・ロジットモデルの両方で、いくぶん恣意的にだが基本ハザード率（権威主義または民主主義的統治の持続期間の自然対数として測定した「体制持続」）を用いた。ここで表3.10の2行目では、「体制存続」に代えて権威主義または民主主義的統治の単純な持続期間を投入した。3行目では非線形効果の可能性を考えて、それぞれのモデルに他の変数、つまり権威主義または民主主義的統治の持続期間の二乗を加えた。「石油収入」の係数は大きくかつ統計的有意性を維持した。

　たとえ対数変換を行っていても、これらの結果には「石油収入」変数の非正規分布によるバイアスがあるかもしれない。4行目では「石油収入」の離散型、つまり一人あたりの石油収入が100ドル以上（2000年価格ドル）の国

には「1」を与え、それ以外では「0」となる変数の投入を試みた。3つのモデルすべてにおいて、このダミー変数は低水準の民主主義と有意な相関を持っていた。おそらく石油と民主主義の関連は一部の産油国に左右されており、より広範でグローバルなパターンを表していない。「民主化移行」と「ポリティ」を予測するモデルにおいてこの懸念が事実かどうかを見るために、表の5列目ではアラビア半島に位置する7つの権威主義的な産油国、サウジアラビア、クウェート、カタル、アラブ首長国連邦、バーレーン、オマーン、およびイエメンの観測データを排除した。係数は25％ほど小さくなったが、「石油収入」は両方のモデルにおいて統計的有意性を維持した。

「民主主義の失敗」を予測するモデルから1980年以降民主主義が失敗したケースで最大の石油収入を持つ3ヶ国、つまりコンゴ共和国（1997年に民主制が崩壊）、エクアドル（2000年）、ナイジェリア（1983年）のデータを排除してみた。「石油収入」の係数サイズは15％下落したが、5％水準で統計的有意性は維持された。

　石油と独裁制の連関は因果関係ではなく、中東に石油の富が集中しており、かつ彼の地で民主主義が発生しにくいことによって引き起こされている可能性がある。表3.10の6行目では、この可能性を確認するためにデータセットから中東諸国のケースをすべて落とした。石油に関するすべての変数は統計的に有意なままであった。7行目では異なるアプローチを採用し、モデルに6つの地域を表すダミー変数、すなわち中東・北アフリカ、リブリハラ・アフリカ、南米、アジア（東アジア、南アジア、東南アジアを含む）、旧ソ連邦、旧来の経済協力開発機構（OECD）加盟国（西欧、北米、日本、オーストラリア、ニュージーランド）を投入した。「民主化移行」モデルにおいて10％水準となったが、「石油収入」は低水準の民主主義との有意な相関を維持した。

　これらのテストは「石油収入」と各国の政治体制との相関関係がいくつかの重要な点で頑健だということを示している。つまりハザード率、データセットから影響力の強いケースの排除、離散型で測定した「石油収入」の利用、および地域ダミーの投入といったそれらしい修正によっても相関関係は変わらなかったのである。

因果メカニズム

　第3章では二つの経路を通じて石油収入が権威主義体制とむすびついていることを明らかにした。それはまず収入に対する政府支出の割合の高さによるものであり、次に予算の不透明性とメディアに対する統制を含む政府の機密性の高さによるものである。

　第1のメカニズムは測定がもっとも困難である。収入と政府支出の高品質なデータはとりわけ産油国のそれは乏しく、モデルが示しているのは現実の支出ではなく「把握された」政府支出が問題だということである。さらにいえば、支出の把握は同時代の調査なくしては行い得ない。政府の消費支出と歳入の公式統計は、正確さに疑問が残りかつ少なくない国と年度の観測データが欠損しているものの、多くの国については世界開発指標から得ることができる。

　しかしこの不十分なデータを観察することは有益であろう。表3.5に示したように、じょじょに民主主義へと移行した国家はそうでない国と比べ支出－歳入比率がより高い。残念ながらデータ不足のために「支出－歳入比率」変数はロジットモデルで使えなかった。この変数を使うことができる限定された国と年度のデータでは、「石油収入」はもはや民主化移行とは相関していない。

　クロスセクション・データ（パネルデータではなく）では、最小二乗モデルを用いることができる。観測数を増やすために、2000年から2004年の支出－歳入比率の平均値を取ってみた（欠測していない年度のデータだけを用いる）。一貫性を保つため他の変数（「国民所得」「石油収入」「ポリティ」）も2000年から2004年の平均を用いた。「支出－歳入比率」は170ヶ国のうち111ヶ国のデータを得られたので、おおよそ3分の1が欠測である。表3.5に示したように、産油国はとくに歳入の統計を公表したがらない。そのことは欠測がランダムではなく、推定結果にはバイアスがあることを意味する。

　表3.11の（1）は「支出－歳入比率」が欠測していない観察だけを含んだベースラインモデルを表している。表の（2）のモデルには独立変数に「支出－歳入比率」を加え、「ポリティ」とは統計的に負の相関が認められる。つま

り収入に対して支出が多いほど、政府は民主主義的ではない。これは仮説3.3と整合的だが、推定結果の別の部分はそうではない。というのは「支出－歳入比率」をモデルに投入すると、「石油収入」の係数サイズも統計的有意性も減少しないからである。このことはモデルに欠陥があるかもしれない一方、とりわけ推定がクロスセクション・データに基づく限りにおいて、強い含意を引きだすには「支出－歳入比率」は弱過ぎる指標なのだろう。

政府の秘密主義も測定困難である。仮説3.4によれば、予算が不透明でメディアを強く統制しているために、石油に支えられた独裁制は民主主義へと移行しにくい。

収入の透明性についてもっとも入手しやすい測定データは第3章で説明した予算公開指数であり、これは中央政府の予算資料の透明性に基づいてゼロから100までの尺度で各国をランクづけしたものである。残念ながらこれは2006年に始まったものなので、83ヶ国までの、せいぜい1年か2年分のデータしか得られない。ふたたびデータ不足のため因果推論に対して慎重にならねばならない。

表3.11の(3)と(4)には、「石油収入」と「予算の透明性」との交互作用変数とポリティスコアとの相関を見るために、クロスセクションの最小二乗推定結果を示した。仮説は石油の富が存在する国で透明性が欠落していれば、それが特別な民主主義の抑圧効果を持つと主張しているので、交互作用項を利用した。結果の解釈を容易にするため、元の予算公開指数を逆順にして数値が高いほど不透明であることを表した。交互作用項の数値が上昇することは石油収入の高さと予算の不透明性を意味し、この両方が反民主的効果を持つはずである。

表の(3)は交互作用項を加える前のコアモデルを表しており、2008年の予算公開指数でランクづけされている83ヶ国の観測データだけを用いた。表の(4)は交互作用項を加えた(3)と同じモデルおよび観測データの結果を示している。仮説と整合的に交互作用項は「ポリティ」と負の相関を持ち、「石油収入」の係数に強い効果を及ぼしている。つまり交互作用項を含めたことで有意な負の符号から正の符号へと変化した。したがって「石油収入」が

表 3.11 民主主義への移行：因果メカニズム

本表は最小二乗回帰分析の係数を表しており、従属変数は各国のポリティスコアである。表の (1) と (2) では各国の観測値は 2000 年から 2004 年の平均である。表の (3) と (4) では各国の観測値は 2004 年のみである。表 (5) および (6) の推定は時系列クロスセクション・データを用いており、説明変数は 1 年のラグがあり、かつラグ付き従属変数を含んでいる（表では割愛）。頑健推定誤差は括弧付きで表記。

	(1)	(2)	(3)	(4)	(5)	(6)
国民所得（対数）	0.756***	0.630***	0.988***	0.595***	0.0549***	0.0527***
	(0.118)	(0.132)	(0.171)	(0.191)	(0.0151)	(0.0151)
石油収入（対数）	-0.248**	-0.253**	-0.260**	0.441***	-0.0240***	0.0156
	(0.110)	(0.111)	(0.103)	(0.156)	(0.00824)	(0.0155)
政府の支出 - 歳入比率	—	-1.949**	—	—	—	—
		(0.916)				
石油収入（対数）*予算の透明性	—	—	—	-0.0100***	—	—
				(0.00199)		
石油収入（対数）*言論の自由	—	—	—	—	—	-0.772***
						(0.255)
年次	2000-2004	2000-2004	2004	2004	1990-2004	1990-2004
国家数	111	111	83	83	168	168
観測数	111	111	83	83	1,658	1,658
欠損値の割合	34.7%	34.7%	51.2%	51.2%	33.9%	33.9%
決定係数	0.195	0.223	0.240	0.405	0.954	0.954

* 10% 水準で有意
** 5%水準で有意
*** 1%水準で有意

予算の機密性と重なると民主主義を阻害するだけに終わる[81]。

政治の透明性はフリーダム・ハウスが開発した言論の自由指標、すなわち1 から 100 までの尺度で測定された出版、報道、インターネット・メディアの自由度を評価したものでも測定できる。「支出−歳入比率」や「石油収入 *予算の透明性」変数とは違い、メディアの自由に関しては事実上すべての国の、1990 年からの年次データを入手可能である。このことは時系列クロスセクション・データの最小二乗モデルの利用を可能にする[82]。

上と同じく言論の自由指標を逆順にして、数値が大きいほど自由がないこ

とを意味し、「石油収入」との交互作用項を作った。表 3.11 の (5) では、統制変数すなわち「国民所得」、「石油収入」、ラグつき従属変数を含めた最小二乗回帰分析を示し、自己相関に対処するため 1 回の自己回帰過程を利用した。データは 1990 年から 2004 年までの 168 ヶ国をカバーしている。表の (6) では交互作用項を加えた。交互作用項は「ポリティ」と負の相関を持ち、「石油収入」に大きな影響を及ぼして係数の符号を逆にし、かつ統計的有意性を失わせた。このことは繰り返しになるが、例外的な政府の秘密主義とむすびつけば、「石油収入」が低水準の民主主義とむすびついているだけであることを意味する[83]。

　これらの推定結果は仮説 3.3 を部分的に支持する。すなわち一国における政府の支出－歳入比率は重要である。結果は仮説 3.4 をいくぶん強く支持する。つまり政府の秘密主義の役割を強調する。支出と歳入に関する指標の質は低く、予算の透明性に関するデータのない国の数は非常に多いので、この結果に自信を持つことは難しい。言論の自由についてのデータはより広範かつ完全であるのでいくぶん信頼できる。これを単純な最小二乗モデルに投入すると、分析結果は産油国において政府の秘密主義が民主主義を阻害する特別な役割を果たすという主張と一致している。

　以上の推定は第 3 章のほとんどの仮説、すなわち仮説 3.3 を除くすべての仮説がデータの傾向と一致することを示している。よって、

- 権威主義体制では、より大きな石油収入は民主化移行のより小さい機会と関連している。
- 低所得の民主主義体制では、より大きな石油収入は増大する権威主義体制への移行機会と相関している。
- 上記 2 つの傾向はおおむね 1980 年以降になってようやく顕在化してきた。
- 南米は例外である。この地域では石油収入は民主化移行のより高い確率と相関している。

- 政府の秘密主義は石油の民主化阻害効果の大きな部分を占めていると考えられる。

　重要な相関関係のほとんど、つまり石油収入と民主主義の測定尺度との関係は、とりわけ南米の特異な位置づけを考慮し、1980年以降に着目した場合に頑健である。

　残された仮説は部分的に支持されている。つまり政府支出の収入に対する割合が高い国は民主化しにくい。ただしこの傾向は石油と独裁制の相関とはむすびつけられない。政府支出と歳入のデータ不足と質の低さ、および把握された収入データの欠如が、好むと好まざるとにかかわらず、この仮説に関する強い含意の導出を困難にしている。

注
1　中東政治の研究者にとって、石油が政府の説明責任をむしばむことは馴染み深いことだ。中東における石油と権威主義的支配に関する研究には、以下のものがある。Mahdavy 1970; Entelis 1976; First 1980; Skocpol 1982; Beblawi and Luciani 1987; Crystal 1990; Herb 1999; Lowi 2009. しかし、もう何年もの間、世界規模での民主主義に関する最大で最も影響力のある研究は、石油について何も言及せず、しばしば中東全域を取り扱わない。これについては、例えば以下のものを参照。O'Donnel, Schmitter, and Whitehead 1986; Diamond, Linz, and Lipset 1988; Inglehart 1997; Przeworski et al. 2000.
2　Przeworski et al. 2000.
3　Lipset 1959; Londregan and Poole 1996; Epstein et al.2006.
4　Haggard and Kaufman 1995; Przeworski et al.2000; Epstein et al.2006.
5　Huntington 1991; O'Loughlin et al. 1998; Gleditsch and Ward 2006.
6　Salamé 1994; Hudson 1995; Midlarsky 1998; Fish 2002.
7　Boix 2003; Acemoglu and Robinson 2005; Acemoglu et al. 2008.
8　アメリカにおける政治的予算循環については Tufte 1978; Habbs 1987 を参照。より一般的に先進工業国については、Alesina, Roubini, and Cohen 1997 を参照。ラテンアメリカについては Ames 1987 を参照。権威主義諸国では、Block 2002; Magaloni 2006; Blaydes 2006 を参照。
9　Brennan and Buchanan 1980; Bates and Lien 1985; North 1990.
10　Schumpeter [1918] 1954; Hoffman and Norgerg 1994; Morrison 2009.
11　Morgan and Morgan 1953; Bailyn 1967 参照。「代表なくして課税なし」はアメリカ独立革命とほとんど同一視され、ワシントンDCの自動車のナンバープレートにも印刷されているほどだが、この文言は独立宣言にも憲法にも書かれていない。後にブレインツリー訓令書として知られる1765年の印紙法に対する有名な反対宣言の中でジョン・アダムズ〔後の第2代米大統領〕はこの表現を用いたが、これはアイルランドにおいて何世代にもわたってすでに使われていたものだった（McCullough 2001）。皮肉なことだが、アメリカ最高裁判所は1820年のラフバラ・ブレーク裁判において、代表なくして課税なしの原則を否定し、アメリカ議会に代表を送っていない領土に対して連邦政府が課税を行う権利を有するとする見解を示した。
12　Ross 2004a. Bryan Jones and Walter Williams 2008 はこのパターンが現在のアメリカにおいて正しいこと

を示している。有権者たちは税に対する利益の割合が上昇すると、政府への支持を高めるが、このことは不幸なことに政治家に財政赤字を生みださせる。
13 この説明とは重要な点で異なっているが、同じ問題をより数理的に取り扱っているものとして、Morrison 2009 を参照。
14 民主主義と権威主義の理論はともに利益供与という資源配分に焦点を当てる。Gandhi and Lust-Okar 2009; Bueno de Mesquita and Smith 2010 を参照。また、私は採用しなかったが、独裁者による暴力的な抑圧手段の力を加味するものもある。これについては、Wintrobe 2007 を参照。
15 支持を失った独裁者を追いだすことが民主化につながるのは、別の方法でも説明することができる。例えば、もしも独裁を継続させるのに必要な十分な民衆の支持を得ている人物がいない、あるいは独裁を復活させるような強制力を持った別の候補がいない場合には、民主化が起こり得る。
16 政府の能力を超えた出来事、例えば石油価格の上昇や下落といったことを理由に、市民が政府を高く評価したり、また政府を批判したりするのは、奇妙な出来事のように見えるかもしれない。しかし、最近の研究が明らかにするところでは、これが有権者の行動なのだ。Christopher Achen and Larry Bartels 2004 によれば、現職候補にその責任を問えないような出来事、例えば干ばつや洪水、サメの攻撃などがあると、有権者は現職候補を支持しなくなる傾向がある。
17 Herb 1999, 231.
18 国民はお互いの所得税を観察することはできないが、物品やサービスに関する税の一般水準を観察することは可能で、そうした税は低・中所得国では税収の大きな部分を占める。税負担に関する議論は、しばしば民衆文化や政治文化の一部をなす。例えば、Scott 1976 を参照。
19 民主主義的な政府の透明性については、Rosendorf and Vreeland 2006 を参照。
20 Snyder 1992.
21 分析対象となる国が民主主義か権威主義の区別、およびいつ移行が発生したのか確定するために、Przeworski et al. 2000 とそのアップデート版の Cheibub, Candhi, and Vreeland 2010 のデータベースを利用した。
22 Herb 2004; Dunning 2008; Goldberg, Wibbels, and Mvukiyehe 2009.
23 色をつけて表示してある部分は、95％の信頼区間にあることを示している。
24 「産油国」の特徴を一般化することはしばしば有害である。なぜなら、このグループのメンバーは時代とともに変化するからだ。この問題に取り組むため、私は「長期産油国」と分類され得る 35 ヶ国に一定の時間を区切って焦点を当てた。私が「長期産油国」の目安としたのは、1960 年から 2000 年の間の 3 分の 2、あるいは 1960 年以降に独立したのであれば独立から 2000 までの間の 3 分の 2 の期間において、人口一人あたり少なくとも 100 ドル（2000 年価格）の石油収入を生みだしてきた国というものである。これらの諸国には表 1.1 でアスタリスクを付した。第 6 章では、こうした長期産油国の経済パフォーマンスを分析する。
25 例えば、Diamond 2008 を参照。
26 Marshall and Jaggers 2007; Przeworski et al. 2000.
27 Marshall and Jaggers 2007.〔Polity IV は政治体制の比較研究で今日もっとも頻繁に参照されているデータベースの一つである。これは、Gurr, T. R. 1974. "Persistence and Change in Political Systems, 1800-1971". *American Political Science Review*, 68:1482-1504 および Ecksterin, H. and Gurr, T. R. 1975. *Patterns of authority : a structural basis for political inquiry*, New York: Wiley. を元に各国の政治体制のデータベースが作成された Polity I から始まった研究プロジェクトが、その後 Polity II、III、IV へと発展したものである。現在では、アメリカの George Mason University とアメリカの NPO である Center for Systematic Peace によってデータ処理作業とデータの公表が継続されている〕
28 私はこのデータに関する問題を、第 3 章の補遺の多くの頁を費やして議論している。
29 非常に高価ではあるがまったく使い道のない「無用の長物」のごとき無駄な公共支出は、政治的な利益を隠蔽するかもしれない。Robinson and Torvik 2005 を参照。
30 Chaudhry 1997. 石油以外にも多くの要素がサウジ王室の生存に貢献している。Herb 1999 ; Hertog 2010 を参照。
31 International Monetary Fund 2008.
32 インターナショナル・バジェットパートナーシップ（International Budget Partnership）が OBI を作成している。この優れた指数については、http://www.openbudgetindex.org を参照のこと。

33 Georgy Egorov, Sergei Guriev and Konstantin Sonin (2007) が初めて石油と報道の自由の欠如の間の関係を明らかにした。Antonie Heuty and Ruth Carlitz (2009) は資源依存国家が低い予算透明性を持つことを注意深く分析した。「報道の自由に関する指数」はフリーダム・ハウスによって作成され、http://www.freedomhouse.org/template.cfm?page=16 で入手できる。フリーダム・ハウスの指数は他の指数と逆の数値配列になっているので、政府に関する他の指数と一致させるために、私は報道の自由指数を逆の順序に転換して使用している。
34 Hassmann 1953, 109.
35 Kotkin 2001, 16.
36 Gaddy and Ickes 2005, 569.
37 多くの研究者の理解では、ペレストロイカそれ自体がソ連邦の崩壊を導いたとされる。これを指摘してくれたダニエル・トリーズマンに感謝したい。
38 Gaidar 2008, 164 からの引用による。
39 Dunning 2008.
40 Ibid.
41 これは産油国の際だった隠匿性のもう一つの側面だ。
42 このアイデアはトゥリア・ファレッティから提供された。ここで感謝を表したい。
43 Smith 2007; Morrison 2009.
44 これはナザン・ジェンセンとレオナルド・ワンチェコンによる 2004 年の研究結果と一致する。その研究では、石油が実際にサハラ以南のアフリカにおいて民主主義の失敗を引き起こしたことが示されている。これはおそらく、サハラ以南のアフリカの収入が比較的低いためであろう。
45 Goldberg, Wibbels, and Mvukiyehe 2009; Wolfers 2009.
46 Williams 1969.
47 Key 1949, 156. テキサスとルイジアナでの石油政治の歴史の詳細については、Goldberg, Wibbles, and Mvukiyehe 2009 を参照のこと。
48 2011 年 3 月の選挙は非常に透明性が高いものだった。他のアフリカの事例については、Posner and Young 2007 を参照。
49 Wehrey et al. 2009.
50 International Crisis Group 2007.
51 International Monetary Fund 2007. Paavo Suni (2007) は、ロシア経済のシミュレーションによって石油とガスの価格上昇がロシアの経済成長の主要因であることを示した。2006 年のロシアの GDP 成長率は 6% 以上だったが、もしも石油価格の上昇がなければ、それは 1% 未満だった。
52 こうした変化を「税の削減」として描写するのは正確ではないかもしれない。なぜなら、徴税がより効率化したために、税収は増加したからだ。この点を指摘してくれたダン・トリーズマンに感謝を表する。
53 プーチンは政治家になるはるか以前から、いかにしてロシアが天然資源を管理すべきか、その強力なアイデアを作り上げていた。これについては、Balzer 2009 を参照。
54 Goldman 2004; Rutland 2006.
55 Myers and Kramer 2007.
56 McFaul and Stoner-Weiss 2008.
57 http://www.russiavotes.org.
58 現在のロシア政治における石油の役割については、研究者の間で意見が異なる。M. ステファン・フィッシュの 2005 年の研究によれば、ロシアの石油とガス、そして鉱物資源の富は、政府をより権威主義的にはしたが、その仕組みは独特なものだ。つまり石油は 90 年代に汚職を蔓延させ、それによって市民は汚職の削減により実効性のある、より権威主義的な政府を望んだのであり、こうした政府に経済を管理するより強力な権限を与える「経済国家主義」が生みだされた。トリーズマンの 2010 年の研究では、ロシアの民主主義に対する石油の影響は非常に小さいとされる。
59 http://www.revenuewatch.org/news-article/russia/russia-suspends-most-oil-and-gas disclosures.
60 これは相対的に単純な分析である。石油と民主主義のより革新的な研究のためには、石油の富の民主主義への効果を推定するために操作変数を用いることになる。Ramsey 2009; Tsui 2011 を参照。別の革新的な研究としては Eoin McGuirk (2010) があり、アフリカ 15 ヶ国における世論調査結果のミクロレベル・データを使って、天然資源の富が多いほど課税の執行を弱め、その結果自由で公正な選挙の必要性も引き下

げることを発見した。
61 この欠陥は Ulfelder 2007 において最初に示された。
62 Przeworski et.al. 2000; Cheibub, Gandhi, and Vreeland 2010. 彼らは次の条件をすべて満たす政治体制を民主主義と定義した。執政長官が選挙され、立法府が選挙され、少なくとも二つの政党が存在し、少なくとも一度は現体制が敗北したことがある。多くの点で私の分析は Jay Ulfelder (2007) の方法に倣っており、彼は同様の仮説群を検証するためにイベントヒストリー・デザインを用いているが、彼自身で二分法による独裁と民主制の測定尺度を開発している。われわれの分析は実質的に同じである。
63 Marshall and Jaggers 2007.
64 Heston, Summers, and Aten n.d.
65 Londregan and Poole 1996; Boix and Stokes 2003; Epstein et.al. 2006. 一国の所得は石油の富の影響を受けるので、モデルに投入すると石油の真の影響を推定してもバイアスが含まれてしまう。第6章では「じゃじゃ馬億万長者の誤謬」としてこの問題をより一般的に論じている。第3章では石油と民主主義2変数関係を（平均値の差の検定と散布図を用いて）示したので、ここではこのバイアスにさほど配慮していない。
66 Acemoglu et.al.2008; Aslaksen 2010 を参照。
67 Achen 2002.
68 例えば Gassebner, Lamla, and Vreeland 2008 を参照。
69 Haggard and Kaufman 1995; Przeworski et.al. 2000; Epstein et.al. 2006; Gassebner, Lamla, and Vreeland 2008.
70 Barrett, Kurian, and Johnson 2001、および http://www.cia.gov/library/publications/the-world-factbook を参照。
71 Midlarsky 1998; Fish 2002; Donno and Russet 2004.
72 1960-79 年期における観測値のほぼ4分の1は欠測であり、その理由は所得データが欠損しているためである。欠損値問題は表3.8 の（3）（6）（7）においても同様に深刻である。この欠損値がほぼ間違いなく非ランダムであるため、将来予測が困難になるほど結果にバイアスを与えていることだろう。
73 Dunning 2008. 南米諸国が別の理由で特殊であると想定する理由がないので、モデルには南米ダミーを入れていない。たとえモデルに入れたとして、最小二乗モデル（表3.8 第5列）では統計的に有意ではなく、これを入れることが他の変数にほとんどあるいはまったく影響を与えない。
74 この最小二乗モデルは Ross 2001a の一般化最小二乗モデルとほぼ同様のものであり、1期のラグつき従属変数、同様の統制変数群、期間ダミー系列、計量モデルの右辺にある変数の5年ラグを含んでいる。ただし3つの主要な違いがあり、データがより多くの国家（113ヶ国から170ヶ国）と長期の年数（1971-97年から 1960-2004年）をカバーしていること、GDP に占める石油輸出の割合に代えて石油収入（対数）を結果変数にしていること、そして年次の観測データではなく、自己相関を減少させるために5年ごとの観測データを取ったことである。
75 Jeffrey Colgan (2010b) の研究は石油収入が長期的に民主主義を阻害し、短期的な石油収入の増減が即時的な効果をほとんど持たないことを示している。
76 Beck, Katz and Tucker 1998.
77 Aslaksen 2010; Blundell and Bond 1998. Charlotte Werger (2009) と Treisman (2010) も固定効果モデルで石油と民主主義水準の低さとの関連を見いだしている。
78 Haber and Menaldo 2009.
79 King and Zeng 2001. レアイベント・ロジットは民主化移行確率の推定に対しても適切かもしれない。というのも民主化も相対的にさほど発生しないからである。表3.7 のモデルをレアイベント・ロジットで再推定してみたところ、結果は実質的に同じであった。
80 1960年から 2006年のデータで検証してみたところ、「石油収入」と「民主主義の失敗」との相関は頑健ではなかった。ほかの二つのモデルを 1980年から 2006年の期間で試してみたところ、「石油収入」の係数サイズは増大したが、頑健性には影響しなかった。
81 「予算の透明性」を追加の統制変数として別個に加えると、結果に実質的な影響を与えない。
82 データは 15年分（1990-2004年）をカバーしているので、コアモデル（表3.8）と同じく5年ごとの観察ではなく年次の観察データを用いた。各国の観察数が増えた一方で、系列相関の軽減が困難になった。
83 「言論の自由」を追加的な統制変数として加えたが、結果にはほとんど影響しなかった。

第4章
石油は家父長制を永続させる

　政治や経済への参加を通じたアラブ人女性の能力活用は、量的に見て世界で最低の水準に止まっている。この証拠は、議会や内閣、また労働力における女性の割合が非常に低いことや、失業の女性化といった点に現れている。…生産能力が抑え込まれていることによる悪影響を社会全体が被っており、それは家計所得や生活水準が低いという結果をもたらしている。

　　　　　　　　　　　　　　── 『アラブ人間開発報告2002』[訳注1]

　国が経済的に豊かになると、ふつう女性はより多くの機会を獲得する。それは労働環境における経済的機会であり、また政府に参加するという政治的機会でもある。しかし、こうしたことは石油を売却することによって豊かになった国では発生しなかった。多くの場合、石油ブームの果実は男性の手に渡った。
　この効果は中東でとくに顕著である。中東ではそれ以外の地域に比べて、労働力でも議会においても、女性の参加はほとんどない。中東における女性の地位の低さは、しばしばこの地域の伝統であるイスラームや、アラブ民族の特徴にむすびつけられ、批判されてきた。しかしこうした説明は間違っているか、あるいは少なくとも不十分である。
　ほとんどすべての社会は最近まで家父長制の伝統を色濃く残していた。100年ほど前には、ラテンアメリカや東アジア、南アジアの伝統的な文化は家父長主義的なもので、それらは中東の伝統文化よりも、おそらくはずっと

訳注1　United Nations Development Program 2002.

強固なものであった。しかしラテンアメリカや東アジア、南アジアでは、経済成長が急激な女性の地位向上にむすびついたが、それらと同程度か、あるいはそれ以上であった中東の経済成長率は、女性の地位をほとんど向上させなかった。なぜ中東以外の地域では経済成長は家父長主義的文化を弱め、中東ではそうならなかったのだろうか。

　本章が説明するのは以下の事柄である。産業化に基づく経済成長が女性を労働力化し、ひいては女性のエンパワーメントにむすびつく。これに対して、石油や天然ガスの売却に基づく経済成長は、女性向けの雇用を増やすことはなく、そればかりか女性の権利への道を閉ざすことになる。

女性をエンパワーメントする——その背景

　貧しい国が経済的に豊かになるとき、女性の生活は劇的に変化する。女性の就学率は急激に向上し、彼女たちが出産する子どもの数は減少、国政において女性はより活動的になる。ほぼ間違いなく、他の事柄に波及するもっとも重要な変化は、女性たちが労働市場に参入するようになることだ。

　社会学者たちは長らく次のように主張してきた。女性が労働市場に参入することには、女性自身と彼女たちが生活する社会を変化させる効果がある、と[1]。多くの研究がこうした見解を支持する。両親は自分たちの娘が家計に貢献することを理解するようになると、娘たちを学校に通わせるようになり、娘の健康に投資するようになる。結果として、女性向けの雇用が増えると、女子児童の就学率が上昇する[2]。就労は女性の晩婚化を促し、これは次には女性が出産する子どもの数を減らす。こうしてできあがるのは、それまで存在していた家族より小さな核家族であり、つまりは近代および高所得社会に特徴的な家族だ[3]。

　女性が就労可能になることは、社会的なジェンダー関係に幅広い影響を与える。バングラデシュで既製服産業に従事する女性を取り扱った研究は、次のことを明らかにした。こうした産業に従事する女性は、地方出身者で、若く、未婚時に雇用されるのが普通だ。彼女たちは工場での労働を通じて自信

を獲得するとともに、家庭の中では作れなかった新しい社会関係を築き、健康や避妊に関する新しい情報を獲得し、またそれまでつき従う相手だった男性と交渉する術を学ぶ[4]。インドネシアでは、結婚した女性が独立した収入源を得ると、出産や子どもの健康に関する決定により大きい影響力を獲得するようになる[5]。

　労働に参加することで、女性は政治的影響力を拡大させる扉を開く。ナンシー・バーンズ、ケイ・シュロズマン、シドニー・ヴァーバによるアメリカを対象とした長期にわたる研究が明らかにするところでは、家庭の外で仕事に従事する女性は、職場の同僚と会話する機会を得て、これが彼女たちに政治への関心を喚起する。このような女性たちは集団として行動できるような非公式のネットワークに参加し、社会的性差に基づく差別に対峙するようになり、何らかの行動を起こすような動機を得る[6]。

　これとは別に多くの途上国を対象としたさまざまな研究でも、同様のパターンが見いだされている。プラディープ・チッベルによれば、家庭の外で働く女性は新しいアイデンティティを獲得するようになり、より政治に参加し、また女性候補者に投票する傾向が見られる[7]。ヴァレンタイン・モガダムによれば、グアテマラ、台湾、香港、インド、インドネシア、チュニジア、モロッコなど、女性が広く工場労働に従事する国々では、彼女たちは自分たちの利益を守るために組織を作り上げた。こうした組織は女性の地位に関する幅広い改革を求めてロビー活動を行った[8]。

　このようなさまざまな研究は、少なくとも３つの経路を通じて女性の労働参加が女性の政治的影響力を強化することを示している。第１に個々人の水準において、女性の政治的な見解やアイデンティティに影響を与える。第２に社会的な水準において、職場の女性をむすびつけて彼女たちの政治的ネットワークの形成を可能とする。第３に経済的な水準では、女性の経済的役割を増大させ、これが政治指導者に女性の利害への関心を喚起させる。

　労働はすべて重要だが、すべての職業が女性の地位について同じ効果をもたらすとは限らない。農業以外のフォーマルセクターの仕事は、より決定的な影響力を持つようだ。途上国の女性の多くは農業に従事し、こうした仕事

は家族が所有する、あるいは家族経営の農場で行われるので、彼女たちに経済的な自立を与えたり、政治的な発言を促したりするものではない[9]。自給のためではなく、商業的農業における雇用は、もしもそこで働く女性に給与を支払うものであれば、より重要だと思われる[10]。しかし農業以外のフォーマルセクターの職業は、ジェンダーの平等についてもっとも強力な結果をもたらすようだ。

なぜ働かないのか

なぜある国では女性が労働に参加し、別の国では参加しないのだろうか。その理由の一つは、差別だ。これはその国の文化に根差している場合や、法、あるいはその両方に根差している場合がある。こうした差別がもっとも激しい場合、女性たちは他人と接触することを嫌う自分の親族から就労を反対され、また法律が彼女たちの経済的機会を厳しく制限する。

理論的には、こうした障壁は、政府が改革を推し進めることで解消される。例えば、男性親族の承諾なしに自由に旅行する権利を女性に認め、雇用者に女性差別を禁止し、ゆとりある出産休暇を提供する、強制力をともなった法を整備するといった改革がそれだ。しかし、こうしたことは次の障害を引き起こす。すなわち、女性はしばしば政治的影響力をほとんど持っていないので、改革案を成立させ、実行させるよう議員に働きかけることができない。不幸なことに、女性を経済的に周辺化させる力と、女性を政治的に周辺化させる力は相乗的に作用する。仕事がなければ女性の政治的影響力は小さく、政治的影響力がなければ女性は仕事にありつくことができない。

では、女性はどのようにして経済的、政治的な力を奪う罠から抜けだすことができるのだろうか。

ときには開明的な指導者が救いの手を差しのべるだろう。選挙のクォータ制度、つまり地方議会や国会の議席の一定数を女性に配分する措置は、女性の政治的影響力に強力な作用を及ぼす[11]。政治制度もまた重要だ。女性候補者は小選挙区制よりも比例代表制のほうが当選しやすいだろう[12]。

最後に、経済に関する組織が違いを生むこともある。とくにスウェット・

ショップ〔労働者を低賃金で搾取する工場〕の存在が重要だ。産業革命の初期から、女性たちが従事してきたのは繊維製品や衣類、世界市場向けの低価格商品を生産する工場の低賃金労働だった。アメリカでは1890年の時点で、既製服産業における雇用の半数を女性が占めていた。今日、世界の既製服産業における雇用の80％以上を女性労働者が占めている[13]。スウェット・ショップが批判されるにはそれ相応の理由があり、実際にその労働現場は過酷だ。しかしこうした雇用にありつくことが、女性が経済的、社会的、政治的エンパワーメントの階段を昇るためには、決定的に重要な最初の一歩となり得る。

なぜこうした労働集約型産業が新規女性労働者の入り口になるのか、そこには4つの理由がある。第1に、こうした職業は労働者に多大な筋力を必要としない。つまりこうした分野では、男性は生来の優位性を持ち得ない。第2に、こうした職業はほとんど訓練を必要とせず、また特殊な技能が要求されることはまずない。こうした環境は、育児や親族の世話のために定期的に労働から離れる女性にとって魅力的である[14]。第3に、輸出向け商品を生産する工場は外国企業によって運営されているか、あるいは所有されていることが多く、こうした企業は法的あるいは文化的理由により、雇用において女性差別を行う可能性が低い。最後に、こうした企業は商品をグローバル市場に販売しており、そこでは競争が激しく、利益率は低い。こうした環境では、可能な限り賃金の安い労働力が必要とされる。女性は通常、男性よりも低い報酬で働くことを指向し、またより信頼できる、柔軟性のある労働者であるため、採用のターゲットとなる。

工場であっても、より筋力を必要とする仕事や長期にわたる訓練を必要とする仕事、あるいはそこで生みだされる商品が国内市場向けで価格競争が激しくない場合は、反対に男性が雇用される傾向にある[15]。

韓国における女性と労働、政治

産油国ではないが、韓国の事例は、輸出指向型製品の工場が女性を引きつけ、家父長制的な法や制度を浸食する様子を明らかにしている。

20世紀の初め、韓国は世界でもっとも家父長主義的な社会だった。少女は

6歳になると男性から引き離され、女性たちは自分の名前を持たず、ソウルでは日中に通りに出ることを禁じられていた。1930年の韓国人女性の90%は文字を読むことができなかった[16]。

1960年代に韓国が工業化すると、女性は繊維や既製服、プラスチック製品、電子部品、靴、食器類などの輸出向け製品を製造する工場に就労した。男性の半額以下という彼女らの低い賃金水準は、雇用者にとっては魅力的で、韓国の経済ブームを促進した。1975年までに、韓国の輸出額の70%は女性が主体となっている産業からもたらされた。輸出が成長するにつれ、労働力に占める女性の割合も増加し、1960年から80年にかけて50%増加した[17]。

1950年代と60年代の韓国には女性団体が存在したものの、社会的に保守的で政府の支援を受けた組織だった。通常これらの組織の代表は男性で、慈善活動や消費者保護、主婦講座や花嫁修業に焦点を当てていた[18]。しかし1970年代初頭になると、輸出産業に従事していた女性たちは、労働者の権利とジェンダー平等に向けて組織化を進めた。当時、権威主義的だった韓国政府は、こうした女性たちの意向にはほとんど関心を向けなかった。

1987年には、韓国民主化の好機をとらえた女性団体が韓国女性連盟を立ち上げた。それ以前の組織と異なり、連盟は労働条件や女性の権利の改善に向けて動き、政府に対してより対抗的な姿勢を示した[19]。同時に、伝統的な女性団体も女性の権利に関してより強い関心を示すようになった[20]。

1990年代の半ばには、女性団体は政府のあらゆる方面に女性の代表を送りだす運動を展開した。韓国の強力な家父長的伝統にもかかわらず、女性団体の活動は確固たる成果を上げた。1992年から96年に8名だった女性国会議員の数は、2000年から2004年には16名に増加した。政府の政策審議会に加わった女性は、1996年の8.5%から2001年の17.6%に増加した。女性判事の数も1985年に3.9%であったものが2001年には8.5%に増加した[21]。

女性運動のロビー活動の力や、政府に占める女性の数が増加することで、一連の画期的な政治改革が成し遂げられた。こうした改革には、男女雇用平等法（1987年）、家族法改正（1989年）、母子福祉法（1989年）、女性発展基

本法(1995年)、政党は必ず国会議員の議席の30%を女性にしなければならないことを定めた法(2000年)などがあった[22]。女性を輸出指向型製造業での労働に組み込むことで、韓国の女性は政府内の足がかりを獲得し、こうした歴史的変化の扉を開いた。

女性のエンパワーメントに関する理論

　石油生産は女性の役割に関して、ある条件の下で決定的な効果を発揮する。この効果を説明するために、第3章で素描した政治モデルにいくつかの新しい要素を加えなければならない。ここでは、我々が想定する国家は男性と女性から構成され、これらの人々は個人としてではなく世帯として行動するものとして捉えよう。そして、女性にとって家庭の外で働くことが経済的、社会的、政治的な力の源泉であるとしよう。

　また、労働力に占める女性の数は二つの要因によって決定されることとしよう。第1に、就労を望む女性がどの程度供給されているのか。すべての女性が家庭の外で働くことを望むわけではない。このモデルでは国民は全員が世帯の構成員なので、自分個人のためではなく、世帯の経済的利益のために行動することになる。モデルではなく、現実のほとんどの社会において、男性は世帯の主たる収入源であり、女性は世帯が副次的な収入を必要とする場合にのみ就労を希望する。また低収入の家族では、たとえ低賃金労働であっても、女性が仕事を求める傾向は強くなる。これに対して高収入の家庭では、女性たちは就労を望まなくなり、比較的高賃金の場合にのみ就職する。こうした現実の傾向は、このモデルでも採用される。

　第2の要因は、女性労働力に対する需要だ。多くの国において、雇用者は一部の職業を除いて女性を採用したがらない[23]。もっとも一般的なパターンを把握するために、女性がスウェット・ショップにおいてのみ就労可能であるという場合を想定しよう。つまり、繊維製品や既製服、その他の工業製品や中間財といった輸出向けの製品を低賃金労働に依存して製造する輸出指向の工場で女性が働く、ということだ。

要約すれば、我々が修正したモデルでは、女性は家庭の外で働くことで経済的、政治的権力を獲得する。また、女性は自分の家族が追加収入を必要とする場合に就労する傾向が高まる。さらに、女性が就労するのは輸出向けの安価な商品を生産する工場しかない。最初の二つの前提はほとんどすべての国家に当てはまるが、最後の前提は女性の就労機会を制限する家父長主義的な文化を強固に保っている国家、例えば19世紀と20世紀初頭のアメリカや1950年代から70年代の東アジア、今日の中東および北アフリカ諸国によく当てはまる。

石油はどのように女性に影響を与えるのか

　こうした条件下では、石油は製造業とは逆の効果をもたらす。製造業は女性を家庭から連れだし、労働力化するが、石油の富は女性を家庭に居座らせ、経済的・政治的エンパワーメントの鍵となる道を閉ざしてしまう[24]。

　石油収入の増大は二つの効果をもたらす。一つは女性労働力の供給に対する効果であり、もう一つは女性労働力への需要に対する効果である。図4.1はこの二つの効果の関連性を表している。我々は第2章の議論から、石油収入が例外的に大きな規模に達すると、巨大な政府予算がもたらされることを理解している。また第3章より、政府が公的部門の雇用や福祉プログラム、補助金、減税などで石油収入を各世帯に配分し、国民からの支持を取りつけることを理解した。こうした政府からの資本の移転は、各世帯の日常生活をより快適なものにする一方、それによって家族が副次的な収入を必要としなくなるため、女性が家庭の外で働かないように仕向けてしまう。政府の石油収入は世帯に移転されると、仕事を求める女性労働力の供給を減少させるのだ。

　石油はまた輸出指向型工場の雇用を減少させるので、女性労働者の需要を減少させる。第2章では、石油の富がオランダ病を引き起こし、それによって産油国の為替レートが上昇し、農業と製造業部門が海外市場を失うことを論じた。国内市場向けの商品を製造している工場は、もしも政府からの支援を得られれば、生き残ることができるかもしれない。しかし、もっとも女性を採用しようとするのは、低賃金労働者に依存する輸出指向型工場であり、

図 4.1　石油生産が女性の地位に影響を与える方法

オランダ病はこうした工場の利益を縮小させてしまうだろう。

　石油ブームは新しい雇用を生みだす。それらの大半は建設業や小売り、政府部門などのサービス部門の雇用だ。もしも女性たちがこうした部門で雇用を見いだせれば、彼女たちが損害を被ることはない。さもなければ、成長を続ける石油部門は女性を労働力から「締めだす」か、女性が最初から労働力に参加する機会を損なうことになる。

　要するに、石油収入は政府の予算を増大させ、つまりは家計への資本移転を促進させ、女性の就労機会を求める意欲を損なう。石油は、低賃金で輸出指向型の製造業という民間部門の主要な部分を喪失し、女性の労働参加を損なうことにつながる。石油が増えればそれだけ女性たちの給料が減ることになる。労働参加は政治参加へのもっとも重要な経路であるから、石油の富は女性の政治的な影響を縮小することになるのだ。

　石油に富んだ国のすべてがこのモデルに適合するというわけではなく、すべての国がこの問題を被るというものでもない。多くの西側諸国では、女性はサービス部門や政府部門で職を得ている。例えばノルウェーでは、1970年代の石油ブームは薬品関連業や社会サービスの雇用を生みだし、こうした業種ではしばしば女性が採用された。コロンビアやシリア、マレーシア、メキシコといった低・中所得国においても、多くの女性がサービス部門や政府部門で働いており、彼女たちはおおむね自国の石油の富で損害を被ることはなかった。しかし女性がサービス部門で就労しようとすると障壁にさえぎられてしまう国では、石油が女性たちの経済的、社会的、政治的な進歩を阻害する原因となっている。

こうした国々の多くは、中東と北アフリカに存在している。世界銀行が2004年に行った調査によれば、この地域の全17ヶ国のうち14ヶ国では、いくつかの職には女性の就労が法的に制限され、労働時間や就労日数にも制限が存在する。その中の6ヶ国では、女性が夫や後見人の許可なしに旅行することが制限されている[25]。

　こうした制限は、女性たちがサービス部門に就労することを著しく困難にしている[26]。中東の女性たちは公的な活動や男性との接触を前提とする仕事からしばしば排除されている[27]。このことは、サービス部門でもっとも大きな分野を占める小売業で女性が働くことを強く阻害しており（ただし、すべての顧客が女性の店舗を除く）、教育や医療分野でも、やはり女性限定の環境である場合を除いて、その労働から女性を疎外する[28]。ほとんどの中東諸国において女性たちは観光産業から排除されており、それはエジプトのように観光が主要サービス産業となっている国でも同様だ。これは監視のない移動や家族以外の男性との接触に対する、文化的・法的制限によるものだ[29]。中東の建設業においては、中東以外の多くの地域と同様に、女性が雇用されることはほとんどない。

世界における石油と女性

　ほとんどすべての国において、1960年代から女性たちは実質的な経済的、政治的進歩を遂げてきた。その進歩はある地域ではゆっくりしており、とくに1970年代以降の進歩が遅い理由を、石油が説明する。

　図4.2と4.3は、さまざまな地域で女性たちが雇用され、また議会で議席を得ている様子を表している。緩やかな右上がりの線が示しているように、女性は一般的に経済的に貧しい国よりも豊かな国（OECD諸国）でより良い状況にある。この中で、中東は顕著な例外を示している。中東は世界で2番目に経済的に豊かな地域だが、職場や議会において、他のどの地域よりも女性の数が少ない。

　石油の富は中東が例外的であることを説明する。**表4.1**は、産油国と非産

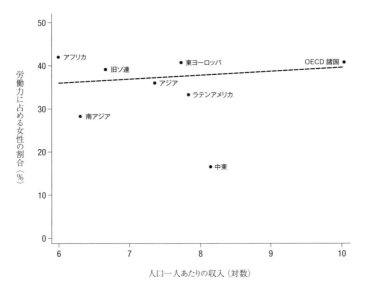

図 4.2 労働力に占める女性の割合（地域別） 1993-2002 年

縦軸は非農業部門の労働力に占める女性の割合を示す。点は各地域の国の平均値を示す。
出所：ILO が収集し World Bank 2005 に収録されているデータを基に作成。

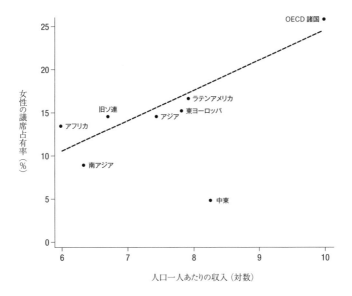

図 4.3 議席に占める女性の割合（地域別） 2002 年

縦軸は下院議会に占める女性の割合を示している。点は地域の平均値を示す。
出所：Inter-Parliamentary Union のデータ（http://ipu.org/wmn-e/world.htm）を基に作成。

油国の労働力に占める女性の割合を示している[30]。全体的な傾向として、産油国では明らかに女性の労働者が少なく、非産油国よりも14％も少ない。経済的に豊かな国と貧しい国の両方が同じ傾向を示しているが、経済的に豊かな国のほうがよりはっきりとした傾向を示しており、それは工業化によって経済発展を遂げた国（ヨーロッパと北米）と、石油や石炭、天然ガスなどの資産を売却することで豊かになった国（中東）の間の大きな格差を反映している。

　この格差は中東・北アフリカ地域でもっとも顕著になる。そこでは、産油国の女性労働人口は非産油国に比べて約23％も低い。これ以外の途上国においても、女性労働人口は産油国のほうが少ないが、そこでは非産油国との差はずっと小さい。

　この格差の理由は、非産油国がより多くの製品を製造業で生産しており、それゆえに女性向けの工場業務が多く存在している点にある。例えば、繊維産業と縫製業を取り上げてみよう。こうした産業では、労働力の中心は女性

表4.1　女性の労働参加　2002年

数値はフォーマルセクターの労働力に占める女性国民の割合を示す。			
	非産油国	産油国	差
収入別			
低収入（5000ドル未満）	41.8	38.4	-3.4**
高収入（5000ドル以上）	41.3	33.2	-8.1***
地域別			
中東および北アフリカ	30.6	23.5	-7.1**
中東および北アフリカ以外	42.0	41.5	-0.6
中東及び北アフリカ以外の途上国	42.1	40.1	-2.0*
全体			
すべての国家	41.6	35.9	-5.8**

＊片側t検定で10％の水準で有意。
＊＊5％の水準で有意。
＊＊＊1％の水準で有意。
出所：ILOが収集し、World Bank 2004, 2005に収録されたデータを基に作成。

だ。表 4.2 が示すように、経済的に豊かであろうと貧しかろうと、非石油輸出国は石油輸出国に比べてずっと多くの繊維製品と衣類を輸出している。低所得国では、非石油輸出国の一人あたりの繊維製品・衣類輸出額は、石油輸出国に比べて 3 倍も大きい[31]。

表 4.2 繊維製品と衣類の輸出 2002 年

数値は、人口一人あたりの繊維製品と衣類の輸出額を示す。

	非産油国	産油国	差
収入別			
低収入（5000 ドル未満）	65.6	22.5	-43.1*
高収入（5000 ドル以上）	252	210	-41.9
全体			
すべての国家	115	122	6.5

*片側 t 検定で 10％の水準で有意。
**5％の水準で有意。
***1％の水準で有意。
出所：Freeman and Oostendorp 2009 のデータを基に作成。

産油国では政府の中にも女性の数が少ない。表 4.3 は、女性の政治力を計測する簡単な方法として、産油国と非産油国の全議席に占める女性議員の割合を示している。経済的に豊かであろうと貧しかろうと、女性議員は非産油国よりも産油国のほうが少ない。ただし、統計的に有意になるのは貧しい国のみだ。石油の効果は圧倒的に中東・北アフリカ地域に集中しており、そこでは非産油国は産油国よりも女性議員が 3 倍以上多く存在する。中東・北アフリカ以外では、石油と女性議員の関係は統計的に有意ではない。

私は補遺 4.1 において、こうした基本的なパターンを、対象国の収入やその民主主義の程度、歴史的、文化的、地域的要因、イスラームといった女性の地位に影響を与え得る変数を統制して回帰分析を行うことで、より詳細に分析した。私の分析が示すのは、他の条件が同じであれば、石油をより多く保有する国はそれだけ女性が家庭の外で働かなくなる傾向があること、またより慎重を期すのであれば、石油の富は女性議員の数を減少させる、という

表 4.3　女性の議席占有率　2002 年

数値は、下院の議席に占める女性の割合を示す。			
	非産油国	産油国	差
収入別			
低所得国（5000 ドル未満）	13.9	11.0	-2.9*
高所得国（5000 ドル以上）	20.1	16.0	-4.0
地域別			
中東および北アフリカ	10.4	3.0	-7.5***
中東および北アフリカ以外	15.7	17.6	1.9
中東および北アフリカ以外の途上国	14.3	13.9	-0.4
全体			
すべての国家	15.5	13.3	-2.2

* 片側 t 検定で 10% の水準で有意。
**5% の水準で有意。
***1% の水準で有意。
出所：Inter-Parliamentary Union のデータ（http://ipu.org/wmn-e/world.htm）を基に作成。

ことである。また、パターンはさほど明らかにならないが、女性に対する石油の影響力は 1970 年代以降に強くなるということも示した[32]。

　1995 年以前の女性議員の数は明らかではないので、女性の政治的エンパワーメントに石油が影響を与えていたかどうかは分析できない。その上、近年では女性の政治的エンパワーメントに関する世界的なトレンドがあり、世界中で女性議員の数が 4 分の 3 以上も増加しており、その中にはいくつかの産油国も含まれている。しかし産油国における成果は非産油国に比べてゆっくりとしたものだった。1995 年から 2002 年にかけて、石油に乏しい国では女性議員は 5% 増加したが、石油に富んだ国では 2.9% の成長に止まった。大多数の国で女性議員の増加が確認されたが、アルジェリアやロシア、カザフスタンといった石油収入の急激な増加を享受している産油国では、女性議員数の減少が見られた。

中東の内側で比較する

　中東の女性の権利が阻害されている理由がイスラームではなく、あるいは

この地域に固有の文化や歴史でもなく、石油であるとしたら、我々はこれをどのように確認できるだろうか。このことを深く調べるためには、中東の内側における女性の地位に目を凝らす必要がある。この地域の国々は共通の宗教を持ち、（大まかにいって）共通の文化を持っている。宗教や文化が問題の根源であるとするならば、中東および北アフリカ諸国の女性は、どの国も同じ程度に経済的、政治的に低い地位に置かれていなければならない。

　しかし、こうした事実は存在しない。女性の地位に関しては、この地域には驚くべき多様性がある。女性が労働力の4分の1以上を占める諸国もあれば、5％に過ぎない国もある。1940年代に女性が選挙権を得た国があれば、2010年になっても女性に選挙権がない国もある。女性が議席の20％以上を占める国があれば、皆無の国もある。こうした違いは何を物語るのだろうか。

　宗教や文化には差異がないが、この地域の石油生産量は大きく異なる。そして、石油生産は女性の地位との間に強い相関関係がある。図4.4と図4.5、図4.6は、各国の石油の富と女性の地位を表した散布図だ。一般的な傾向として、石油の富がもっとも豊かな諸国（サウジアラビア、イラク、リビア、カタル、バーレーン、アラブ首長国連邦、オマーン）では、農業を除く女性の労働参加は低く、女性への参政権の付与がもっとも遅れており、女性議員がもっとも少ない。石油をわずかに生産するか、あるいはまったく生産しない国（モロッコ、チュニジア、レバノン、シリア、ジブチ）は、女性に参政権を付与した最初の国々であり、労働と議会に女性が多く参加し、女性の権利がより完全な形で認められている国々でもある。

　この地域の石油は、いくつかの例外をも説明する。イエメンとエジプト、ヨルダンでは、石油生産量はごくわずか、あるいは皆無だが、我々が予想するよりも労働力に占める女性の割合は低く（図4.4）、議会でも低い（図4.6）。こうした例外の原因は、おそらく部分的には、外国で働いている親族からの送金にある[33]。1970年代から90年代にかけて、この国々は湾岸産油国に対する最大の労働力輸出国であった。石油と同様に、海外就労者からの送金はオランダ病を引き起こし、通常なら女性を雇用する産業を発達させられなくなる。イエメンは他のどの中東諸国よりも女性の労働力化と女性議員の数で

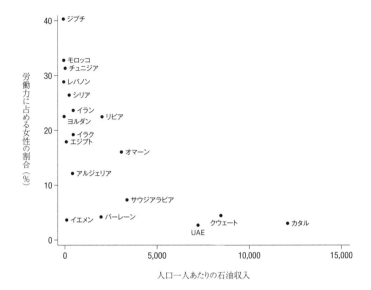

図 4.4 中東における石油と女性の労働参加率 1993-2002 年

縦軸の数値は、農業分野以外の労働力に占める女性の割合の 10 年間の平均を示す。
出所：ILO が収集し、World Bank 2004, 2005 に収録されたデータを基に作成。

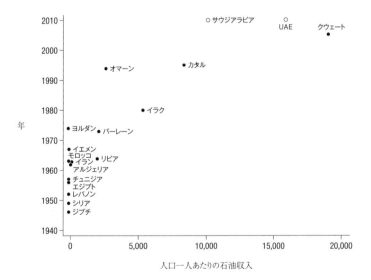

図 4.5 中東における石油と女性の政治参加 1940-2010 年

政治参加年は、初めて女性に投票権が認められた年を示す。サウジアラビアと UAE は女性に投票権を認めていないが、2010 年にこれが認められるものとしてコード化されているので、図から排除されていない**訳注 2**。

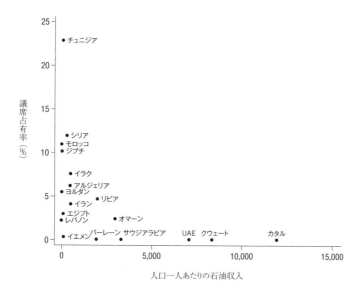

図 4.6　中東における石油と女性の議席占有率　2002 年
縦軸は下院議会に占める女性の割合を示している。
出所：Inter Parliamentary Union のデータ (http://ipu.org/wmn-e/world.htm) を基に作成。

最低水準にあるが、GDP に占める割合において他のどの国よりも多くの外国送金を受け取っている国でもある。

アルジェリアとモロッコ、チュニジアを比較する

たしかに、こうしたパターンはアラビア半島の少数の国々にはよく適合し、極端な石油の富と極端な女性差別の一致を説明する。しかし、本当に石油が原因であると、どうやったら確認できるだろう。

この問題に答えるためには、ペルシャ湾外の中東諸国を観察対象にし、石油が女性の劣悪な状態を引き起こす原因であるかどうか確認することだ。そうすることで私たちは、似通った歴史や文化を持ちながらも、石油の富の規

訳注2　UAE に関するロスの説明は正確ではない。UAE では、投票権は一部の市民にのみ限定的に認められており、この点から判断すると同国では市民の政治参加に制限が加えられている。しかし、投票権の付与について男女の差はない。つまり「UAE は女性に投票権を認められていない」というロスの説明は間違いであるだけでなく、政治的ジェンダー格差について誤解を生む。

第 4 章　石油は家父長制を永続させる　155

表4.4 アルジェリアとモロッコ、チュニジアの比較

数値はただし書きのあるものを除いて2003年のもの。収入、石油収入、繊維製品および衣類輸出額は2000年ドル価格で表示してある。

	アルジェリア	モロッコ	チュニジア
背景			
人口（100万）	31.8	30.1	9.9
ムスリム人口割合（％）	97	98	99
人口一人あたりの収入	1,915	1,278	2,214
石油と製造業の比較			
人口一人あたりの石油収入	1,037	0	121
人口一人あたりの繊維製品、衣類輸出額	0.09	94	287*
女性の地位			
女性の労働参加率（％）	12**	26**	25**
女性の議席占有率（％）	6.2*	10.8*	22.8*
ジェンダー権利指数	2.8	3.1	3.2

*2002年の数値
** 非農業部門に限定。数値は2000年のもの。Livani 2007を参照。

模が異なる国という理想的な比較対象を得ることができる。おそらく、北アフリカの隣接する諸国、アルジェリア、モロッコ、チュニジアがよい観察対象となるだろう。この3ヶ国はいずれもかつてフランスの植民地であり、1950年代と60年代に独立し、独立直後に女性参政権が認められ、また人口の大半がイスラーム教徒である。しかしアルジェリアだけが、女性の労働参加率と女性の政治参加が比較的低く、モロッコとチュニジアでは、この二つの指標はともに比較的高い（**表4.4**参照）。

こうした違いの大半は石油に由来する。モロッコとチュニジアでは石油は少ないが、アルジェリアは大量に保有している。モロッコとチュニジアでは、石油がないか、あったとしても非常に少ないので、労働力は国際的な水準に照らして安価である。1970年初頭、この2ヶ国は賃金の低さを生かして輸出指向型の繊維産業を育成した。

モロッコとチュニジアではともに、繊維産業が女性を労働力に組み入れることに大きな役割を果たした。例えばモロッコでは、1969年に政府が繊維製品と既製服のヨーロッパへの輸出促進を開始し、これが男性の高い失業率の

緩和につながると期待した。繊維産業は急速に成長したものの、企業は意図的に未婚の女性を探しだして採用した。というのも、彼女たちの賃金が安いからだ。賃金を低く抑えることで、これらの企業はヨーロッパ市場で競争できたのだ。1980年までに、モロッコの繊維産業の労働力の75%は女性で占められたが、国内市場向けの工場では、男性労働者は女性労働者の数を上回っていた[34]。

1970年代後半にヨーロッパ市場から締めだされたため、モロッコの繊維産業は急落した。しかし1980年代後半と1990年代前半に政府が構造調整を行ったため、繊維産業はふたたび急成長を遂げた。2004年までに、この産業はモロッコ輸出経済の主役となったのである。この産業はまた1990年代における女性の雇用増大のうち4分の3を占めるにいたった[35]。

チュニジアの繊維産業もおおむね同様の経路をたどった。1970年以降に輸出を通じて拡大し、低賃金の女性労働力に依存し、ヨーロッパの貿易政策変更が引き起こした嵐を切り抜けた[36]。モロッコとチュニジアは今や中東で女性の労働参加率がもっとも高い2ヶ国となっている。

モロッコとチュニジアの女性労働参加率は、この2ヶ国で見られた異常なほどに大規模で活発的なジェンダー権利運動に寄与した。他の中東諸国とは異なり、モロッコとチュニジアには女性の労働問題を取り扱う女性団体が存在し、育児休暇や最低賃金の上昇、セクシャルハラスメント、家事労働者の権利獲得運動などを行っていた[37]。

チュニジアでは、女性運動の開始に際して有利な点が存在していた。独立直後、ハビーブ・ブルギバ大統領は国家家族法を成立させ、これによって婚姻に関する女性の平等を確立し、女子教育や女性の雇用を改善する道筋が作られたからだ。しかしモロッコの家族法はより保守的で、女性団体は1960年代から80年代にかけてこれを改革することができなかった[38]。

1950年代と60年代には、モロッコには少数の女性団体が存在するのみで、その代表は男性であり、社会活動や慈善活動に集中していた。しかし1970年代から80年代にかけて、女性団体の数は5から32に急増し、その多くが女性の権利を取り扱いはじめた。

1990年から92年にかけて、労働組合を含む女性団体の連合が、婚姻や離婚、親権や相続に関する新しい権利を女性に与えるような家族法の改正を求めて、100万人を越える署名を集めた。これに対して保守的なイスラーム主義者は支持者を募って新しい法が成立しないように働きかけた。モロッコの政党は、世俗主義的な野党であっても、こうした署名活動の支持を拒否した。それでもこの運動はハサン2世国王を動かし、ついに国王はより穏健な改革案を支持するにいたった[39]。

　1990年代後半と2000年代初頭には、モロッコの女性団体は強力な反対と、ときには殺害の脅迫さえ受けた。こうしたことにもかかわらず、女性団体のロビー活動によってさらなる改革が進み、職場におけるジェンダー平等を認め、セクシャルハラスメントを有罪とする新しい労働法が導入され、また、より完全な家族法の改革にもつながった。さらには、議会に占める女性の議席を政党ごとに20％にするという不文律もできあがった。こうした新しい手法は、草の根的な女性運動と相まって、1997年から2002年にかけて女性地方議会議員を3倍に増加させ、国会においても女性議員の割合を1995年の0.6％から2003年の10.8％に増加させた[40]。

　チュニジアでは、女性団体はより大きな成功を収めた。国会に占める女性議員の割合は、1995年に6.7％であったものが2002年には22.8％に増加し、これは中東でもっとも高い割合であるだけでなく、アメリカやイギリス、カナダといった西洋諸国よりも高い値である[41]。

　一方、石油に富んだアルジェリアは、石油に乏しいモロッコとまったく対照的だ。これまでの石油の効果に関する議論を知らない者であれば、アルジェリアではモロッコよりも多くの女性が労働に参加し、国会の議席を得ていると予想するだろう。モロッコ人の宗教観はアルジェリア人よりも保守的だとか、アルジェリア人の収入はモロッコ人よりもずっと高いとか、アルジェリアの与党が久しく社会主義政党であったのに対して、モロッコでは部族主義に支えられた君主制によって支配されているというのが、アルジェリアのほうがモロッコよりも女性の地位が高いと想定される理由になるだろう[42]。

　しかし、非農業分野に占める労働力に、アルジェリア女性はほとんど参加

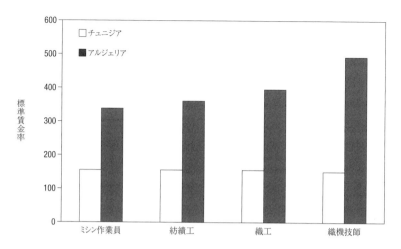

図 4.7 チュニジアとアルジェリアの繊維産業労働者の賃金 1987-1991 年
数値は、アルジェリア（グレー）とチュニジア（白）における各職業の標準賃金率を示している。織機技師の賃金は 1987–89 年のみ利用可能。
出所：Freeman and Oostendorp 2009.

しておらず、また女性議員の数もずっと少なく、モロッコやチュニジアで確立している女性の権利はアルジェリアではほとんど見られない。

　アルジェリア女性の社会的地位の低さは、部分的にはアルジェリア経済、とくにアルジェリアの石油産業に起因する。アルジェリア経済は長らく化石燃料の採掘を基盤としてきた。1970 年から 2003 年にかけて GDP のおよそ半分が石油によってもたらされている。これはオランダ病を引き起こし、少なくとも 1970 年初頭から貿易財を生産する部門（農業や製造業）は、アルジェリアの経済規模や収入を考慮すれば不自然なほどに小さくなり、非貿易財部門（建設業やサービス業）は不自然なほどに大きくなった。

　1990 年代には、アルジェリア政府は自国の輸出部門を多角化する政策を打ちだし、チュニジアやモロッコと肩を並べようと試みた。しかしオランダ病は手強く、アルジェリア人の人件費はあまりにも高かった。繊維産業では、アルジェリア人の縫製機械や紡績機、織機の作業員、織機修理工の賃金は、チュニジア人に比べて 2 倍から 3 倍だった（図 4.7 参照）[43]。国際市場で競

争できないため、アルジェリアの製造業は強固に保護され続け、資本集約的で、国内市場向けの小さな部門として存続することになった[44]。この結果、アルジェリアの製造部門では低賃金労働者の需要は非常に小さかった。

　もしも、モロッコとチュニジアがアルジェリアのように巨大な石油部門を有していたならば、主要な繊維製品の輸出国にはならなかっただろう。それほどまでに、オランダ病は人件費を上昇させてしまう。大きな輸出指向の製造部門がなければ、モロッコとチュニジアの女性が労働参加する速度はもっと遅く、女性たちは組織化の機会も得られず、主要な改革も達成されなかっただろう。とくにチュニジアのような開明的な指導者を欠いていたモロッコでは、それが顕著だったはずだ。

　いくつかの条件が重なると、石油と天然ガスの生産は、女性が労働に参加すること、また女性が政治的影響力をじょじょに獲得して行くことも阻害する。多数の女性が経済や政治に参加しないと、伝統的な家父長制は脅威にさらされずに生き残る。端的にいえば、石油は家父長制を維持するのだ。こうした仕組みは中東の石油や天然ガス、あるいはそれ以外の鉱物資源に富んだ国々（サウジアラビア、クウェート、オマーン、アルジェリア、リビア）において女性の影響力が驚くべき低さにあることをよく説明する。おそらくこれはラテンアメリカ（チリ）やサハラ以南のアフリカ（ボツワナ、ガボン、モーリタニア、ナイジェリア）、さらには旧ソ連諸国（アゼルバイジャン、ロシア）にも当てはまるだろう[45]。

　石油の富はかならず女性の地位を低下させるわけではない。これは石油収入の成長と足並みをそろえて成長するサービス部門に女性が就労する機会を得ているかどうかにかかっている。ノルウェー、ニュージーランド、オーストラリア、ウズベキスタン、トルクメニスタン、シリア、メキシコの７ヶ国は、多くの石油と天然ガスを産出するが、そうした収入から予想されるよりも素早く、ジェンダー平等が進展した国々である。最初の３ヶ国では、女性は製造業だけでなく、経済のすべての部門での就労を可能としており、石油輸出が女性向けの雇用を減少させなかった。続く二つの中央アジア諸国は長

きにわたってソ連の影響を受けており、これが法令や行政制度を通じて女性の役割を拡大させた。これは、石油が引き起こす家父長制に対する予防注射であったのだろう。

おそらく、もっとも興味深い例外はシリアとメキシコだろう。この2ヶ国は、女性の権利に関心を示す世俗的で、中道左派政党の長きにわたる統治の下にあったために、女性は利益を得ていたのだろう。メキシコはまたアメリカ市場に近いため、巨大で低賃金の輸出指向型製造部門を国境に沿って発展させたため、石油レントの流入にもかかわらず労働市場に女性を引き込むことができた。幸運と政府の関与があれば、ときとして女性の地位に対する石油のやっかいな効果に対抗し得るのだ。

補遺 4.1：石油と女性の地位の統計分析

　この補遺では石油収入が女性の労働参加および女性の政治的代表性と統計的に相関関係を持ついくつかの条件について説明する。第 4 章の主要な知見は二つの仮説に要約できる。

　　仮説4.1：女性がサービス部門の業務と政治から排除されているならば、石油生産の価値が上昇すると女性の労働参加は阻害される。
　　仮説4.2：女性がサービス部門の業務と政治から排除されているならば、石油生産の価値が上昇すると女性の政治的影響は阻害される。

　もしこのモデルが第 2 章の議論、すなわち石油の政治的影響が 1970 年代以降強まったとする議論とむすびつくならば、第 3 の仮説を立てることができる。

　　仮説 4.3：石油収入の女性に対する影響は 1980 年以前よりも以後のほうが大きくなっている。

データと分析方法

　これらの傾向を描写するために 2 組の統計的推定を行う。第 1 は 1960 年から 2002 年までのすべての国の時系列クロスセクション・データをプールして利用し、時間経過にともなう国内の変化に焦点を当てる。第 2 はクロスナショナル・データだけを利用して国家間の差違に注目する。二つの方法を用いて石油収入と女性の労働参加の関係を見る。またクロスナショナル・データを使って石油収入と女性の政治的代表性の関係も見ることにする。女性の政治的代表性のデータは近年のものしか入手できないので、時間の経過にともなう国内の変化を観察できないが国家間の差異を見ることは可能だ。

プールされた時系列クロスナショナル・データを利用するのは、私が主として時間経過にともなう各国の内部変動に関心を持つからである。独立変数の変化が従属変数に対して、いかに影響を与えているのかについても見てみたい。そこで次の形を取る国家の固定効果つき1階差分モデルを用いる。

$$Y_{i,t}-Y_{i,t-1}=\alpha+\beta(x_{i,t-1}-x_{i,t-2})+(\varepsilon_{i,t}-\varepsilon_{i,t-1})$$

ここで i は国家を、t は年度を、x は説明変数群を表しており、右辺の変数はすべて1年のラグつきである（訳注：ε は誤差項を表す）。

　固定効果付きの1階差分モデルはいくぶん便利な性質を持っている。通常の最小二乗モデルは説明変数の水準が従属変数の水準とどのように相関しているのかを見るものである。1階差分モデルは説明変数の変化が従属変数の変化と関連しているかどうかを見るものだ。このモデルは水準ではなく変化に注目しているので、国家の不均一性を統制するのに役立つ。またこのモデルは従属変数のトレンド修正を手助けする。つまり1960年から2002年までは女性の労働参加が定常的に上昇しており、これを考慮しなければ説明変数の推定にバイアスがかかる。このモデルは女性の労働参加トレンドが各国ごとに異なることを認める意味合いの固定効果を含んでいる。1階の自己回帰過程によって残存する自己相関に対処する。

　固定効果つき1階差分モデルの欠点は、このモデルが国家間の差異を作りだす要因だけでなく、時間の経過によってもあまり変化しない要因、例えば多くの地域に残る宗教的伝統や宗教の存在といった要因の影響についても説明しない、ということである。私は固定的で変化に乏しい変数の役割を捉えるためにクロスナショナル・テストを行う。

　クロスナショナル推定のためにグループ間推定量を使って、ある期間の説明変数と従属変数それぞれの平均値を比較する。すなわち、

$$Y_i=\alpha+\beta x_i+\varepsilon_i$$

ここで i は国家を、x は説明変数群を表している。各変数の一定期間の平均値を使えば測定誤差の減少にも役立つ。女性のエンパワーメントのデータ（1993-2002年）に対しては最近10年分の平均値を取った。

従属変数

従属変数は二つあり、一つは「女性の労働力参加」つまり女性国民のうち公式の労働力となっている割合を意味する。これは各国の全国調査や国勢調査から国際労働機関が収集したデータおよび世界開発指標の中から世界銀行が公開したデータに基づいている。この変数には三つの目立った欠陥がある。まず、労働参加の定義と測定が国によって異なることである。次にいくつかの国は移民労働者を労働力の一部として集計しており、それ以外の国は集計していないことである。そして測定の際に農業セクターと非農業セクターの労働が区別されておらず、農業セクターの労働が家内労働を含んでしまうかもしれないために問題となる。

最初の問題は固定効果つき1階差分モデルを用いることで解決できる。というのはモデルが計測するのは国家間の差異ではなく、時間の経過による国内変動であるからだ。各国が「女性の労働力参加」を定義している限り、国家間の測定の違いが推定結果に明らかなバイアスを与えるはずがない。もちろんこのことはクロスナショナル推定では問題になるため、結果の解釈には慎重にならねばならない。

他の二つの問題は「女性の労働力参加」[46]から女性の農業労働と移民労働の数を控除することで解決できる。1990年以前のデータはほとんどないので、この調整は近年においてのみ行うことができる。よって修正された測定はクロスナショナル推定においてのみ利用できるのであって、1階差分推定には使えない。

もう一つの従属変数は女性の政治的影響であり、2002年の各国議会（二院制の場合は下院）における女性議員比率で測定する。これを「女性議席」[47]と呼ぶことにしよう。

「女性議席」は女性の政治的影響を測定するにはおおざっぱだが、より多く

の女性が立法府に議席を得られれば他の女性の政治的知識、関心、政治参加を増加させるという証拠がある[48]。また女性議員は男性議員に比べて多様な政策を好むという証拠もある[49]。女性の政治的影響に関する他のグローバル比較研究は同じ測定尺度を利用している[50]。女性の議席占有率はジェンダー割りあての影響を受けているものの、ジェンダー割りあてを活用する決定自体が女性の影響力を表しているので、女性の政治的影響の指標としての「女性議席」の価値が減じることはない[51]。この測定尺度は近年のものしか入手できないので、クロスナショナル分析だけに用いる。

独立変数

　他の章では独立変数が一人あたり石油収入の自然対数である。本章でも一人あたり石油収入を用いるが、対数変換は行わない。そうする理由は理論的なものではなく実際的なものだ。石油収入は女性の地位と確実に相関しており、石油収入の対数と相関しているのではない。第4章の理論モデルは石油収入の大きさが際立っていることについてほとんど指針を示していない。おそらく石油収入と女性の地位の高さの関係は近似的に線形なのだろう。そうだとすれば、石油収入はより適切な測定尺度である。石油収入の分布は非常にいびつなので、相関関係は大きな値を持つ少数の観測事例によって過度の影響を受ける。このことが問題になるかどうかを判断するため、以下に説明する頑健性テストを行う。クロスナショナル推定では、石油収入と石油収入の対数の両方が「女性の労働力参加」と相関しているが、「女性議席」と相関しているのは石油収入だけである。

　一国が生産する石油の総量は、本章で先に説明した理由のために、女性の地位と相関しているのかもしれない。補遺1.1では、探索と採掘に投資すればするほど石油生産は増加し、豊かで安定的かつ質の良い政府を持つ国では投資額が大きくなることに言及した。しかし女性にとってより良い条件の国家（豊かであり、より西洋化された国家）がより多くの投資を引きつけて石油生産に投資する傾向があるため、この連関は仮説と整合しない方向へ「石油収入」変数にバイアスを与える。

統制変数

「女性の労働力参加」のコアモデルは二つの要因を統制する。一つ目は国民所得であり、これは「女性の労働力参加」とU字型の関係を持つはずである。というのも所得の上昇が女性の賃金（女性の労働参加を促す）と不労家計所得（女性の労働参加を妨げる）[52]に与える逆効果によって、この関係が作りだされるからだ。よって「女性の労働力参加」の回帰分析に、一人あたり国民所得の対数とその二乗項を含めてモデル化する。二つ目は「勤労年齢」で、15歳から64歳の人口の割合を意味し、労働人口における女性の数に直接の影響を与える。

以下に説明する方法で1階差分モデルの頑健性チェックを行う。また「女性の労働力参加」に影響するかもしれない相対的に安定した3つの要因を組み入れて、クロスナショナル・モデルの頑健性を確認する。

- 「中東」 中東と北アフリカの17ヶ国を表すダミー変数。
- 「ムスリム人口」 国民のうちムスリムの割合を測定した変数
- 「共産主義」 1960年以降、共産主義的な法体系を持つ34ヶ国を表すダミー変数。女性の雇用に共産主義的政策が及ぼす持続的な影響を捉えるために含めた。

「女性議席」を説明するコアモデルは「国民所得」と「中東」の統制変数を含んでいる。「ムスリム人口」と政治制度に関する2つの変数、すなわち政治体制の変数で補遺3.1にて用いた「ポリティ」と議会が比例代表制で選出されていることを表すダミー変数「比例代表制」を投入し、モデルの頑健性をも考慮した。先行研究には比例代表制選挙だと女性議員が当選しやすいと主張するものがある[53]。

分析結果

表記をわかりやすくするため、定数項と（利用していても）年次ダミーは割

愛している。「石油収入」は（2000 年価格の）定額千ドルで測定した。

女性の労働力参加

表 4.5 は 1 階差分推定の結果を表している。従属変数は女性の労働力参加の年次変化である。表の (1) は統制変数すなわち「国民所得」「国民所得の二乗」「勤労年齢」が期待される方向で「女性の労働力参加」と有意な相関を持つことを示している。表の (2) ではモデルに「石油収入」を加えた。この

表 4.5 女性の労働力参加 1960-2002 年

本表は最小二乗回帰分析の係数を表している。すべての説明変数は 1 階差分化し、1 年のラグつきである。(4) では 1 階の自己回帰過程に代えて年次ダミー（表では割愛）を用いた。頑健標準誤差は括弧つきで表記。

	(1)	(2)	(3)	(4)	(5)	(6)	(7)	(8)
国民所得(対数)	-0.154**	-0.250***	-0.266***	-0.244*	-0.033	-0.0027	-0.476	-0.154**
	(0.105)	(0.106)	(0.105)	(0.170)	(0.0860)	(0.107)	(0.738)	(0.105)
国民所得(対数)の二乗	0.0135*	0.0215***	0.0225***	0.0113*	0.0034	0.00038	0.0397	0.0134***
	(0.00760)	(0.00776)	(0.00766)	(0.0122)	(0.00633)	(0.00835)	(0.0438)	(0.00762)
勤労年齢	0.0822***	0.0806***	0.0823***	0.134***	0.0468***	0.0371**	0.190***	0.0822***
	(0.0184)	(0.0184)	(0.0161)	(0.00976)	(0.0178)	(0.0199)	(0.0424)	(0.0184)
石油収入	—	-0.00512***	-0.00545***	-0.00968***	-0.00395***	0.0072	-0.00556**	---
		(0.00105)	(0.00102)	(0.00190)	(0.00999)	(0.00297)	(0.00246)	
石油収入(対数)	—	—	—	—	—	—	—	-0.000393
固定効果	あり	あり	なし	あり	あり	あり	あり	あり
分析した国	すべて	すべて	すべて	すべて	サウジアラビアとクウェート以外すべて	中東以外	中東のみ	すべて
国家数	168	168	168	168	166	151	17	168
観測数	5,369	5,569	5,737	5,737	5,502	5,028	541	5,569
欠損値の割合	11.9%	11.9%	9.3%	9.3%	11.9%	10.3%	24.4%	11.9%
決定係数	0.067	0.072	0.071	0.091	0.071	0.058	0.061	0.067

* 10%水準で有意
** 5%水準で有意
*** 1%水準で有意

変数は「女性の労働力参加」と負の相関があり、かつ1%水準で統計的に有意である。このことは石油収入の増加は女性の労働力参加の減少につながるという仮説4.1と整合的である。

表4.5にある他の箇所は六つの頑健性テストの結果である。表の (3) では固定効果をなくしたことで、1階の自己回帰過程と固定効果の組み合わせがバイアスを持つ推定量を導くかもしれないことを考慮しなかった[54]。「石油収入」は高い有意性を維持しており、係数サイズもほとんど変化しない。表の (4) ではモデルの自己相関を統制するために代替的な手続きを用いた。それは1階の自己回帰過程の代わりに年次ダミーを用いる方法である。分析結果は実質的に変わらなかった。

てこ比と残差の二乗プロットは、サウジアラビアとクウェートの2ヶ国のデータが分析結果に強い影響を及ぼしていることを示した。表の (5) では標本からこの2ヶ国のデータをすべて落として分析した。(2) のコアモデルと比べて「石油収入」の係数の絶対値が25%下落したが、「女性の労働力参加」との有意な相関関係は維持した。

表の (6) ではより思い切ったテストを実施し、中東と北アフリカの国をすべて分析から落とした。「石油収入」は統計的有意性を失った。表の (7) では中東と北アフリカ17ヶ国の観測データだけを含めたところ、「石油収入」は有意性を維持した。最後に表の (8) では「石油収入」を対数値に代えた。先に述べたように、この変数は「女性の労働力参加」とは負の相関を持つが、統計的に有意ではなかった。

表4.6では仮説4.3の1970年代以降に石油の影響大きくなったことを検証するため、標本を分割した。「石油収入」は1960年から1979年（表の (1)）において「女性の労働力参加」と有意な相関を持たないが、1980年から2002年（表の (2)）においては強い相関がある。表の (3) と (4) では再度2つの期間に注目し、中東と北アフリカの国だけを分析に含めた。両期間で「石油収入」は「女性の労働力参加」と有意な相関を持つが、前の期間（1960-79年）と比べて後の期間（1980-2002年）では「石油収入」係数の大きさが9倍になった。他の地域では「石油収入」が1960年から1979年にかけて「女性

表 4.6　1980 年以前と以後の女性の労働力参加

本表は最小二乗回帰分析の係数を示している。すべての説明変数は 1 階差分化し、1 年のラグつきである。頑健標準誤差は括弧つきで表記。

	(1)	(2)	(3)	(4)	(5)	(6)
国民所得(対数)	0.0459	-0.406***	0.116	0.607	0.167	-0.0124
	(0.121)	(0.153)	(0.270)	(1.373)	(0.141)	(0.151)
国民所得(対数)の二乗	-0.00407	0.035***	-0.00699	-0.00549	-0.0150	0.00132
	(0.00894)	(0.0111)	(0.0178)	(0.0770)	(0.0110)	(0.0119)
勤労年齢	0.0202	0.108***	-0.103***	0.286***	0.0575**	0.0339
	(0.0230)	(0.0208)	(0.0373)	(0.0554)	(0.0264)	(0.0228)
石油収入(対数)	-0.00071	-0.0132***	-0.00147**	-0.0136**	0.0283***	-0.0191***
	(0.00097)	(0.00245)	(0.000707)	(0.00670)	(0.00747)	(0.00522)
石油収入(対数)*言論の自由	—	—	—	—	—	-0.772***
年次	1960-79	1980-2003	1960-79	1980-2003	1960-79	1980-2003
分析した国	すべて	すべて	中東のみ	中東のみ	中東以外	中東以外
国家数	122	168	14	17	108	151
観測数	1938	3505	178	349	1760	3156
欠損値の割合	18.5%	8.3%	34.6%	18.8%	17.5%	6.9%
決定係数	0.060	0.093	0.036	0.098	0.075	0.060

* 10% 水準で有意
** 5%水準で有意
*** 1%水準で有意

の労働力参加」と正の相関を持つが、1980 年から 2002 年では負の相関になる。これらの推定結果は仮説 4.3 と一致しており、中東およびその他の地域において 1980 年以降、石油は女性の労働参加を大きく妨げたのであった。「石油収入」はクロスナショナル推定（**表4.7**）でも女性の労働力参加を抑えている。**表4.7** の (1) は統制変数だけを示している。表の (2) では「石油収入」を投入し、これは「女性の労働力参加」と負の相関がある。表の (3) では三つの統制変数をモデルに追加した。これにより「石油収入」の相関係

表 4.7　女性の労働力参加　1993-2002 年

本表は最小二乗回帰分析の係数を示している。すべての変数は 1993-2002 年の平均である。頑健標準誤差は括弧つきで表記。

	(1)	(2)	(3)	(4)
国民所得(対数)	-15.04**	-18.50***	-13.02**	-14.22**
	(6.550)	(6.293)	(6.118)	(6.196)
国民所得(対数)の二乗	0.926**	1.210***	0.973**	1.020***
	(0.402)	(0.383)	(0.374)	(0.376)
勤労年齢	-0.0264	0.000144	-0.636***	-0.529**
	(0.218)	(0.196)	(0.236)	(0.240)
石油収入(対数)	—	-3.04***	-1.41***	0.193
		(0.605)	(0.421)	(0.357)
共産主義	—		8.248***	7.731***
			(2.902)	(2.901)
中東	—		-11.80***	-8.974**
			(4.262)	(4.519)
イスラーム	—		-4.580	-5.127
			(3.604)	(3.621)
石油収入*中東	—			-2.42***
				(0.683)
国家数	168	168	168	168
観測数	168	168	168	168
欠損値の割合	1.2%	1.2%	1.2%	1.2%
決定係数	0.060	0.21	0.42	0.44

* 10％水準で有意
** 5％水準で有意
*** 1％水準で有意

数は約 50％下落したが、「女性の労働力参加」との有意な相関関係は維持された。

　表の (4) では「石油収入」と「中東」ダミーの交互作用項を加えて、「石油収入」が中東において特別な影響力を持つかどうかを考察した。交互作用項は強い有意性を示したが、「石油収入」は符号の向きが変わり、なおかつ統

計的有意性を失った。

表 4.5、4.6、4.7 の結果はおおむね仮説 4.1 と一致する。ある種の国、ありていいえば中東と北アフリカの国では、石油収入の増大が女性の労働力参加を引き下げることになるだろう。この傾向は近年の国家間比較でも時間経過にともなう国内比較においても、中東でも（1980 年以降の）他の地域でも成り立つ。頑健性チェックが示すように、コアモデルは自己相関を軽減する代替的な方法を用いることで影響されない。石油収入の対数を用いると相関は成立しないが、このことは石油と女性の雇用が線形関係にあることを示しているのだろう。

石油の女性に対する影響が、中東と他地域の両方で 1970 年代以降に増加しているという仮説 4.3 を支持する証拠も存在する。

女性の代表性

表 4.8 は「女性議席」に対するクロスナショナル回帰分析の結果を表している。表の (1) は統制変数すなわち「国民所得」と「中東」が期待される方向で「女性議席」と有意に関連していることを示している。表の (2) では「石油収入」を投入した。これは低水準の「女性議席」と有意な相関を持ち、変数の投入によって「中東」の係数は約 20％減少した。表の (3) では「ムスリム人口」を統制変数として含めた。この変数は「女性議席」と統計的に有意な相関を持たず、変数の投入によっても「石油収入」の係数はほとんど変化しなかった。

表 4.8 (4) のモデルは「女性の労働力参加」を含めており、これは「女性議席」と強い正の相関を示している。この変数をモデルに追加したことで「石油収入」の係数が約 30％減少し、統計的有意性は失われた。このことは第 4 章での議論、すなわち石油は雇用される女性の数を減らすため、女性の政治的影響力を削減する。表の (5) と (6) では、女性の政治的代表性に影響するかもしれない 2 つの政治制度に関する統制変数「ポリティ」と「比例代表制」を含めても、「石油収入」の変数は頑健であることを示している。

追加的な分析結果は掲載しなかったが、議論する意義はある。選挙区の大

表 4.8 議会に占める女性　2002 年

本表は最小二乗回帰分析の係数を示している。頑健標準誤差は括弧つきで表記。

	(1)	(2)	(3)	(4)	(5)	(6)
国民所得(対数)	1.916***	2.246***	1.955***	2.012***	2.349***	2.195***
	(0.504)	(0.513)	(0.578)	(0.543)	(0.582)	(0.549)
中東	-12.22***	-9.817***	-6.904***	-2.786	-8.132***	-8.712***
	(1.913)	(2.111)	(2.654)	(2.967)	(2.689)	(2.538)
石油収入	—	-1.242**	-1.139**	-0.801	-1.373**	-1.229**
		(0.554)	(0.538)	(0.537)	(0.617)	(0.574)
イスラーム	—	—	-4.071	-2.959	-5.084*	-4.070
			(2.494)	(2.447)	(2.711)	(2.669)
女性の労働力参加	—	—	—	0.284***	—	—
				(0.0736)		
ポリティ	—	—	—	—	-0.216	-0.430***
					(0.163)	(0.159)
比例代表制	—	—	—	—	—	6.269***
						(1.467)
国家数	162	162	162	162	162	162
観測数	162	162	162	162	162	162
欠損値の割合	4.7%	4.7%	4.7%	4.7%	4.7%	4.7%
決定係数	0.22	0.25	0.26	0.33	0.27	0.34

* 10% 水準で有意
** 5% 水準で有意
*** 1% 水準で有意

きさを測定した変数と移民を測定した変数は、ともに女性の政治的代表性に影響しそうだったが、統計的に有意ではなかった。女性の政治的代表性に影響しそうな他の要因として考えられるものは拘束リスト方式であり、これは88 ヶ国においてのみ入手できる変数だったが、切断された標本において「石油収入」と「女性議席」は相関関係を持たなかった。標本を中東と非中東で分割すると、両グループで「石油収入」と「女性議席」は相関せず、「石油収入」と「中東」ダミーの交互作用項を含めたモデルは多重共線性のために「石

表 4.9　女性のエンパワーメント：頑健性のテスト

これらは記載した各モデルにおける「石油収入」変数の係数である。詳しくは本文を参照。		
	(1)	(2)
コアモデル	-3.04***	-1.24**
離散型石油収入	-6.45***	-1.44
石油収入の対数	-1.29***	-0.310
主要国を除外	-2.66**	-1.41
中東諸国を除外	0.102	-0.883
地域ダミーを追加	-2.57***	-0.917*

* 10％水準で有意
** 5％水準で有意
*** 1％水準で有意

油収入」の統計的有意性を失わせたにもかかわらず、交互作用項も統計的に有意にならなかった。

　これらの分析結果は全体として、石油の収入が一定の条件下で女性の政治的代表性を阻害するという仮説4.2と一致している。またこれらは第4章におけるモデルの主要な部分とも一致している。すなわち石油は女性の雇用を削減するので、立法府における女性議員の数も減らしてしまうのだ。

頑健性

　表4.5に1階差分モデルの頑健性テストの結果をすでに示した。**表4.9**はクロスナショナル・モデルの追加的なテストの結果、すなわち「石油収入」の係数とその統計的有意性を次の条件の下で報告している。

1. コアモデルは**表4.7**の (2) および**表4.8**の (2) で表示されたもの。
2. 「石油収入」の連続型測定を離散型測定に代えたもの。これは（2000年評価ドルを用いた）「石油収入」の少なくとも一人あたり100ドル以上の国を意味している。
3. 「石油収入」を対数に代えたもの。
4. クロスナショナル相関においてもっとも大きな影響力を持つ2ヶ国、

すなわちてこ比と残差の二乗プロットによるところのクウェートとサウジを標本から除外したもの。
5. 中東諸国を標本から除外したもの。
6. 南米、サブサハラ・アフリカ、南アジア、東アジア、旧共産圏、OECD諸国を意味するダミー変数をコアモデルに含めたもの。

「石油収入」は4番および5番のテストにおいて「女性の労働力参加」と相関を維持している。中東と北アフリカの国を標本から除外すると、相関関係は統計的有意性を失う。このことは「石油収入」が「女性の労働力参加」に影響する条件は、女性が非貿易部門で強い差別に直面する社会、すなわち中東と北アフリカにおいてもっともよく見られる。

「石油収入」と「女性議席」の関係はもっと脆弱な形で現れる。この関係は「ムスリム人口」、政治制度（**表4.8**の（5）と（6））、および地域効果を統制しても頑健である。しかしクウェートとサウジを標本から除外したり、中東諸国を分析からすべて落としたり、「石油収入」を離散型変数に変えるか対数型に変換すると、相関は統計的有意性を失う。

おそらく「石油収入」と「女性議席」の相関関係は「石油収入」と「女性の労働力参加」の相関関係ほど頑健ではなく、そのことは驚くには当たらない。このモデルは「石油収入」が労働力に占める女性の数に対して直接関連することを示唆しているのであって、女性の政治的代表性については間接的な関連、すなわち「女性の労働力参加」の影響を介したものでしかないためだ。相関の頑健性が限定的であることは、女性の政治的代表性に対する石油生産の影響力に関する私の議論の主要な弱点である。

これらの回帰分析結果が示しているのは、一国の石油収入が女性国民の経済的、政治的地位と相関する際の条件である。いくつかの点で相関関係は頑健である。時間経過にともなう国内の比較でも国家間比較でも、「石油収入」と「女性の労働力参加」との関連は明白である。標本からもっとも影響力のある2ヶ国を除外しても、地域効果とムスリム人口の影響を統制しても、こ

の関連は失われない。仮説 4.3 と整合的に、石油の影響は 1980 年以降強まっている。石油と女性のエンパワーメントの関連は他の地域よりも中東のほうがより頑健である。

「石油収入」と「女性議席」の相関関係はあまり弾力的ではない。ムスリム人口や政治制度、地域効果を統制しても頑健であるが、影響力の強い 2 ヶ国を除外したり「石油収入」の測定方法を変えたりすると、この相関は失われる。つまり石油の有害な効果は中東においてのみ観察されるのだ。このことは第 4 章のモデルと一致しており、サービス部門から女性を排除している国は中東と北アフリカに集中している。さらに、分析結果は石油の富と女性の機会に関する私の主張を一般化することに、決定的な制約を課している。

注
1　例えば、Engels [1884] 1978 を参照。女性の労働参加と女性の政治参加の関係の優れたレビューについては、Iversen and Rosenbluth 2008 を参照。
2　Michael 1985.
3　Brewster and Rindfuss 2000.
4　Amin et al. 1998; Kabeer and Mahmud 2004.
5　Thomas, Contreras, and Frankenberg 2002.
6　Burns, Schlozman, and Verba 2001. また、Sapiro 1983.
7　Chhibber 2003.
8　Moghadam 1999.
9　Oakes and Almquist 1993; Matland 1998.
10　Anderson and Eswaran 2005.
11　Baldez 2004; Tripp and Kang 2008; Bhavnani 2009.
12　Iversen and Rosenbluth 2008.
13　World Bank 2001.
14　Iverson and Rosenbluth 2006.
15　Özler 2000.
16　Park 1990.
17　Park 1993; World Bank 2005.
18　Yoon 2003.
19　Moon 2002. 女性は韓国の民主化に関しても重要な役割を果たした。Nam 2000 を参照。
20　Palley 1990.
21　Yoon 2003.
22　Park 1993; Yoon 2003.
23　Horton 1999.
24　この過程に関するより詳細な説明については、Ross 2008 を参照。石油とオランダ病、そして女性の雇用について、私はここで素描を行ったに過ぎないが、エリザベス・ハーマン・フレデリクセンの 2007 年の研究はより完全で明瞭なモデルを提示している。

25 World Bank 2004.
26 記録からはあまり残っていないが、サハラ以南のアフリカでは、サービス部門に就労することには特別な困難が存在しているようだ。私がようやく探しだせたもっとも新しい記録は、国連が1991年に行った分析だが、それによればラテンアメリカやカリブ海諸国の多くの女性たちがサービス産業で働いており、アジア太平洋地域では数が少なくなるが、それでもかなりの人数が働いている。しかしサハラ以南のアフリカでは、女性はサービス部門の雇用を得ることがほとんどできていない。
27 Youssef 1971.
28 Anker 1997; World Bank 2004.
29 Assaad and Arntz 2005.
30 これは大半の国で入手可能なデータの中で最新のものだ。
31 表4.2で豊かな国と貧しい国を合算した最下行では、産油国が非産油国よりも多くの繊維製品を輸出していることになる。これは産油国が経済的に豊かなことが多いことを示しているのであり、より豊かな国がより貧しい国よりも多くの繊維製品を輸出していることを示すに過ぎない。第1行と第2行のように対象国を収入で分類すると、繊維製品の輸出に対する石油の影響が明らかになる。
32 これは部分的には、女性の労働参加に関する世界的なトレンドの結果であることは明らかだ。収入と女性の労働参加に関するU字型の関係を考慮して、このトレンドを統制しなければならない。こうした問題は本章の補遺で説明される。
33 1974年から1982年にかけての公的な外国送金は、エジプトではGDPの3%から13%、ヨルダンでは10%から31%、イエメンでは22%から69%だった。非公式の外国送金はおそらくもっと大きいはずだ。Choucri 1986を参照。
34 Joekes 1982.
35 Assaad 2004.
36 Baud 1977; White 2001.
37 Moghadam 1999.
38 Charrad 2001.
39 Brand 1998; Wuerth 2005.
40 World Bank 2004.
41 Moghadam 1999; World Bank 2004.
42 Blaydes and Linzer 2008.
43 フリーマンとオーステンドープの2009年の研究データに基づく。この研究ではモロッコのデータは取り上げられていない。
44 Auty 2003.
45 石油と女性に関する私の以前の研究への批判と私の反論については、*Politics and Gender* の2009年12月号を参照のこと。
46 女性の農業労働のデータについてはWorld Bank 2005を参照。移民女性労働のデータについてはWorld Bank 2004, 2005を参照。
47 データは国際議会ユニオンが集めた。http://www.ipu.org/wmn-e/world-arc.htm から入手できる。
48 Hansen 1997; Burns, Schlozman, and Verba 2001.
49 Chattopadhyay and Duflo 2004.
50 Reynolds 1999; Inglehart and Norris 2003. を参照。
51 Caul 2001; Baldez 2004 を参照。
52 Mammen and Paxson 2000.
53 Reynolds 1999; Tripp and Kang 2008; Iverson and Rosenbluth 2008.
54 例えばArellano and Bond 1991. を参照。

第5章
石油が引き起こす暴力

> 戦争において何にもまして欠かせないのはカネだ。なぜならカネはそれ以外のすべてのもの——男、銃、弾薬——を意味するからだ。
>
> ——イーダ・ターベル『我らの時代の関税』訳注1

　内戦は国家を襲うもっとも破壊的な出来事だ。1945年から1999年にかけて、1600万人が内戦で死亡した¹。経済学者のポール・コリアーは、内戦を「逆向きの開発」と描写した²。

　1990年代初頭以来、産油国が内戦に陥る可能性は非産油国に比べて50％以上も高い。低中所得国においては、産油国が内戦に陥る可能性は2倍以上だ。石油に起因する紛争の大半は小規模だが、近年のイラクやアンゴラ、スーダンといった少数の事例のように、多くの血が流された戦争もある。それまで貧しかった国で石油が採掘されると、石油という文字通りの油を注がれることで、内戦の危機はほぼ確実に高まる。

　石油の役割を将来の見通しの中に置くことは決定的に重要だ。ありがたいことに、内戦は産油国の中でさえもめったに起こらない。産油国が内戦の犠牲となるような場合でも、石油がつねに唯一の原因というわけではなく、ときとしてもっとも重要な要因ですらない。それでもなお、ひとたび内戦が発生してしまえば、石油の富は祝福から呪いに転換してしまう。内戦はこの転換を、もっとも速く、もっとも破滅的に行う方法なのだ。

訳注1　Tarbell 1911.

内戦——その背景

　1990年代以降、内戦の原因と結果に関する新しい分析が、まるで洪水のように次々と発表された。大半の研究者はその中で鍵となるいくつかの要素について合意している[3]。

　第1に、世界中の現在の戦争の大半は、国家間ではなく、国家の内部で生じている。1989年から2006年まで、世界中で122の武力衝突が発生したことが記録されており、そのうちの115件が内戦で、7件が国家間の衝突だった。例えば2009年には、国家間の紛争は一例も存在しないが、内戦は36件発生している。

　第2に、内戦は2種類に分類可能で、一つは独立を求める分離主義者が関与する内戦で、もう一つは中央政府の支配という政権の座をめぐる戦争だ。1960年から2006年まで、内戦の30％が分離主義者が引き起こした戦争であり、70％が政権の座をめぐる内戦だった。

　この2種類の内戦の間には、大きな違いがある。分離主義者による戦争は政権の座をめぐる紛争よりも長期化する傾向があるが、犠牲者の数は少ない[4]。また政権をめぐる内戦は世界中で見られるが、分離主義者の戦争は特定の地域に集中しており（例えば南アジアやサハラ以南のアフリカ）、他の地域では皆無に等しい（例えばラテンアメリカ）。

　第3に、冷戦終結後、世界は以前よりも平和になった。1992年から2007年にかけて、内戦の発生件数は52から34に減少し、大規模な紛争も18件からわずか5件に減少した。2種類の内戦の数はどちらも減少し、分離主義者の戦争は28件から18件に、政権の座をめぐる戦争は24件から16件に減少した。現在まで続く内戦、例えばコンゴ民主共和国の内戦のように恐ろしい虐殺が発生したものもあるが、総じて今日の世界は1990年代初頭に比べて平和になった。

　最後に、研究者は石油以外に内戦を引き起こすいくつかの要因を特定してきた。それらは次のようなものだ。

- 一人あたりの収入の低さ。これは人々が武器を取ることで失うものが少ないことを示しているのかもしれない[5]。
- 経済成長の遅さ。ここには経済へのマイナスの「衝撃」も含まれる[6]。
- 人口規模の大きさ。これが大きくなると、中央政府が全体を統治することが困難になり、分離主義者が活動する可能性が高まる[7]。
- 紛争が多発する非民主主義的な近隣国の存在。この問題は国境を越えて騒乱の種をまく[8]。
- 山がちな国土。反乱者が逃れやすくなる[9]。
- ダイヤモンドの存在。ときとして反乱者が活動の財源としてこれを用いる[10]。

内戦は独立を達成して日の浅い国家ではより一般的だが、これはおそらくそのような国家の政府がまだ秩序を確立できずに、対抗勢力の台頭を抑止できないためだろう。また武力衝突は再発の可能性が高い。ある研究によれば、紛争がいったん終結してから5年以内に再発する確率は5件に1件とされる[11]。研究者はこれら以外にも、民族や宗教的多様性、不平等、民主主義、政治的不安定などの多くの要因に注目したが、こうしたものは分別が難しい[12]。

内戦の理論

では、石油が暴力的な紛争の引き金となるとすれば、それはなぜなのか。
ここでもう一度、大まかな理論の見取り図を描き、その上で石油がそうした理論に適合することを示すとしよう。これまでと同様に、より多くの収入を求める国民と、権力の座に居続けようとする現職の支配者からなる世界をモデルに考えよう。私はこれまで、石油収入が政府を大きくすること（第2章）、政府が説明責任から逃れること（第3章）、男性がより支配的になること（第4章）といった具合に、石油が政府に及ぼす影響に焦点を当ててきた。しかしこうした影響は、いずれもその国家で内戦が発生する可能性を高める

ものではない。石油が内戦の引き金となるのは、政府に影響を与えるからではなく、国民に影響を与えるからだ。

内戦は、政府が反乱軍と交戦することで始まる。私のモデルはこれらの要素の一つ、つまり政府を含んでいる。このモデルで、政府が反乱軍と対峙した際に反撃するということを想定してもよいだろう。なぜなら、統治者の目的は権力の座にあり続けることだからだ。しかし反乱軍はなぜ政府に攻撃をしかけるのだろう。われわれが内戦を説明するためには、国民のあるグループがなぜ反乱を起こし、政府に挑戦するのかを説明しなければならない[13]。

一つの一般的な説明は、ある種の不平——不平等や抑圧、あるいはある少数民族への差別——といったものだ。しかし、我々のモデルでは、国民は何かが正しいとか悪いといった規範的なことに関心を持たず、自分たちの収入にのみ関心があると想定されている。こうしたモデルでは、国民が反乱に加わったり、それを支持したりするのは、そうすることの経済的利得がコストを上回る場合だけだ。

今まさに反乱軍に加わろうとする者にとって、もっとも重要な経済的コストは反乱軍に加わる機会費用である。つまり反乱軍に加わらなければ就いていたであろう職業をあきらめるというコストだ[14]。貧しい国では、戦闘員以外の職業は限られており、報酬も少ない。つまり機会費用は小さい。国が豊かになり、一般の職業に就いたときの報酬が多くなれば、機会費用は高くなる。他の条件が同じであれば、貧しい国の方が反乱軍を形成する可能性が高い。そうした国では、若者は失うものが何もないのだ。

ある戦闘員が獲得する報酬は、経済的な利得を表す。反乱軍は二つの方法で資金を獲得する。一つは自分たちを支援する国民から寄付（ここには食料や避難場所が含まれる）を得ることで、もう一つは儲けの多い犯罪行為、例えば略奪や誘拐、密輸品の販売だ[15]。ここでは、寄付によって成り立つ反乱軍を、彼らがより大きな社会の利益のために戦い、またその支持者の善意に依存するという特徴から「目標指向型反乱軍」と呼ぼう。また、犯罪を通じて収入を得るタイプの反乱軍を、自分たちに従う国民を食いものにし、民衆からの支持がなく、反乱を金持ちになるための手段とみなすという特徴から「強欲

な反乱軍」と呼ぼう[16]。

　政府を打ち倒せれば、その財産を獲得できるという略奪目当てで反乱が引き起こされるという「ハニーポット」〔うまみの多いもうけ口のこと〕効果を論じる研究者もいる。しかし何年もの戦いの後にようやく手にできる略奪物は、今現在生き残るために必要な食料や装備、武器を購入する手助けにはならない。

　反乱者が国民から財政的な支援を得ることができるのは、反乱を支持する国民が、反乱者が勝利することで自分たちも得るところがあると信じているからだ。民兵の勝利が自分たちを経済的に豊かにするのであれば、一部の地域共同体は喜んで彼らを雇い入れるだろう。兵士と異なり、一般市民には職があり、それゆえ反乱者に寄付を行うための収入を得ている。もしも一般市民が反乱軍の勝利がほど遠いと考えたとしても、反乱軍が勝利することで十分大きな利益を期待できるのならば、喜んで少額の寄付を行うだろう。それはあたかも宝くじを買うようなもので、配当に比べたら小さな掛け金がいつの日か大きな報酬となって返ってくることを期待するかのようだ。

　このことは、反乱軍が形成されるには二つの条件が必要だということを示している。反乱軍に加わるコストは低くなければならない、つまりその国は比較的貧しくなければならない。また、利得は十分に高くなければならない、つまり反乱軍はその勝利によって利益を得る市民から、あるいは反乱軍自身の犯罪的行為から資金を獲得できなければならない。

石油の役割

　一般市民にとって、石油は反乱軍に参加する際のコストと利得の両方に影響を与えている。

　石油は市民の収入に影響することで、反乱のコストに影響を与える。より多くの石油があれば、市民がより大きな収入を得られる——たとえそれが自身の職業を通じて獲得されたものではなく、政府から提供されたものだとしても——と単純に仮定すると、戦闘に参加する機会費用が高くなるので、一般市民が民兵になる可能性は低くなり、反乱軍が兵士を募集することは難し

くなる。つまり内戦の危機は減少するはずだ[17]。

　しかし不幸なことに、実際には反乱軍に参加することで市民が手にする利益も増やしてしまう。なぜこうしたことが発生するのかを確認するために、モデルの前提を若干緩めなければならない。これまで、すべての市民が同じ性質を持つものだと仮定してきた。これまでのモデルでは、すべての市民が政府からまったく同じ利益を獲得しており、それゆえ市民が集団となって政府に敵対したり、反対したりするのはこうした政府から提供される利益の規模に由来する。ここで、市民全員が同じ利益を獲得しているものの、石油生産地域に住んでいる市民と、それ以外の地域に居住する市民に人口を二分してみよう。

　石油生産地域以外の住民は、第3章で確認したモデルの動きと同様に、石油の富に支えられた政府を支持し続けるだろう。なぜなら、政府が国民に低い税率で多くの利益を提供するからだ。しかし石油生産地域の住民にとっては、政府を支持せずに自分たちで新しい独立国家を樹立するほうが良い。なぜなら、そうなれば今よりも大きな石油の富が配分されるからだ。反乱集団に対して利己的な寄付を行うと、石油生産地域の住民はその地域の独立を掲げる「目標指向型反乱軍」に資金を提供することになる[18]。

　もしも中央政府がこうした独立運動を察知したらどうなるだろう。反乱を未然に防ぐために、石油生産地域の住民にそこから生みだされる石油の利益をより多く分け与えるだろうか。多くの政府は、その地域から産出される鉱物に由来する富を、他の地域に比べてより高い割合で当該地域の住民に分け与える政策を採用する[19]。しかし、こうした対処がつねに十分だとはいえない。中央政府が石油生産の富のすべてをその生産地域に喜んで委ねるというのでなければ、生産地域の住民は独立したほうが経済的に豊かになるからだ。そして石油収入のすべてをその生産地に任せてしまうような政府は、他地域の住民からの支持を失う。なぜなら、石油生産地以外の住民は依然として低い税率と多くの利益を求めるからだ。

　石油はその生産地域の住民が最初に攻撃を仕掛けなくとも、分離主義者による戦争の引き金を引くことがある。いずれの紛争においても、敵対する両

者は戦略的に、つまり自分の敵がどのように行動するかを見越して行動する。分離主義者は、将来自分たちに配分されるであろう石油の富を予想して、独立運動を展開するという戦略を採用する。政府はこうした独立運動が発生することを予想して、その鎮圧や攻撃を実行するという戦略を採用する。こうした先制の抑圧は、分離主義者の紛争を発生させ得る。

　このモデルでは、石油は原則的に国家ではなく市民に作用する。よって政府の歳入が何の役割も果たしていないように見える。しかし政府の歳入規模とその隠匿性が、石油を危険なものにする張本人でもある。ここで、ある国が経済的に奇妙な性質を持つ新しい種類の石油を発見したと想像してみよう。石油生産地域の住民にとって、その新しい石油は通常のものと同じ利益を生みだし、少なくとも一部の住民には職を与え地域経済を活性化させるが、中央政府の歳入を増加させることはない。生産地の社会は石油産業が提供すべき利益をすでに享受しているので、その地域の住民は独立運動を行う理由がない。あるいは、彼らの石油の富は、独立によって生じる利益をわずかに上昇させるかもしれない。というのも、独立すれば他地域からやってくる彼らの望まない移住者を締めだすことができるからだ。しかし、この石油の富は反乱のコストをも上昇させる。なぜなら、石油産業が生産地の収入を増やせば、それは生産地の住民にとって反乱の機会費用が上昇することになるので、彼らが武器を取る意欲を削ぐ結果になるからだ。石油の利益が政府の収入にならないのであれば、生産地の住民が独立したところで得られる利益はほとんどない。

　政府歳入の隠匿性によって、分離主義者と政府がともに収入を配分する交渉は困難となり、そのために紛争の引き金が引かれることがある。例として次のような状況を想像してみよう。ある石油生産地域で暴動があり、中央政府はその地域の住民に、政府の歳入からより多くの部分を分け与えることで暴動を鎮めようとする。現地住民はその申し出を受け入れ、戦わないことを望むだろうが、それは政府がこの交渉によって成立した取り決めを守ると現地住民が信じている場合にのみ成立する。なぜなら、政府は真の歳入規模を知っていても、地域住民はそれを知らないからだ。歳入規模が隠匿されれ

ば、政府が自分たちをだますのではないかと現地住民は疑いを持つだろう。政府の計画が気前の良いものであったとしても、現地住民はそれを信頼に足るものとはみなさないだろう。現地住民が、自分たちが石油収入の正当な分け前を得ていると確信する唯一の方法は、独立することだ。ゆえに、彼らは戦うことを決意する[20]。

　これまで、長期的な地域共同体の利益に動機づけされたものと、分離主義者という二つのタイプの反乱軍——そのどちらも目標指向型反乱軍——だけを見てきた。しかし、石油産出地域の近隣に居住すると、強欲な反乱軍——政権の座をめぐるものと分離主義者のどちらの場合でも——を組織した場合も利益を上昇させる。ただしこの場合、反乱の発生は政府歳入とはほとんど関係がない。強欲な反乱軍の兵士は犯罪行為から利益を得ており、石油を盗んでそれを売ったり、石油労働者を誘拐して身代金を得たり、こうした事態やこれら以外の破壊行為を避けようとする石油会社をゆすったりして不当な金銭を獲得する。反乱分子はまた別の産業に目をつけることもあるが、石油産業はいくつかの理由から、特別に「ゆすりに優しい」[21]。

　その理由の一つは、石油産出地域の地理的な分布にある。石油会社は他の巨大企業に比べて、治安リスクが高い地域で操業する傾向がある。大半の巨大企業は、その国の政府が治安を維持できないような貧困地域で操業することを避けようとする。しかし石油企業は、自社の操業地域を治安の良い、安定した地域に限定することはできない。企業は石油の眠る場所で操業せざるを得ず、石油があればナイジェリアのニジェール川デルタ地帯やコロンビアのアラウカ県、イエメンのマリブ行政区のような、壊滅的に貧しく、政治的に不安定な地域でも操業する。

　石油企業はときとして困難な環境でも操業を行わなければならないので、第2章で説明したように、会社が飛び地として機能することは利点でもある。なぜなら他の産業であれば壊滅的な状況に追いやられてしまうような状況下であっても、石油会社は生き残ることができるからだ。それでも不安定な地域で操業を続けるためには、反乱軍と連絡を取って彼らに金銭を与える傾向が高まる[22]。

第2に、容易には売却できず、また海外に移転することもできない固定資産に莫大な投資を行うため、危険に直面したとしても石油会社はそこに留まろうとする強いインセンティブを持っている。第2章で説明したように、石油会社は最初の1バレルを産出する前に何十億ドルという巨費をそのプロジェクトに投じているが、一度そうした施設ができあがってしまえば、パイプラインで石油を製油所に輸送するには大した費用はかからない。こうして、石油企業は初期投資を回収し、完成した設備から生みだされる巨大な利益を獲得するために、その地に留まろうとする強いインセンティブを獲得することになる。他業種の企業が逃げだすような場合でも、石油企業は強固にそこに留まろうとするのだ。こうしたことから、石油企業は自社の設備を守るために軍隊や反乱軍と交渉するようになり、そうした状況がなければ霧散してしまうような強欲さを近隣住民の間に育てることになる。

　最後に、石油会社はレントを生みだす。製造業者、とくに自社製品を競争的な市場に投入する会社は利益率が低いため、治安上の出費がかさむ前に工場を閉鎖する可能性が高い。しかし石油会社はレントを得ることができるので、危険極まりない環境で操業するための治安コストを負担することが可能だ。例えば、石油企業は自社設備を守るために特殊軍事部隊を雇用できる（インドネシアやコロンビアやイエメンの事例）。石油会社は社員が誘拐された際には莫大な身代金を支払える（ナイジェリアやコロンビアの事例）。また石油会社は反乱軍や犯罪集団、敵対的な近隣住民が自社を攻撃してこないように、彼らに金銭を支払うことすら可能とする（ナイジェリア、イラク、スーダン、コロンビアの事例）。レントなしには、こうした出費を賄うことは難しいだろう。不幸なことに、これらのレントは、最悪の地域に喜んで進出し、また危機に際して留まろうとする特徴と相まって、石油企業を格好のゆすりの対象に仕立て上げてしまう。

　結局のところ、このモデルが示唆するのは、豊かな国よりも貧しい国において、住民からの支持や、うまくもうけることができる犯罪行為によって十分な資金を獲得できれば、反乱が発生しやすいということだ。石油の富は二つの矛盾する側面を持つ。収入が増加することで人々が反乱軍に参加する意

図がくじかれ、反乱を抑止する効果と石油産出地域の独立が経済的利益を産むことになり、また反乱軍が容易に資金を獲得できるようになるため、反乱を促進させるという効果だ。

この二つの効果のどちらが優勢になるだろうか。石油の紛争抑止効果はその国の住民にまんべんなく拡散する。これは、どこに住んでいようと国民の収入を増加させるということを前提にしているからだ。しかし石油の紛争誘因効果は、石油産出地域に集中する。低所得国では、新たに産出された石油収入のその1ドルが、国民すべての収入をわずかずつ増加させるものとなるが、石油に富んだ地域の反乱軍にとっては、それは潜在的に巨大な財源となる。このことは、石油は石油生産地域の住民にとってのみ、反乱のコストを上回る利得の上昇があることを意味する[23]。

このモデルはまた次のことも指摘する。石油の富は、経済的に豊かな国よりも貧しい国でより大きな危機を発生させる。貧困国では、一人あたり100ドルの収入増をもたらす油井は、一般市民と反乱軍双方の収入を大きく増加させ、彼らのインセンティブに大きな影響を与える。経済的に豊かな国では、同じ量の石油が生産されたとしても、彼らの収入の増加は割合として小さなものになるので、インセンティブへの影響も小さなものになる。

もしも収入の限界収益逓減を想定するなら、収入がある水準を超えると、それ以上収入が増えても潜在的な反乱軍を満足させなくなる状況が導きだされる。つまり、その国がしだいに豊かになるにつれて、反乱のコストが潜在的な利得を上回るようになる。もしもその国がその水準を超えるのに十分な石油を有しているのであれば、紛争の危険性は引き下げられるだろう。このことは、石油の富と内戦の可能性の間には逆U字型の関係があることを示唆している。あるポイントまでは、石油収入の増加は紛争の危険性を増加させるが、そのポイントを超えると紛争の危険性が低下する[24]。

石油が内戦を引き起こすいくつかの条件は、時代とともに変化してきた。1970年代に政府の石油収入は急激に拡大したが、このことは石油産出地域の住民が、自分たち自身の主権を有する政府を打ち立てる利益を高めることになった。1970年代の石油価格の高騰によって、石油企業はより遠隔地でよ

り不安定な地域、例えばインドネシアやコロンビア、ナイジェリア、スーダン、イエメンなどに進出し、目標指向型反乱軍や強欲な反乱軍の両方が台頭するお膳立てをした。他の条件が同じであれば、石油は1970年代以降により多くの内戦を引き起こすようになったのだ。

紛争のグローバル・パターン

　多くの統計学的研究が明らかにしているように、石油生産はその国の内戦リスクと関連している[25]。このことを示すもっとも簡潔な方法は、産油国と非産油国の年間内戦発生数を計算すればよい。1960年から2006年にかけて、非産油国で毎年新しい内戦が発生する危険性は2.8%だったが、産油国では3.9%で、産油国は非産油国に比して内戦が発生する可能性がおよそ40%高かった（**表**5.1の第1行を参照）。

　対象国をひとまとめに産油国と非産油国に分類したこの数値は、いくつかの重要な違いを埋もれさせてしまう。より詳細に分析すると、経済的に豊かな国では石油が紛争へといたる効果は認識されないが、低・中所得国では石

表5.1　内戦　1960-2006年

数値は、当該国で1年間に新たに紛争が発生する可能性を示す。			
	非産油国	産油国	差
全体			
すべての国、全時代	2.8	3.9	1.0**
収入別			
低所得（5000ドル未満）	3.8	6.8	3.0***
高所得（5000ドル以上）	1.2	1.4	0.2
時代別			
1960-89年	2.4	2.7	0.2
1990-2006年	3.6	5.3	1.7**

* 片側t検定で10%の水準で有意。
**5%の水準で有意。
***1%の水準で有意。
出所：Gleditsch et al. 2002 のデータを基に作成。

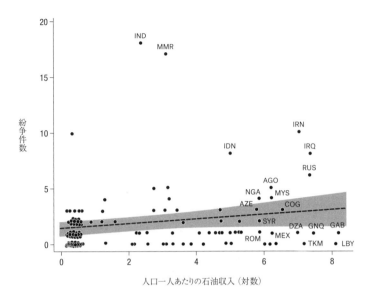

図 5.1 低・中所得国における石油と内戦 1960-2006 年

縦軸は 1960 年から 2006 年の間に各国で発生した個別の内戦（小規模と大規模）の数を示している。収入の中央値が全対象期間を通じた平均で人口一人あたり 5000 ドル（2000 年価格）以下の国が対象。
出所：Gleditsch et al. 2002 の紛争データを基に作成。

油は紛争の危険性をおよそ 80% も上昇させたことがわかる（**表 5.1** の第 2 行と第 3 行を参照）。

　つぎに散布図のデータを見てみよう。**図 5.1** は 1960 年から 2006 年にかけてのすべての低中所得国を、その石油収入（横軸）と紛争の発生数（縦軸）で示したものだ。もしも、石油がその国を高所得国に押し上げるのに十分なほど大量に存在しているのであれば（例えばサウジアラビアがこれに該当する）、内戦の危険性を減少させるだろう。低中所得国のみを観察対象とすることで、こうした高所得産油国の事例を除外できる。そうすると、緩やかな右上がりの線を確認することができる。これは、低中所得国では、石油収入が増加すると紛争が増加することを示している。

表 5.2 紛争傾向が最も強い石油・ガス産出国　1960-2006 年

これらは 1960 年から 2006 年の間の大半の時期で紛争中だった産油国である。右側の 2 列では、2 年以上暴力が発生しない期間を挟むものは別々の紛争として数えている。例えばイギリスの北アイルランド紛争は 1971 年から 1991 年のものと 1998 年の二つの別個の紛争として数えられる。

	紛争期間	大規模紛争期間	中央政府をめぐる紛争	分離主義者による紛争
イラク	37	21	5	3
アンゴラ	26	24	2	3
イラン	24	10	5	5
アルジェリア	16	9	1	0
ロシア	14	6	1	5
イギリス	13	0	0	2
コンゴ共和国	6	2	3	0

出所：Gleditsch et al. 2002 のデータを基に作成。

表 5.2 は 1960 年から 2006 年の間のほとんどの期間を紛争に苦しめられてきた七つの産油国を示している[26]。これら 7 ヶ国は一つの地域にかたまっているわけではない。石油と紛争の関係は、アフリカや中東、中央アジアといった特定の地域に限定されないのだ。

イラクとイランは表の中でそれぞれ 1 位と 3 位に位置づけられている。この 2 ヶ国間で紛争が頻発している理由は、モデルから導きだされること以外からも説明できる。1920 年代にはイラクとイランは植民地支配下にあり、イギリスとフランスはこの地域の石油へのアクセスを確立するために、イラクとイランの国境を画定した。これによって石油と天然ガスに富んだ二つの国家が成立したが、両国は例外的に民族紛争が頻発するような民族分断状況を持つ国となった。例えば両国は、クルド民族が多く居住する地域を領土に含んでおり、独立運動によって発生する暴力の危険にさらされてきた。イランはまたアゼリー人やアラブ人といった少数民族の独立運動が引き起こす暴力に定期的に直面してきた。なおかつイラクのスンナ派とシーア派は両派の間で同国固有の民族紛争を経験し、両派は中央政府の支配を巡って度重なる戦争を経験してきた。石油の富は国家形成の基礎であったが、これは同時に暴力が痛ましいほどに頻発する状況を説明する[27]。

経時変化

産油国では1980年以降、内戦が急増する。なぜこうしたことが発生するのかを理解するためには、このトレンドが3つの要素から構成されていることを確認するとよい。

第1に、1960年代半ばから90年代初頭まで、産油国で紛争が新規に発生する割合は着実に増加し続け、その後減少した（図5.2参照）。部分的には、これはより広範囲に地球規模で確認される内戦のトレンドを反映したものといえるだろう。地球規模で見ても、内戦の発生件数は1960年代から1990年代にかけて増大し、その後2005年まで減少を続けた。しかしこうした地球規模のトレンドを考慮しても、1960年代半ばから90年代半ばまでに産油国で発生した紛争はあまりに急激に増加している。おおむね1980年以前は、産油国は非産油国よりも紛争の危険性は低かったのだが、それが他と比べて高くなったのは1980年以降のことだ[28]。

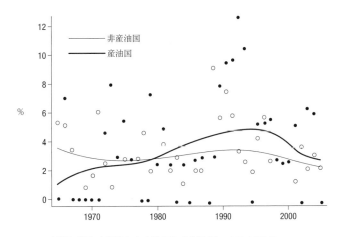

図5.2 新規に紛争を経験した産油国と非産油国 1965-2006年

曲線は産油国（黒点）と非産油国（白点）別に当該年に新たに内戦を経験した国の割合を示している。ここでは、人口一人あたり100ドル（2000年価格）以上の石油収入を有する国が産油国に該当する。曲線は局所回帰平滑化曲線（lowess curve）である。

出所：Gleditsch et al. 2002の紛争データを使用して作成。

このトレンドを眺めるもう一つの方法は、時代を二つに区切ることだ。1980年に産油国と非産油国の紛争発生率は分岐しはじめるが、冷戦が終結して非産油国での暴力が減少した1990年以降、両者の違いがより顕著になる[29]。表5.1が示すように、1960年から1989年までは、産油国と非産油国の間にとくに目を引く違いはない。しかし1990年以降になると、産油国の紛争発生率は非産油国よりも50％程度高くなる。

ではこうしたトレンドは、石油に由来する紛争の具体的な発生件数にどのように影響を与えているのだろうか。

第1章で確認したように、1960年から2006年までで、産油国の数は20ヶ国から57ヶ国に増加した（図1.2の左側の縦軸を参照）。この原因はほぼ石油価格の変動にあり、インフレ調整後の価格で1バレルあたり8ドル弱から55ドルに上昇していた。これはまた石油生産地域が地球規模で拡大した結果でもある。同じ時期に、少なくとも1年間に国民一人あたり1,000キロの石油（およそ7.3バレル）を産出した国は、19ヶ国から30ヶ国に増加した。

石油やガスを産出する国の性質も、時代を通じて変化してきた。もっとも新しい産油国は、それまでに比べて所得が低い。産油国数が増加するとともに、産油国の人口一人あたりの所得の中央値は低下し、1970年に人口一人あたり6,000ドルだったものが、2004年までに3,000ドルに減少した（図1.2の右側の縦軸を参照）。石油生産は経済的に豊かな国から貧困国へと地理的に拡大し、そして石油の呪いは貧困国においてより破壊的な効果を発揮するため、結果として産油国全体の紛争発生率を確実に上昇させた。その上昇率は他のいかなるトレンドよりも顕著に現れている[30]。

1960年代初頭から1980年代初頭にかけては、紛争発生率と産油国の数がともに上昇したので、産油国における紛争発生件数を押し上げることになった。しかし、1980年付近代初頭から2006年には、石油に由来する紛争の件数はおおむね変化がなかった。これは紛争発生率の上昇とその後の減少が産油国の減少とその後の増加によって相殺されたためだ（図5.3参照）。決定的な分岐点は1980年付近にやってくる。1960年から1979年の間、産油国では毎年3件の内戦が進行していた。しかし1980年から2006年では、年平均

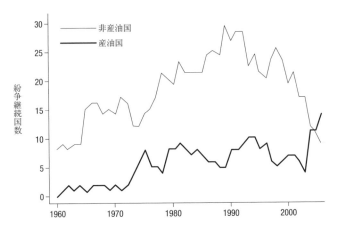

図 5.3 紛争継続中の産油国と非産油国の数 1960-2006 年

折れ線グラフは、各年に紛争継続中の国の数を、産油国は太線、非産油国は細線で示している。ここでは、人口一人あたり 100 ドル（2000 年価格）以上の石油収入を有する国が産油国に該当する。
出所：Gleditsch et al. 2002 の紛争データを使用して作成。

7.5 件となっている[31]。

　この最後のトレンドは、産油国で発生した武力衝突が世界中の紛争発生件数を継続的に押し上げるものとして現れる。1980 年代初頭から産油国で発生した紛争件数は一定を維持するが、非産油国の紛争は急激に減少し、1992 年に 28 件であったものが 2006 年にはわずか 14 件しかない。

　1 年間に 1000 人以上の死亡者が発生した大規模な内戦に焦点を当てると、こうしたパターンはより明確になる。1992 年から 2006 年にかけて、世界中の大規模な内戦件数は 17 件から 5 件に、70％以上も減少した。しかしこの減少はすべて非産油国に見られるもので、非産油国では大規模な内戦は 14 件から 2 件に減少していた。これに対して産油国で発生した大規模な内戦の件数は、年ごとに変動はあるもののおおよそ一定であり、毎年 3 件ほど発生してきた。

　こうした三つのトレンドを統合すると、なぜ産油国で武力衝突が発生するのかを説明することができる。ある面では産油国で紛争が発生しやすいため

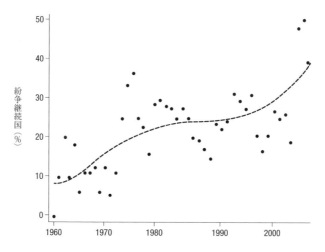

図5.4　継続中の紛争当時国に占める産油国の割合　1960-2006年

数値は世界中の武力紛争のなかで産油国で発生したものの割合を示す。曲線は局所回帰平滑化曲線（lowess curve）。
出所：Gleditsch et al. 紛争2002のデータを使用して作成。

で、また別の面では産油国の数が増加したためで、そしてさらに別の面では非産油国で紛争が減少し、同時に非産油国の数自体が減少したためだ。**図5.4**はこのトレンドを示している。1960年から2006年まで、全世界で発生した紛争のうち、産油国で発生したものの割合は10％以下から40％に増加した。

　内戦の発生リスクに対する石油の効果はどの程度であると考えればよいのだろう。この問題を考えるための簡潔な方法は、やはりさまざまな条件で産油国の紛争を非産油国と比較することだろう（**図5.5参照**）。1960年以降のあらゆる所得水準の国家を対象にすると、産油国の紛争発生率は40％ほど高い。1990年に冷戦が終結した後では、この違いは約50％に拡大する。1960年以降の低所得国に限定すると、産油国の紛争発生率は75％も高い。そして1990年以降の低所得国に限定すると、産油国は非産油国よりも2倍以上も紛争発生率が高くなる。

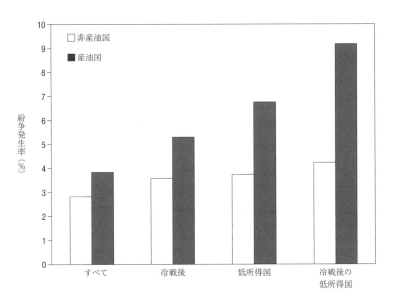

図 5.5　年間紛争発生率（産油国と非産油国）　1960-2006 年

棒グラフは、産油国（グレー）と非産油国（白）における年間紛争発生率を示している。分析対象期間は全期間（1960-2006 年）と冷戦後（1992-2006 年）の 2 種である。低収入国とはここでは人口一人あたり 5000 ドル（2000 年価格）未満の国を指す。t 検定の結果、すべてにおいて産油国と非産油国の間の差は有意である。
出所：Gleditsch et al. 2002 の紛争データを使用して作成。

石油がいかにして紛争を発生させるのか

とはいえ、石油が紛争を招くメカニズムを説明することは容易ではない。石油を産出する国に内戦が存在していることを確認できたとしても、それは石油と紛争という二つの事柄の間に何か関係があることを説明したことにはならない。内戦自体がめったに起こらない出来事であるため、多くの事例を集めて比較することは困難であるし、またそもそも内戦は貧困国で発生することが多いため、そうした紛争当事国ではデータがそろっておらず、データが存在したとしても信頼に欠けるものであることが多い。それでも、いくつかの事例研究は石油が分離主義を促進し、反乱者の財源となってきた証拠を

提供している。さらに単純な検定によって、石油が内戦の原因であることに対抗する議論の多くが正しくないことが示される。

対抗議論

産油国で発生する内戦はハニーポット効果によって引き起こされる、というのがよく見られる対抗議論の一つだ。政府がより多くの石油収入を獲得するようになれば、そうした収入は反乱者にとってますます儲けの多い標的になる[32]。このような主張にはいくつかの問題がある。強欲な反乱者にとって、たしかに石油の富は魅力的ではあるが、勝利の見込みが少なかったり、途中で殺される危険性が高かったりすれば、石油の魅力は減少するはずだ。また、将来的に略奪ができたとしても、それは反乱軍を支えるために現在必要なコストを賄うものではなく、またそのための闘争にはしばしば何年も要する[33]。

また、広く見受けられる議論としては、石油の富が国家を弱体化させ、そのために暴力的な反乱に対して脆弱になる、というものだ。例えばフィアロンは次のように論じている。

> 多額の石油収入を得ている国家は、行政機構を発展させて領土全体を支配しようとするインセンティブに欠ける。こうした国家では、石油収入を財政的に配分して反乱者に対抗することができるので、一人あたりの収入の規模が同程度で石油を持たない国に比べて行政機能が小さくなり、その能力も低くなる傾向がある[34]。

上記二つの理論は密接に関連している。ハニーポットの議論によれば、利得が高いために反乱軍は産油国を攻撃すると説明され、「弱い国家」の議論によれば、政府を打ち負かすコストが小さいために、反乱者は国家を攻撃すると説明される。

最後に、石油は外国の軍事介入を招き、これが武力衝突を招くと論じる者もいる。1991年と2003年のアメリカを主体とするイラクへの軍事作戦の後

にイラクを襲った内戦がこれに該当する。たしかに超大国は頻繁に産油国に介入を行ってきた。植民地支配を行い、その後は自国に友好的な政権を打ち立ててそれを保護した。2003年におけるイラクへの、そして2011年のリビアへの介入という事例はあるものの、たとえ産油国での紛争の発生率が上昇し続けているとしても、1960年代初頭以降、大国は産油国への介入を控えるようになっている[35]。

　これら三つの議論には共通する特徴がある。こうした議論は、産油国内部の石油や天然ガスの採掘地域の地理的な分布を重視していない。もしもこうした議論が正しいのであれば、沖合油田と陸上油田は同じ紛争誘発効果を持つことになる。すなわちその国のハニーポットが大きくなり、ハニーポットを政府が防衛することも困難になり、さもなければ外国からの介入を招くことになる。こうした議論に反して、もしも分離主義を助長したり反乱軍への資金源になったりすることが原因で石油の呪いが発生するのだとしたら、それは油田が陸上に存在する場合に限定される。もしも油田が沖合に存在するとしたら、その生産地域の住民が独立を主張するようなことはなく、資金に飢えた反乱者によって攻撃されることもないからだ[36]。

　ノルウェー人研究者パイヴィ・ルジャラ、ジャン・ケティル・ロッド、ナジャ・シエメらによる油田と天然ガス田の位置に関するデータセットのおかげで[37]、この問題の検証を行うことができる。1960年から2006年まで、95ヶ国が陸上で石油あるいは天然ガスを1回もしくはそれ以上生産し、58ヶ国が沖合で、47ヶ国は陸上と沖合の両方で生産した。

　図5.6は、このデータを用いて分析対象国を4つのカテゴリー（生産拠点が陸上のみの国、沖合のみの国、両方で生産する国、どちらでも生産しない国）に分類し、年間の紛争発生率を比較したものだ。陸上でのみ生産する国と陸上と沖合の両方で生産する国は、同じように紛争発生率が高い。しかし沖合でのみ生産する国は相対的に紛争発生率が低く、実際それは石油や天然ガスを生産しない国よりもわずかに低い。補遺5.1で行われる回帰分析はこのパターンの正しさを裏づける。沖合で生産する国だと石油は紛争発生要因にならないのだ。

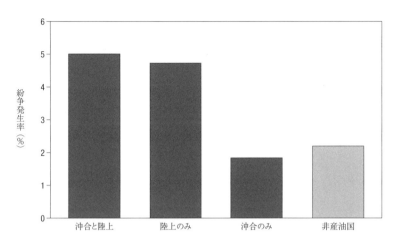

図 5.6　年間紛争発生率（採掘場所別）　1960-2006 年

棒グラフは、1960 年から 2006 年における紛争発生率を、沖合油田と陸上油田の両方で生産する国と、陸上あるいは沖合油田のみの国、そして非産油国に分けて示している。
出所：紛争については Gleditsch et al. 2002 の紛争データを使用した。石油採掘場所については Lujala, Rød, and Thieme 2007 および US Geological Survey n.d. を使用して作成した。

　近年の多くの新しい研究の中には、国内の石油の富の分布と武力衝突が発生した地域の間に強い相関関係を見いだすものがあり、上記のデータはこうした研究によく合致する。石油や天然ガスが紛争地域で発見される場合には、そうした紛争はますます激しくなる傾向が強く、とくにそれが貧困地域の場合にはこの傾向は顕著に現れる[38]。犠牲者の数は増加し、戦闘は長期化する[39]。

　こうした研究が意味するのは、石油の分布が重要性を持っていること、すなわち、石油は政府ではなく、反乱者の行動に働きかけることで、紛争を引き起こすということだ。

石油を基盤とする分離主義

　表 5.3 は、1960 年から 2010 年の間に石油生産地域で発生した分離主義者の紛争を一覧にしたものだ[40]。ここには二つの明確なパターンがある。第 1

に、資源によって引き起こされる紛争は、経済的に豊かな国よりも貧困国においていっそう激しさを増す。16件のすべての紛争は一人あたりの所得が2,100ドル未満の国で発生しており、その中の11件は一人あたり1,000ドルに満たない国で発生している。一人あたりの所得が2,100ドル以上（ヨルダンやエルサルバドルがこの水準にある）の国にとって、石油に由来する分離主義戦争に直面する危険性は非常に小さいようだ。

第2に、16件中15件は民族的あるいは宗教的マイノリティの伝統的居住地域で発生している[41]。このことは、天然資源単体では分離主義者の紛争を発生させるには十分でないことを示している。天然資源が既存の民族的・宗教的な不満と結合すると、より深刻な事態となるのだ。私がここで取り扱う内戦モデルは、石油の経済的な財としての役割に焦点をあてるもので、エスニシティに基づく不満からは意図的に距離を置いているが、現実の世界ではエスニック亀裂は石油に由来する分離主義に決定的な役割を果たしているようだ。

もしも、独立のために戦うという利他的な目標指向型の反乱者や、略奪によって生活しようとする強欲な反乱者がいるとすれば、彼らがどのようにして内戦を引き起こすのか、我々は説明できなければならない。それを説明する一つの方法は、タイミングに注目することだ。**表5.3**の紛争の大半は石油生産の開始以降に発生している。バングラデシュ、ナイジェリア（ビアフラ）、インドネシア、スーダン、イエメンの内戦は石油の発見以降ではあったが、その採掘以前に発生していた。つまり、後者の事例では当時はまだ略奪は困難であるか不可能だった。ルジャラの非常に慎重な研究によれば、たとえ生産開始前であっても、化石燃料の発見はその周辺地域で長期にわたる紛争を発生させる傾向があるという[42]。

インドネシアのアチェ地域と南スーダンで発生した二つの紛争に注目すると、略奪が行われなくとも分離主義的な運動が発生し得ることがよくわかる。これらの事例は、石油が分離主義運動を誘発する2種類のパターンを示している。すなわち、インドネシアの事例では分離主義的な軍隊の創設のきっかけとなり、スーダンの事例では政府がまず行った抑圧への反感が存在し

表 5.3　石油採掘地域における分離主義者による紛争　1960-2010 年

本表は 1960 年から 2010 年の間に発生した分離主義者の紛争の中で、石油採掘地域の武装集団が独立を求めて戦ったものを示している。「国の収入」は紛争発生年あるいはそれに最も近い入手可能な年のものを使用し、人口一人あたりの値を2,000年のドル価格で示している。

国	紛争期間	国の収入	地域
アンゴラ	1975-2007	1,073	カビンダ
バングラデシュ	1974-92	243	チッタゴン丘陵地帯
中国	1991-	422	新疆
インド	1990-	317	アッサム
インドネシア	1975-2005	303	アチェ
イラン	1966-	1,053	クルディスタン
イラン	1979-80	1,747	アラビスタン
イラク	1961-	2,961	クルディスタン
ナイジェリア	1967-1970	267	ビアフラ
ナイジェリア	2004-	438	ニジェール・デルタ
パキスタン	1971	275	バングラデシュ
パキスタン	1974-77	280	バルチスタン
ロシア	1999-2001	1,613	チェチェン
スーダン	1983-2005	293	南部地域
トルコ	1984-	2,091	クルディスタン
イエメン	1994	443	南イエメン

出所：紛争については Gleditsch et al. 2002 に依拠し、収入については World Bank 2010 を使用し、数値がない場合は Maddison 2009 を使用した。

ていた。

アチェの分離運動

　アチェはスマトラ島の北端地域で、インドネシアの北西の国境地帯にある。インドネシアの他の地域と同様に、アチェの住民の大半はムスリムであるが、より信仰心にあふれ、また独特な言語を話す点が他の住民と異なる。アチェはまた政治的暴力の歴史が長く、19 世紀にはアチェのスルタン国はインドネシアに対するオランダの植民地支配にもっとも激しく抵抗し、1873 年から 1903 年という 30 年にわたる凄惨な戦争の後にようやくオランダの支配下に入った。1940 年代後半には、アチェ人の大半はインドネシア共和国の成

立を支持したが、1953年から62年にかけてアチェはより広範な地方自治や統治におけるイスラームのより強力な役割を目指す反乱の拠点となった。

　アチェの独立運動はGAM（Gerakan Aceh Merdeka、自由アチェ運動）として広く知られ、1976年に始まった。それは新しい施設がこの地域から天然ガスの生産を開始するわずか数ヶ月前の出来事だった。GAMの1976年の「独立宣言」は、インドネシア政府（そしてそれを牛耳るジャワ人）を、アチェを「植民地化」し、その天然ガスを「盗んでいる」と罵ったが、しかし天然ガスプロジェクトそれ自体を批判することはなかった[43]。じつのところGAMの創設者であるハサン・ディ・ティロは実業家であり、活動に先立つ数年ほどは天然ガス施設での作業契約締結に失敗していた。

　最初の20年間は、GAMの活動は小規模で、時折活発になる程度だった。GAMの資金の大半はリビアの独裁者カッザーフィーからもたらされ、彼は多くの親西側諸国内部の過激組織を支援していた。1976年から79年の間のGAMの活動は、パンフレットを配布したり、GAMの旗を掲げたりすることだった[44]。1979年から89年までGAMの指導者はリビアに亡命中で、インドネシアに対してほとんど影響力を行使することはなかった。

　1989年にリビアで訓練を受けた150名から800名の戦闘員がマレーシアやシンガポールからアチェに侵入し、このことがGAMの組織化の第2期の始まりを告げることになる。今やGAMはその規模の大きさと練度において、以前よりも活発となっていた。当初の攻撃対象はインドネシアの警察や軍事拠点に限定されていたが、次第に非軍事組織や商業施設、政府の内通者と疑われる者、非アチェ人の入植者にまで拡大していった[45]。

　政府の対応は非常に厳しいものだった。1990年7月にスハルト大統領はアチェに対して非常事態宣言を発令し、6,000名の追加派兵を命じた。1991年末までに、GAMの部隊長は逮捕されるか殺された。しかし政府の残虐な対応は、アチェ人の中に根強い反ジャカルタ感情を植えつけ、これが1999年のGAM復活にむすびつくことになる。

　1991年から1998年の間に、GAMの活動を示す兆候はまったくなく、現地住民もGAMは消滅したと信じるようになった。しかし1999年初頭にGAM

は復活し、それまでにないほど急成長した。2001年半ばまでに、GAMは2,000名から3,000名の戦闘員に加え、1万3,000名から2万4,000名の民兵も抱えるにいたった。報道によれば、最盛期にはGAMはアチェの集落の80％を支配したとされる[46]。

　33年間の断続的で低調な活動の後に、1999年になってなぜGAMは急激に成長したのだろうか。GAMの復活の一つの理由は、独裁者スハルトが1998年に失脚し、それに続いて民主化が始まったことだろう。これにより、アチェ地域に対する軍の支配が緩み、また新たに自由を獲得したアチェのメディアは、過去数十年間にわたる裁判によらない死刑執行、拷問、レイプ、略奪を報道しはじめた。もう一つの原因はアジア通貨危機だ。これによってインドネシア経済は1998年に17.8％も縮小し、1999年の成長はわずか0.4％に留まった。

　こうした状況は、GAMが長きにわたって論じてきた独立の経済的利益に対して、新しい特徴を付与することになった。GAMが復活するとすぐに、その広報者やパンフレットは、インドネシアのジャワ人エリートたちがアチェの天然資源を盗み取っており、もしアチェが独立できれば隣接するボルネオ島にある石油で豊かになったイスラーム国家であるブルネイのようになれるだろうと主張した。ブルネイの一人あたりの所得はインドネシアのおよそ20倍であったため、これは人々をかなり惹きつける主張だった。しかし同時に、この主張は誤りでもあった。もっとも都合のよい試算を用いても、独立によってアチェ人が享受できる所得の増加はせいぜい50％に留まり、2,000％増加してブルネイと同等になるにはほど遠い状況だった。

　アチェ反乱の最後の6年間はもっともひどいもので、おそらく死亡者は1万人にのぼった。数年間の政治的な行き詰まりの後、2004年12月にアチェが壊滅的な津波の被害を受けた後、政府とアチェ側は交渉のテーブルに戻ってきた。2005年8月に締結された終戦合意により、アチェは現状の、そして将来的な化石燃料から得られる収入の70％を得るとともに広範な自治を獲得した[47]。おそらくはアチェの天然ガスが急激に枯渇したために、合意はより容易に成立したのだろう。なぜならこうした事態によって、インドネシア

政府は中央政府が獲得するはずの収入の多くをアチェ政府が奪うかもしれないという恐れを抱く必要がなくなったからだ。

アチェの天然ガスは内戦に影響を与えた多くの要因の一つに過ぎない。この地域に固有の文化、経済危機、軍事政権の残虐性、スハルトの失脚などもまた重要だ。天然ガス生産の最初の20年間は、GAMは政府にとって小さなやっかいごとに過ぎなかった。

それでも、アチェの天然ガス産業は決定的な役割を持っていた。インドネシアは数百というエスニック・マイノリティ、宗教的マイノリティを抱えており、それらもまた軍事独裁や経済危機、スハルトの失脚に影響を受けていたが、しかし広範囲でしかも暴力をともなう独立運動を支えていたのはアチェ人だった[48]。このような事態が発生する鍵は、独立することで中央政府に渡っていた収入と、非アチェ人入植者の手に渡っていた雇用を、自分たちのものにできるとアチェ人が信じ込んでいた点にある。GAMは資源の略奪にはまったく関与していなかったが、アチェの天然ガスは、ひとたび他の条件がそろってしまえば、広範囲な支持を獲得することで内戦の引き金となり得たのである。

南スーダンの先制抑圧

アチェ人の紛争は独立運動から始まり、これが30年にわたる戦争の最初の一発となっていた。しかしときには政府が先手を取ることで、資源の富が分離主義的紛争の引き金となることがある。それは政府が資源に富んだ地域での分離主義者の圧力を予見し、現地住民を政府が先に抑圧することで発生する。

1983年に、スーダンの大統領であったガアファル・ヌメイリーは、新たに南部で発見された油田を北部の管轄下に置き、また石油精製施設を南部ではなく、北部に設置することを決定した。こうした動きは、ムスリムが多数を占める北部と、キリスト教徒とアニミズムが多数である南部との間の11年間の停戦を崩壊に導くこととなった。主要な反政府組織であったスーダン人民解放戦線は、北部が石油などの南部の資源を奪っていると主張し、政府が

パイプラインを稼働させて南部から北部に石油を輸送することを停止するように求めた。さらに 1984 年 2 月には石油産出施設を攻撃し、石油開発計画を中止に追い込んだ[49]。

しかし、紛争の引き金となる行動を取ったのはスーダン人民解放軍ではなく、石油が南部の独立賛成派の感情を奮い立たせてしまうことを予想したスーダン政府であった。政府はまたこの戦争におけるもっとも凄惨な行為のいくつかに対する責任がある。それらは、1999 年から 2000 年の間に行われた裁判によらない死刑執行やレイプ、地上攻撃、ヘリコプターによる攻撃、石油が発見されながらまだ生産されていない地域から住民を追いだすために、何万人という人間に向けて高高度爆撃を実施したことだ[50]。

例えば 1999 年 4 月には、スウェーデンのルンディン石油社がタルジャスで大型油田を発見した。政府軍はその 1 ヶ月後には何万人もの住民をその地域から追いだしたが、これは政府が現地住民との間で紛争が発生することを懸念したためだった。にもかかわらず 10 ヶ月後に紛争が始まってしまった際には、ルンディン石油が操業を中断している間に、政府が広大な油田地帯の人間を排除するために空爆を行ったり、村を焼き払ったり、即決死刑を実施した。これらが終わった直後に同社は設備の建設を再開した[51]。

戦闘から 20 年以上が経過し、両者は 2005 年に和平条約に調印した。2011 年 1 月の国民投票によって、南スーダンは独立国家となった。南スーダンは油田の大半を獲得することに成功したが、石油を輸出するためにはスーダンのパイプラインに依存していた。このため、スーダン政府は石油レントの分け前を得ることができた。アチェと同様に、石油の富によって激化した数十年にわたる紛争の解決に力を貸したのは、国際社会の調停であった。

石油が支える暴力

石油が略奪を紛争に発展させることを立証する事例研究は他にもある。冷戦の最中、超大国とその同盟国は多くの内乱を財政的に支援した。冷戦の終結以降、反乱者は天然資源、とくに宝石や木材、そして石油にその収入を少

しずつ依存するようになっていった[52]。

反乱者は現地の石油施設から現金を巻き上げるために3つの方法を考案した。石油それ自体を盗むこと、ゆすりや誘拐、そして将来の石油利権を外国企業に販売することだ。ナイジェリアやコロンビア、コンゴ共和国の反乱軍、また赤道ギニアの反乱組織は、こうした現金巻き上げ戦略を用いている。

ナイジェリアでの石油強奪

最初の方法は石油それ自体を盗むことだ。これはパイプラインを流れる石油をかすめ取ったり(これは船舶への燃料の積み込み用語を借用して「バンカー」と呼ばれる)、石油トラックやタンカーをハイジャックしたりすることで行われる。石油の窃盗は微々たるものであることもあれば、大がかりなものもある。盗まれた石油はブラック・マーケットに売りにだされる[53]。2006年だけで、イラクの反乱軍は石油の密輸やそれに関連する行為で251億ドルを稼いだ[54]。そしておそらく、石油がもっとも多く盗まれた国はナイジェリアだ。

ニジェール・デルタ地域には長く複雑な貧困の歴史があり、国家の抑圧や民族間対立、組織的な暴力が見られた[55]。1960年代半ばから、この地域は武力衝突と反乱に関する三つのエピソードを有している。最初の二つは石油の富が現地の住民に自治と独立に向けて戦う集団を支援する動機を与え、三つ目の最近の事例では、石油窃盗とゆすりによって反政府武装勢力を財政的に支えた。

ニジェール・デルタ地域には2,000万人が暮らし、その広さは7万平方キロに及ぶ。これはアイルランドあるいはアメリカの西ヴァージニア州に匹敵する。湿地帯や河川、熱帯雨林がその多くを覆っている。そこは長らくナイジェリアでもっとも貧困で、民族的にもっとも分断された地域だった。1650年から1800年の間、西アフリカ出身の奴隷のおよそ4分の1がこのデルタ地帯の港から運びだされた。ニジェール・デルタ地域は後にパーム油の主要産地となったが、それはイギリスの統治下でぞっとするようなひどい環境で生産されたものだった。

ナイジェリアの独立に続いて発生したこの地域で最初の暴力は、1967年から70年の分離独立戦争だ。この紛争は部分的にはイグボ人と非イグボ人の民族間対立が原因で、両者は独立以来対立関係にあった。しかし石油もまたこの紛争に影響を与えている。イグボ人の独立国家（ビアフラ）が富み栄えるという信念は、この地域の石油埋蔵量が増加して行くことでますます高まっていった。1967年にこの地域の支配者は現地で産出された石油の収入を連邦政府に手渡すことなく、すべて地方政府が接収するように指導した。連邦政府は素早く反応し、ニジェール・デルタ地域に三つの新しい州を設置し、それぞれの地域の少数民族に対してより大きな石油の富の配分と平和を提供したが、イグボからは石油の富を奪った。イグボ地域の支配者はビアフラの独立を宣言し、これが3年間におよぶ破滅的な戦争の引き金となった。

　1990年までに、デルタ地域はナイジェリアの石油収入の大半を構成するようになり、政府はその収入に依存し、この地域の石油はナイジェリアでほぼ唯一の輸出品となった。しかし、デルタ地域がナイジェリアでもっとも貧しい地域の一つであることに変わりはなかった。1996年のナイジェリア政府の調査によれば、デルタ地域の貧困率は58.2％で、これはナイジェリアでもっとも高い数値となった。識字率や保健医療サービスの利用、安全な水の利用についても、極端に低い状況にあった。

　石油産業の繁栄と根強い貧困が同居するなかで、1990年から1995年にかけて政治的暴力の第2ラウンドが行われた。そこでは再び、石油収入をめぐる争いが決定的な役割を果たした。1990年前後には、MOSOP（Movement for the Survival of Ogni People、オゴニ民族生存運動）は他の同盟組織とともに、この地域の石油開発によって健康被害や環境破壊、漁場の汚染やオゴニ人に対する「大量虐殺」が行われるようになったと主張しはじめた。MOSOPはオゴニランドから産出された石油の富の公正な配分を連邦政府に要求した。同盟組織はそこからさらに進んで、自分たちが祖先の時代から伝統的に保有してきた地域での石油に関するあらゆる権利の獲得と自決権の確立を求めた。

　1992年12月、MOSOPの指導者はオゴニランドで操業する石油会社に対して、100億ドルの支払いと悪化した自然環境の回復などを要求した。彼ら

はまた30日以内に会社が要求に応えない場合には、操業を停止させると脅迫した。政府は軍事介入に踏み切り、オゴニ人とその隣人であるアンドニ人の間で数ヶ月にわたる暴力の応酬が行われた。オゴニ人はこの衝突は政府によって引き起こされたとみなしている。1994年にはMOSOPの指導者であるケン・サロ＝ウィワとその部下8名が逮捕され、裁判の後、1995年に処刑された。

　MOSOPのリーダーは死亡したが、ニジェール・デルタの病は改善しなかった。1997年以来、この地域は政府軍と民兵組織の間で、そして民兵組織同士での衝突が頻発した。民兵組織の目標はさまざまだった。完全な独立を主張する者があれば、独立は要求せずとも石油収入の割り当て拡大を要求する者もあった。またとくに明確な政治目標がないままに犯罪行為に走る者もあった。

　こうした民兵組織の中でももっとも有名だったのがニジェール・デルタ解放運動であり、この組織はある場合にはゆすりで、またある場合には石油窃盗で、多額の資金を獲得していた。ゆすりはデルタ地域の石油施設を急襲することで可能となった。国営のナイジェリア国立石油会社の試算によれば、1998年から2003年の間に同社の施設は400回も略奪を受け、毎年10億ドルの損失を被っていたとされる。2003年の選挙では、シェブロンは石油施設への被害が5億ドルにのぼることを明らかにした。

　さらなる破壊行為を避けるために、多くの会社が民兵組織に直接、あるいは間接的に金銭を支払った。西側企業はしばしばこうした支払いを禁じていたが、「監視業務契約」と偽って、若者集団にパイプラインや輸送中継拠点、油井、およびその他の施設の防衛を任せた。民兵組織の指導者はしばしば公然とこうしたカネになる契約を取りつけたことを自慢した。これについてインターナショナル・クライシス・グループは次のように報告している。

> 　（民兵組織の指導者であるアルハッジ・ドクボ・）アサリとその一団がナイジェリア政府と恩赦に関する取り決めに調印してから数ヶ月後の2005年3月に、アサリの代理人であるアラリー・ホースフォールがクライシ

ス・グループに語ったところによれば、アサリはシェル社とアサリが保有するドゥコアユェ・セキュリティー・サービス社との間の契約で、ひと月7000ドルに達する金額を稼いでいた。この契約には、保安や監視、地域開発などが含まれており、こうした契約の中には発電施設の修理（実際にはこの発電施設はまったく稼働していなかったことをアラリー自身が認めている）といった事柄も含まれていた。アラリーはまた、アサリが大宇やニスコ、ウィルブロスなどの会社とも契約があったことを明らかにした。デルタ地域でもっとも怖れられた民兵組織の指導者が、いかにしてこうした契約を外国企業と締結できたのか、という問いに対して、アラリーは次のように答えた。「もし会社側が契約を望まないのなら、その会社を攻撃するだけだ。」

　民兵組織の中には、石油を盗んで販売することで資金を得ているものもあった。インターナショナル・クライシス・グループの別の報告書では、次のように記されている。

　　石油産業の専門家の推計によれば、ナイジェリアではその全土から、一日あたり7万から30万バレルの石油が不法にバンカーされており、これは小規模な産油国の産出量に相当する。シェル・ナイジェリアが2006年8月に発行した最新の年次報告によれば、同社は2005年の不法バンカーで失われた量を一日あたり2万から4万バレルと推計しており、これは2004年に失われた4万から6万バレルよりも減少したのだという[56]。

　盗まれた石油は荷船やタグボートに積まれ、そこからさらにタンカーやトラックに積み替えられ、世界中の製油施設に売却される。こうした取引では政府の役人が重要な役割を果たしており、彼らは違法な石油がチェックポイントを越えるために、積み荷につき添ったり通行許可を与えたりする。
　2006年初頭には、ナイジェリア産の「ボニー・ライト」原油は世界市場で

は1バレルあたり60ドルで売られた。この価格を基準にすれば、毎日盗まれた4万バレルの原油は240万ドルになり、年間では8億7600万ドルになる。こうした取引の大半が政府と戦う民兵組織の手に渡り、この地域の紛争を世界でもっとも手に負えないものにしていたのだった。

コロンビアでのゆすりと誘拐

　盗んだ石油の販売はかなり儲けのいいものになるが、これは反乱者がしっかりした治安維持能力と輸送能力を有している場合に限られる。こうした能力があって初めて、石油を集め、運び、関税や国境の役人を迂回し、共謀相手である買い手に売ることができる。ナイジェリアやイラクでは、こうした活動は政府の役人が共謀したり、あるいは活発に参加したりすることで成立していた。しかし反乱者があまりにも弱く、そのために石油を盗んだり販売したりすることができない場合には、石油会社をゆすったり、あるいは石油会社の社員を誘拐して身代金をせしめたりすることで資金を得る。

　ゆすりと誘拐はコロンビアの紛争では主要な役割を担い、これによって1980年代の小規模な紛争から2000年代初頭の大規模な内戦へと発展したのだ。コロンビアは産油国としては中規模だ。2006年には、住民一人あたり300ドルの石油収入があり、これはGDPの12％を占めた。現在の紛争は1960年代半ばに始まった。当時二つの主要な集団、FARC〔Fuerzas Arnadas Revolucionarias de Colombia：コロンビア革命軍〕とそれよりやや小規模なELNが、それぞれソ連とキューバの支援によって設立された[57]。

　1960年代と70年代を通じて、これらの組織やその他の左派系組織はコロンビア政府に対して小規模なゲリラ戦を仕掛けていた。石油はこの紛争に何の役割も果たしていなかった。状況に変化が現れたのは1983年のことで、この年にオクシデンタル石油社がアラウカ県で大規模な油田を発見したことがきっかけだった。アラウカはELN〔Ejército de Liberación Nacional：民族解放軍〕が緩やかにその存在感を示している地域だった。当時のELNは小規模だった。ELNは1973年の戦闘に敗北したことで事実上消滅しており、1970年代末までにはその規模はわずか40名のゲリラのみとなっていたようだ。

1984年、ドイツのマンネスマン社が石油輸送のためにアラウカからカリブ海の港まで184マイルにわたるパイプラインの敷設を開始した。そのわずか3週間後、ELNはこの計画に対する4回の攻撃となるものの最初の攻撃を行った。3名の建設作業員を誘拐し、労働者のストライキがこれに続いた。このプロジェクトの元マネージャーによれば、国営石油企業のエコペトル社とオクシデンタル社は、マンネスマン社に対して、反乱軍と和平を取りむすぶように示唆した。マンネスマンはELNに対して少なくとも数百万ドル、あるいはそれ以上の現金を支払い、それによってパイプライン敷設を計画通りに進めることができた。

　ELNは採用した戦術があまりにもうまく行ったため、この手法を手放すことができなくなった。1986年の後半には、ELNは「コロンビアよ、目覚めよ。…彼らは石油を盗んでいる」というキャンペーンを展開し、新たに完成したパイプラインの攻撃を再開した。1986年から2001年にかけて、パイプラインは911回も爆発した。石油労働者の誘拐も含め、ELNのゆすりの手法はあまりにもカネになるものだったため、他の集団もELNに合流するようになった。これらの集団には右派の準軍事組織も含まれており、彼らは石油業務を請け負う会社や政府の役人をゆすりのターゲットにした。またFARCはすでに麻薬貿易で利益を得ていた。FARCが2001年にひとたびアラウカで支配を確立すると、パイプラインの爆発回数はその最高記録である170回を数えた。

　誘拐やパイプラインの爆破から得られる金銭のおかげで、ELNの規模と影響力は拡大した。1983年にはELNはわずか三つの方面で戦闘を行っているに過ぎなかったが、1986年までにそれは11ヶ所に拡大した。爆破戦術の前には40名のゲリラを抱えていた同組織は、1990年代後半までにおよそ3000名を擁するにいたった。

　反乱勢力によるゆすり行為は全体の一部に過ぎない。政府に関連する準軍事組織もまた石油をもとにゆすりを行っていたからだ。1988年から2005年における900のコロンビアの市当局を対象にしたオエインドリア・ドゥーブとジュアン・ヴァルガスによる革新的な研究によれば、石油を産出する市の

当局は、とくに石油価格が上昇したときに、より頻繁に準軍事組織の暴力に晒されたという[58]。石油と違法ドラッグからの利益は、コロンビアの政府側と反政府側の両者に資金を提供し続け、1960年代や70年代の小規模の紛争が今日の大規模な内戦につながる手助けとなった。

コンゴ共和国の将来的な戦利品

最後に、反乱者が石油から資金を得るために経済的により洗練された手法を取ることを指摘しておこう。それは「将来的な戦利品」と呼ばれるものを販売することだ。反乱の指導者の勝利の見込みが大きいとき、彼らは自分たちが最終的に手に入れることになる石油の採掘権を、それを手に入れる前に売りさばくのだ。彼らは石油の現物を販売するのでもなければ、自国の石油企業から資金をゆするのでもない。そうではなく、彼らは将来的な石油利権を販売する。これは最終的に反乱者が本当に勝利したときに果たされる契約である。反乱者はこのようにして実質的に戦利品の将来的な権利、すなわち「将来的な戦利品」を販売しているのだ。

将来的な戦利品の販売は、予言の自己成就という危険性を持つ。もしも反乱集団がこれを販売できないと、彼らは戦利品を獲得するための資金そのものを得ることができない。資源の将来的な利権を販売することが、その獲得を可能とするのだ。反乱集団が獲得するであろう資源を購入する者がいなければ、反乱者の攻撃は――そしておそらくは紛争それ自体が――発生しなくなるだろう。

1997年6月初頭にコンゴ共和国で発生した内戦の引き金を引いたのは、こうした将来的な戦利品が生みだす資金だった。コンゴ共和国はかつてフランスの植民地で、1974年以降は石油輸出国であった。その歴史の大半を通じて、権威主義的な政府がコンゴ共和国を統治してきた。1990年代初頭には民主化が起こり、それ以来3度の小規模な内戦(1993年から94年、1999年、2002年)を経験し、また1度の大規模な内戦を1997年から98年にかけて経験した。

97年から98年の内戦は、コンゴの大統領パスカル・リスバが政敵のデニ

ス・サッソウ・ンゲッソの邸宅に軍を派遣し、そこを包囲したことがきっかけだった[59]。サッソウは 1979 年から 92 年までコンゴ共和国大統領を務めており、その職に返り咲くことを目指して次の選挙に向けて準備を進めていた。サッソウはまた傭兵を所有しており、この傭兵が彼の邸宅を包囲する政府軍と戦闘状態に入ったことで、内戦が勃発したのだ。

サッソウが傭兵を雇うのに用いた資金源の一部は、コンゴの石油の将来的な採掘権の販売からもたらされていた。衝突前夜、サッソウはフランスの石油会社である Elf アキテーヌ社（現トタル社）からかなりの援助を受け取っており、その額は 1 億 5,000 万ドルだったとも、Elf アキテーヌ社がサッソウの武器購入を手助けしたともいわれている[60]。

Elf アキテーヌはサッソウから将来的な石油利権を購入するには、十分な商業的な理由が存在した。サッソウが大統領職にあった 1979 年から 92 年にかけて、サッソウは Elf アキテーヌおよびフランス政府と極端に密接な関係にあり、コンゴの石油産業の管理を同社に排他的に委ねていた。1992 年に大統領になったリスバは、オキシデンタル石油やエクソン、シェル、シェブロンなどの他社にもコンゴの石油産業を開放した。リスバはまた、新規参入の石油会社にコンゴの石油産業をより広範に開放する法案を議会に提出した。Elf アキテーヌはコンゴの石油産業における支配的な地位を取り戻すために、リスバを追い落とそうとするサッソウを支援したのだった。

これは Elf アキテーヌにとって抜け目のない投資だった。4 ヶ月の凄惨な内戦の後、サッソウはリスバに勝利して成立前の法案を廃案にし、Elf アキテーヌを再度支配的な地位に据えた[61]。サッソウは利益を得た。1997 年から 98 年の内戦に勝利し、サッソウは大統領に返り咲いてコンゴの民主的な政治に幕を引いた。彼はその後も 2002 年と 2009 年と大統領に選出されたが、選挙に際しては主要な野党はボイコットを実施したり、また選挙戦を妨害されたりしたのだった。

赤道ギニアのウォンガの染み

将来的な戦利品はまた別の大騒乱をも引き起こす。2004 年 3 月には、海外

の傭兵が産油国である赤道ギニアの政府転覆を試みた。クーデターの前夜に一味が逮捕されたために内戦にはいたらなかったが、それはあと一歩にまで迫っていた。非常に多くの関係者が法廷に引きだされたため、この事件がどのように金銭的に支援されたのか、われわれはその全貌を例外的に知ることができる。この資金の正体は、将来的な戦利品の販売によって生じた「ウォンガの染み」と呼ばれる大金だった[62]。

赤道ギニアは旧スペイン植民地で、1979 年までテオドーロ・オビアン・ンゲマ・ムバソゴによって統治されていた。オビアンはクーデターによって自分の叔父を倒し、支配者の地位に就いていた。当時の赤道ギニアは汚職が蔓延しており、非民主主義的だった。1996 年に石油が発見されアフリカで最大の産油国となったが、内戦を経験したことはなかった。

2004 年に計画されたクーデターは、国内の粗暴な将校や野党勢力によるものではなく、南アフリカを拠点とする有名なイギリス人傭兵のサイモン・マンに率いられた外国人の一団によって計画されたものだった。マンはエグゼキューティブ・アウトカムとサンドライン・インターナショナルという二つの会社の創設者であり、これらの会社は 1990 年代にシエラレオネやアンゴラの内戦に傭兵を提供していた。

2004 年 3 月、マンは 65 名の傭兵をジンバブエから空路で赤道ギニアに送り込むように手配した。この一団は赤道ギニアに侵入すると、前もって入国していた南アフリカ人とアルメニア人の傭兵 15 名と合流し、オビアンを廃してその政敵で亡命していたセヴェロ・モトを支配者に据える計画だった。

赤道ギニアとジンバブエの当局は密告によって事態を知り、クーデターはまさに最後の段階で回避された。輸送機に乗っていた傭兵はジンバブエのハラレで逮捕され、その他の共謀者は赤道ギニアで逮捕された。マンはその後ジンバブエで 7 年の実刑判決を受け、彼の部下は 12 ヶ月の実刑となった。2008 年にはマンは赤道ギニアに引き渡され、そこで 34 年の実刑を受けたが、その 1 年後に大統領の恩赦で釈放された。

このクーデターの計画は複雑で、十分な資金なしには実行不可能だった。イギリス系の南アフリカの企業家グループが資金を提供したが、このグルー

プは資金の流れを隠すために英領バージン諸島やガーンジーのオフショア銀行を利用していた。投資家たちはそれぞれ300万ドルから1,400万ドルをつぎ込み——正確な総額はけっして明らかにならない——、赤道ギニアの石油で配当がなされることになっていた。10ヶ月で10倍の配当を約束された者もあれば、赤道ギニアの貴重な石油資源へのアクセスを得るために独自に石油会社を設立することを計画していた者もあった。大統領職を望んでいたモトは、一説によればマンに1,600万ドルと莫大な政府関連事業の契約を申しでていたとされる。傭兵たちは、作戦が成功した際には多額のボーナスが約束されていた。資金提供者の大半は不明であるものの、元英国首相のマーガレット・サッチャーの息子であるマーク・サッチャーも資金提供を行っていた容疑で2005年に南アフリカで裁判にかけられ、執行猶予と多額の罰金の支払いという判決を受けた。

　コンゴ共和国のサッソウと赤道ギニアのマンは、ともに自分たちが将来的に得ると予想されている石油収入への将来的なアクセスを販売することで、計画に必要な資金を得ていた。もしも彼らが標的とする政府がこうした資産を持たなかったなら、攻撃を実行するために十分な資金がなく、それゆえに計画がより困難となり、場合によっては実行不可能だと判断されたかもしれない。将来的な戦利品の販売は、政府の富である石油を、政府の危機に転換させる方法なのだ[63]。

　石油の富と紛争の関係には、疑わしいものもある。石油やその他の採鉱会社はしばしば不安定な地域で操業し、そうした地域では紛争のリスクが元々高い。しかし石油の生産は内戦の危険性をいっそう高める傾向にある。これはとくに1989年以降の低中所得国において顕著だ。

　ほとんどの石油に関連した紛争は比較的小規模だ。それらの一部、例えばコロンビアやニジェール・デルタの事例では、紛争は解放を目指す集団間のものではなく、単にゆすり目当てのごろつきの間の戦いという場合もある。これとは別に、イラクのクルディスタンや南スーダン、インドネシアのアチェ地域のように、純粋に民族自決を目指すものもある。

石油は紛争の唯一の原因ではあり得ず、紛争が不可避というものでもない。1970年以来、産油国の半数では紛争が見られない。しかし不幸なことに、新興産油国の多くは低所得国であり、とくにアフリカやカスピ海周辺諸国、東南アジアでは、はじめから紛争リスクが高い。これらの多くが保有する石油は今後10年から20年程度しかもたない。もしもこうした国々が内戦に屈服するようなことがあれば、自国の石油の富を用いて貧困から脱却する見込みがなくなってしまうだろう。

補遺 5.1：石油と内戦の統計分析

この補遺では石油収入と内戦の発生率との相関関係を分析するロジスティック回帰分析を説明する。

第 5 章では紛争モデルから 4 つの仮説が導出される。

仮説 5.1：一人あたり石油収入が大きいほど、内戦が勃発する確率も大きくなる。

仮説 5.2：一人あたり国民所得が小さいほど、石油の内戦発生に与える影響は大きくなる。

仮説 5.3：産油国の内戦発生率は 1980 年以前よりも 1980 年以後の方ほうが高いはずである。

仮説 5.4：石油が沖合の施設で産出されていれば、紛争の危険は増加しない。

データと方法

ここでの従属変数、つまり内戦勃発が離散型であるため、モデルの推定にはロジスティック回帰分析を用いる。内戦の勃発はまれにしか起こらない、すなわち 1960 年から 2006 年の間にたった 193 の紛争が 6,200 カントリー・イヤー内に生じただけなので、ロジットの結果はキング—ツェンのレアイベント・ロジット推定量と実質的に同一である。他の研究者の結果により近くなるよう、私はロジット分析を行った。

時間依存性の問題、つまり所与の国家で時系列上の観測データが統計的に相関している事実に対処するため、ナタニエル・ベック、ジョナサン・カッツおよびリチャード・タッカーの助言に従って、それぞれのモデルに三次のスプラインを加えて同一国における過去の紛争終結以降の年数を統制した[64]。すべての説明変数を 1 期のラグつきにして内生性を緩和し、国ごとに

標準誤差を凝集させた。

従属変数

主要な従属変数は紛争の勃発である。この変数は武力紛争データセット（Armed Conflict Dataset）2007年（バージョン4）から作成した。これは暴力的な紛争について、もっとも包括的で透明性のあるデータセットである。データセットの作者は紛争を「政府および／もしくは領土に関して争う不一致のことであり、少なくとも一方が政府である2者間の武力行使が」単年度で「最低25人の戦闘による死者を生みだしたもの」と定義している。私は国際紛争ではなく国内紛争に注目しているので、データセットの作者がいうところの「タイプ3」（国内紛争）と「タイプ4」（国際化した国内紛争）の出来事に限定して分析した[65]。

このデータを使って「内戦勃発」、つまり紛争が開始された年に「1」を与え、それ以外は「0」を取る変数を作成した。一時的に小康状態となった継続する紛争を二重カウントしないため[66]に、平和の期間が2年以上持続した後に発生した紛争だけを分析に含めた。また「武装闘争」データを使って「内戦勃発」を構成する3要因を測定した。それは国民政府の支配を求める紛争の勃発（「政府紛争の勃発」）、領土をめぐる紛争の勃発（「分離紛争の勃発」）、および大きな内戦の勃発（「主要な紛争の勃発」）である。他の研究者と同様に最後の要因は、所与の単年度で1,000人以上の戦死者を出した紛争と定義した。またジェームズ・フィアロンとデビッド・レイテイン、そしてニコラス・サンバニスが開発した内戦データも使って、分析結果が頑健であるかどうかを検証した[67]。

独立変数と統制変数

第3章と同様に、独立変数は一人あたりの石油収入の対数である。

内戦の発生モデルについては研究者の間で合意はない。つまり統制する変数群を一意に決めることは困難である。ハーバード・ヘグレと共同研究者、フィアロンとレイテイン、コリアーとアンケ・ヘフラー、ラース・エリック・

セデルマン、アンドレア・ウィマー、ブライアン・ミンなど著名な研究者たちが、ふさわしいリスク要因を特定している[68]。広く用いられている変数は、モデルの特定化の変更、標本がカバーする時期の変更、観測の持続期間の変更（例えば、国の観測値が年次データなのか5年おきなのか）、および内戦の定義の変更に対して頑健ではないことが、フィアロン、サンバニス、およびヘグレとサンバニスによる検証によって明らかになった[69]。

　一貫してもっとも頑健な内戦の説明変数は所得水準と人口規模だと見られている。いくぶん頑健な変数は政治体制の類型（アノクラシーという部分的に民主的で部分的に独裁的な体制は紛争リスクが高い）と、独立して間もない国家かどうかである[70]。内戦リスクを上げるかもしれない他の要因としては、近年の政治的不安定、経済の低成長、少数派エスニシティの社会的疎外、山脈地形の存在、不連続な領土、および戦争志向の非民主主義国家が隣国であることだ。

　まず「石油収入」と内戦との関連にもっとも頑健な二つの説明変数、国民所得と人口規模だけを含めた「コアモデル」の開発から始める。頑健性チェックとして、フィアロンとレイテインによる独創的な内戦モデルで利用された説明変数を上記の全要因に追加する。

分析結果

　表5.4は「内戦勃発」を従属変数にした計量分析の推定結果を示している。表の（1）は2つの統制変数である「国民所得」と「人口規模」の両方が期待される方向、すなわち低所得で人口規模の大きい国は内戦に陥りやすいこと、で「内戦勃発」と統計的に有意な相関を持つことを示している。

　表の（2）では「石油収入」が「内戦勃発」と正の相関があり、1％水準で統計的に有意であることがわかる。この結果は仮説5.1の「石油が内戦の原因である」という言説のもっとも簡明な表現と一致する。

　表の（3）と（4）では国民所得によって標本を分割した。「石油収入」は低所得から中所得国（2000年基準価格で一人あたり5,000ドル未満）だと「内

表 5.4　内戦の勃発　1960-2006 年

本表は所与の年次における新規の内戦発生率をロジット推定した結果である。従属変数は内戦の勃発である。それぞれの推定は紛争終結後の年数を測定した変数と時間依存性を修正する三次元スプラインを含んでいる（表では割愛）。すべての従属変数は1期のラグつきである。頑健標準誤差は括弧つきで表記。

	(1)	(2)	(3)	(4)	(5)
国民所得(対数)	-0.316***	-0.444***	-0.280***	-0.533***	-0.410***
	(0.0610)	(0.0690)	(0.0979)	(0.181)	(0.0653)
人口(対数)	0.314***	0.258***	0.255***	0.487***	0.247***
	(0.0725)	(0.0776)	(0.0878)	(0.106)	(0.0778)
石油収入(対数)	—	0.133***	0.124***	0.146	—
		(0.0383)	(0.0425)	(0.0910)	
国民所得*石油収入(対数)	—	—	—	—	0.108***
					(0.0316)
所得グループ	すべて	すべて	5,000ドル未満	5,000ドル以上	すべて
国家数	169	169	140	169	169
観測数	6,426	6,426	4,554	1,872	6,382
欠損値の割合	6.7%	6.7%	10.6%	3.9%	6.8%

* 10％水準で有意
** 5％水準で有意
*** 1％水準で有意

戦勃発」と有意に相関しているが、高所得国（一人あたり 5,000 ドル以上）だと相関していない。

　表の (5) において「石油収入」の効果が国全体の所得水準によって異なるか否かを見る他の方法として交互作用項（「所得五分位数」*「石油収入（対数）」）を利用した。交互作用項で「国民所得」を使うよりも「所得五分位数」つまり 1 から 5 の順序尺度で「5」が最低、「1」が最高を表す変数を使ったほうが、係数の解釈が容易になる。もし仮説 5.2 が妥当であれば、交互作用項が大きくなる、すなわち大きな石油収入ないし低所得あるいはその双方の存在は、高い内戦リスクと明確に相関するはずである。交互作用項が正であ

表 5.5 分離主義、政府、主要な内戦 1960-2006 年

本表は所与の年次における新規の内戦発生率をロジット推定した結果である。それぞれの推定は紛争終結後の年数を測定した変数と時間依存性を修正する三次元スプラインを含んでいる（表では割愛）。すべての従属変数は 1 期のラグつきである。頑健標準誤差は括弧つきで表記。

従属変数	(1) 全紛争	(2) 全紛争	(3) 分離紛争	(4) 政権紛争	(5) 主要な紛争	(6) 主要な紛争	(7) 全紛争
国民所得（対数）	-0.297***	-0.636***	-0.457***	-0.427***	-0.326***	-0.512***	-0.405***
	(0.0727)	(0.124)	(0.174)	(0.0742)	(0.0974)	(0.155)	(0.0648)
人口規模（対数）	0.259***	0.256***	0.537***	0.0493	0.252***	0.203**	0.276***
	(0.0849)	(0.0848)	(0.109)	(0.0549)	(0.0745)	(0.0970)	(0.0785)
石油収入（対数）	0.0595	0.206***	0.135**	0.138***	0.0960	0.160**	—
	(0.0470)	(0.0560)	(0.0665)	(0.0438)	(0.0642)	(0.0744)	
海上の石油	—	—	—	—	—	—	0.0450
							(0.341)
陸上の石油	—	—	—	—	—	—	0.655**
							(0.266)
年次	1960-89	1990-2006	1960-2006	1960-2006	1960-2006	1960-2006	1960-2006
国家数	144	169	169	169	169	169	169
観測数	3,618	2,808	6,426	6,426	6,426	2,808	6,149
欠損値の割合	9.0%	2.1%	6.7%	6.7%	6.7%	2.1%	10.2%

* 10% 水準で有意
** 5% 水準で有意
*** 1% 水準で有意

りかつ統計的に有意であれば、石油の効果が一国の全体的な所得水準に依存することを意味する[71]。表の（3）（4）（5）の結果は、石油が富裕国よりも貧困国における内戦により大きな効果があると主張する仮説 5.2 と整合的である。

表 5.5 では標本を 2 期間に分割した。つまり 1960 年から 89 年の「冷戦」期（表の（1））と 1990 年から 2006 年の「ポスト冷戦」期（表の（2））である。「石油収入」変数は後の時期だけ「内戦勃発」と有意な相関を持ち、その係数は前の時期の 3 倍以上大きい。このことは石油の紛争誘発効果が 1980 年以降[72]大きくなっていると主張する仮説 5.3 と一致する。

「石油収入」が「内戦勃発」と相関しているということだけでは、分離紛争と政権紛争の両方に影響していることを意味するわけではない。表の（3）と（4）では紛争の類型ごとに見てみたところ、「石油収入」は両タイプの紛争と有意に関連しており、「石油収入」の係数も驚くほど似通っている。

別のあいまいな点は、低強度紛争つまり年間25から1000人の戦死者を出す紛争が従属変数に含まれていることである。おそらく石油は小規模な紛争だけと関連しており、より大規模な内戦とは関連していない。この主張が正しいかどうかを見るために表の（5）でもう一度コアモデルを推定し、従属変数は「主要な紛争の勃発」を用いた。「石油収入」は統計的有意性を満たさなかった。表の（6）ではポスト冷戦期の観測だけを含めて同じモデルを推定した。そうすると「石油収入」は統計的に有意となった。

表の（7）で2つのダミー変数を新たに作り、陸上の産油施設と沖合の施設で影響が異なるのかどうかを個別に見た。一方は少なくとも一人あたり100ドル分の石油を産出する陸上施設があることを意味し、もう一方は同じ基準を満たす沖合の施設があることを意味する[73]。
「沖合の石油」変数はゼロに近く、統計的に有意ではなかった。「陸上の石油」の係数はそれより10倍以上大きく、統計的に有意だった。よって陸上での石油生産だけが内戦と関連しているようだ。このことは沖合の石油が暴力的紛争を引き起こすわけではないとする仮説5.4と一致する。

頑健性

この結果は、影響力のある少数の事例や、単一の石油資源が集中する地域の特異性、武力紛争データセットの「内戦」定義、あるいは除外変数バイアスによって引き起こされているのかもしれない。

表5.6はこれらの懸念に対処する目的でデザインされた7つの頑健性テストの結果である。これらは最初の3つの仮説、つまり石油収入と全世界全期間の紛争、1989年以降の事例のみ、低所得から中所得国の事例のみのそれぞれの相関に関連する3つのモデルで実行した。

各セルは以下の条件で「石油収入」係数とその統計的有意性を報告してい

表 5.6　内戦勃発：頑健性のテスト

これらは記載した各モデルにおける「石油収入」変数の係数である。詳しくは本文を参照。

	すべての国と期間	1990-2006 年	低所得・中所得国
コアモデル	0.133***	0.207***	0.124***
離散型石油収入	0.704***	0.965***	0.657***
イランとイラクを除外	0.099**	0.182***	0.097**
中東諸国を除外	0.124***	0.213***	0.117**
地域ダミーを追加	0.118***	0.200***	0.111***
フィアロン＝レイテインの統制	0.109***	0.165***	0.096**
フィアロン＝レイテインの内戦	0.089*	0.194***	0.075
サンバニスの内戦	0.090*	0.129*	0.087

* 10% 水準で有意
** 5% 水準で有意
*** 1% 水準で有意

る。すなわち

1. 「国民所得」と「人口規模」だけを統制したコアモデル。
2. コアモデルに「石油収入」の離散型測定尺度を加えたもの。これは「石油収入（対数）」尺度の歪みを是正する目的で導入したもので、2000 年基準価格で一人あたり 100 ドル以上の「石油収入」を産出する国を意味する。
3. イランとイラクの測定値を排除したコアモデル。産油国の中でこの 2 ヶ国は 1960 年から 2006 年の期間、最大の紛争発生件数を有する。第 5 章で論じたように、イランとイラクにおける植民地としての歴史は両国を特殊事例にしており、異常なまでに紛争を誘発しやすい。
4. データセットから中東諸国を排除したコアモデル。
5. 世界の 4 地域、すなわち世界銀行による定義に基づく中東・北アフリカ、サブサハラ・アフリカ、南米、およびアジア地域を表すダミー変数を加えたコアモデル。
6. フィアロン＝レイテイン・モデルにおいて統制された変数をすべて

加えたコアモデル。つまり民主主義、民主主義の二乗、エスニック亀裂、宗教亀裂、山脈地形、不連続領土、および政治的不安定の各変数。

7. フィアロンとレイテインの内戦データセットから得た内戦発生の代替尺度を用いたコアモデル。この尺度では内戦をより狭く定義しており、低強度紛争のいくつかを排除している。なおオリジナルのフィアロン＝レイテイン・データセットは1999年で終わっており、武力紛争データセットにある15ヶ国が含まれていないので、私が欠測の15ヶ国と2000年から2006年のすべての国のデータをフィアロン＝レイテイン・データセットに補充した[74]。

8. サンバニスの内戦データセットから得た内戦発生の代替尺度を用いたコアモデル。オリジナルのサンバニスのデータセットは1999年で終わっており、武力紛争データセットにある8ヶ国が含まれていないので、私が欠測の8ヶ国と2000年から2006年のすべての国のデータをフィアロン＝レイテイン・データセットに補充し、サンバニスの内戦発生変数を議論するために利用した[75]。

石油と紛争の関連は1960年から2006年の期間でもポスト冷戦期でも、それぞれのテストにおいて頑健であり、「石油収入」の係数は一貫して大きい。石油と紛争の関連性は低所得・中所得国だと頑健性が弱まり、フィアロン＝レイテインおよびサンバニスがコーディングしたデータを用いると、おそらく小規模の紛争が除外されるために（わずかながらではあるが）統計的有意性を失う。

三つのモデルすべてにおいて「石油収入」はイランとイラクおよび中東諸国すべてを分析から落としたとしても、内戦勃発と有意な相関関係を維持している。地域ダミーの追加は「石油収入」に対して相対的にわずかな影響しか持たない。

全体としてこれらの推定結果は石油収入がふさわしい条件の下で紛争勃発と相関していることを示している。このことは本章の4仮説のうちの三つ、

つまり石油収入と内戦発生率の拡大の関連、とくに低所得国における両者の関連、石油が沖合で生産される場合の関連と一致している。石油が紛争を誘発する性質は時間の経過によって増大する一方で、1980年以前と以後での違いは1990年以前と以後での違いほど大きくはない。

石油収入と内戦勃発の相関関係は分離主義者の紛争と政権紛争の双方で成り立つ。この関係はポスト冷戦期に限られるが、大規模な紛争でも維持される。一連の頑健性チェックはこの相関関係が影響力のある少数の国や単一の地域、武力紛争データセット特有のコーディングもしくは標準的な独立変数の除外によって引き起こされているのではないことを示している。

注
1 Fearon and Laitin 2003.
2 Collier 2007, 27.
3 天然資源と内戦に関する初期の研究については、Ross 2004b, 2006a を参照。内戦に関するより包括的な研究については、Walter 2002; Kalyvas 2007; Blattman and Miguel 2008 を参照。本書では「内戦 civil war」「暴力的紛争 violent conflict」「武力紛争 armed conflict」はいずれも同じものを指す用語として扱い、小規模な紛争（暦年の1年間に戦闘に由来する死者が25人から1000人発生するものとして定義される）と大規模な紛争（1年間に戦闘を原因とする死者が1000人以上発生するものとして定義される）の両方を指す。内戦であるかどうかは、一方の当事者がかならず政府でなければならない。内戦の定義については、Sambanis 2004 を参照。本章での内戦のデータは、「武力紛争データセット」から使用した。詳しくは Gleditsch et al. 2002; Harbom, Högbladh, and Wallensteen 2007 を参照。このデータセットと紛争の詳細な定義に関する詳しい情報は、http://www.ucdp.uu.se を参照。
4 Fearon 2004.
5 Fearon and Laitin 2003; Collier and Hoeffler 2004.
6 Miguel, Satyanath, and Sergenti 2004.
7 Fearon and Laitin 2003; Hegre and Sambanis 2006.
8 Sambanis 2001; Gleditsch 2002.
9 Fearon and Laitin 2003.
10 Le Billon 2001; Ross 2003, 2006a; Humphreys 2005; Lujala, Gleditsch, and Gilmore 2005.
11 Collier et al.2003.
12 これらの要素は、内戦の発生理由を説明する手助けとなる。しかしこれらの紛争が期間や深刻さにおいてさまざまである理由はわからない。ミャンマーのカレン族の反乱のように長期間にわたるが犠牲者がほとんどいないようなものもあれば、1994年のルワンダの内戦は短期間ではあったが恐ろしいほどの犠牲が発生したものもある。これらの紛争ではさまざまな要因がそれぞれに影響を持ったのであろう。紛争を生じさせる原因は、紛争を継続させる原因とは異なる。また、紛争を継続させる原因と紛争を深刻化する原因もまた異なる。内戦の期間と深刻さについては、Collier, Hoeffler, and Söderbom 2004; Kalyvas 2007; Humphreys and Weinstein 2006; Weinstein 2007; Lujala 2009, 2010 を参照。
13 このモデルの主要なアイデアは、2004年のポール・コリアーとアンケ・ヘフラーの先駆的な研究に由来する。彼らの議論には弱点がないわけではない――そのいくつかについては私の初期の研究（Ross 2004b, 2006a）を参照のこと――が、本章で提示するものの他にも証拠が次々と上がってきているので、彼らの議

14 この主張は犯罪研究の成果からよく支持される。賃金が高ければ、人々は犯罪活動に手を染めなくなる。Grogger 1998; Gould, Weinberg, Mustard 2002 を参照。
15 1990 年代初頭までは、内戦の多くは冷戦の一部として、超大国からの資金提供に依存していた。この時期以降には外国からの資金援助は急速に低下し、今やほとんどの反乱に影響を持たなくなった。
16 こうしたカテゴリーはジェレミー・ワインスタインの 2007 年の研究に基づいている。ワインスタインは次のように主張している。「活動家的」な反乱組織のメンバーは非物質的な目標に関与し、規律が行き届いており、対象を選択して暴力を行使する。「日和見主義的」な反乱組織の兵士は短期間で利益を得ることを望み、規律が徹底されず、無差別に暴力を行使する。
17 もしも運営の壊滅的な失敗によって石油の富が低所得を生みだすなら、石油の富が武力紛争を勢いづかせるかもしれない。しかし第 6 章で示すとおり、石油の富は一般的には収入を減少させることはない。
18 独立は石油産業を招致するコストを緩和する効果を持つ。このコストには、石油産業がもたらす環境問題、社会問題も含まれる。分離独立の経済モデルについては、Buchanan and Faith 1987; Bolton and Roland 1997; Alesina and Spolaore 1997 を参照。
19 Ahmad and Mottu 2003; Brosio 2003.
20 このシナリオは、なぜ資源に富んだ地域の内戦は異常に長く継続するのかという問題を取り扱った、ジェームズ・フィアロンが 2004 年に行った非常に詳細かつ厳密な研究に基づいている。フィアロンは資源収入の不安定さが政府の信用を低下させると論じたが、私は資源収入の隠匿性により重点をおいている。もしも反乱者が収入の変動をより詳細に監視できるなら、資源収入の不安定さは平和の障害にはなりにくい。バーバラ・ウォルターが 2002 年に行った研究は、分離主義者が引き起こす反乱に政府の信用性が与える影響について、より一般的なモデルを構築している。
21 天然資源の多様性が、反乱者に多様な経済的機会を与える。サハラ以南のアフリカ諸国や東南アジア諸国のような貧困国の反乱者は、宝石や木材を資金源とするが、これは部分的にはこうした資源は奪われやすいからで、とくに技術のない者でもシャベルとバケツ、チェーンソーとトラックがあれば奪うことができるからだ。Le Billon 2001; Ross 2003, 2004c を参照。
22 このことから、石油生産と政治的暴力を安易につなげることに注意すべきことがわかる。たしかに石油生産には内戦を発生させる傾向があるという有力な証拠がある。しかしときには石油と暴力の相関の背後には、政治的に不安定な地域で操業することを選択するという石油採掘会社の例外的な意向が存在する場合もあり、その場合、石油会社は単に紛争のまっただ中におかれているだけで、紛争を生みだす原因にはまったくなっていない。
23 2009 年のピエール・エングルバートの研究によれば、国民レベルでは資源の富はときには紛争を減少させる効果を持つという。つまり、アフリカの脆弱国家においては、当該国の支配エリートが天然資源収入やその他の「国有レント」を国内のエリートが国内に留まろうとするインセンティブに転換することができるので、アフリカの脆弱国家が生き残ることができたとされる。
24 石油と紛争の逆 U 字型の関係に関する議論は、少々別の理由に依拠して、以下の研究で展開された。Collier and Hoeffler 2004; Basedau and Lay 2009.
25 例えば、以下の研究を参照。Collier and Hoeffler 2004; Fearon and Laitin 2003; Fearon 2004; de Soysa 2002; de Soysa and Neumeyer 2005; Humphreys 2005; Lujala, Rod, and Thieme 2005; Ross 2006a; Lujala 2010.
26 ここでは、1 年間に国民一人あたり最低 100 ドル分の石油あるいは天然ガスの収入を得ている期間に発生した紛争のみを数えている。例えばナイジェリアでは、1960 年から 2006 年の間に 6 年間の紛争期間があるが、1973 年以降にナイジェリアが産油国になって以降の紛争期間は 1 年間だけになる。
27 補遺 5.1 で示すことになるが、この 2 ヶ国を除いても、石油と内戦の間には強い関係が確認される。
28 このことは、かならずしも石油が 1980 年以前に紛争を発生させる効果がないことを示すものではない。補遺 5.1 で行うこの時期に関する詳細な分析でも、結果ははっきりしない。石油は 1980 年以前にも穏やかにその国の紛争リスクを上昇させるが、これは同時に発生する石油生産による急速な成長と収入の増加によって解消されてしまう。
29 Kalyvas and Balcells 2010.
30 これは石油と紛争を結びつけるのに慎重であるべきもう一つの理由だ。しかしながら、全体的に、産油国は経済的に豊かだ。2004 年の非産油国の収入の中央値はおよそ 1330 ドルで、これは産油国の収入の中央

値の半分以下だ。
31 ここで取り扱う図5.3、および図5.4と図5.5では進行中の内戦を取り扱っているのに対し、これ以外の場所では新たに発生した内戦を取り扱っている点に注意されたい。石油と紛争の期間に関するブレークスルーとなった研究として、Lujala 2010を参照のこと。
32 ジェームス・フィアロンは2005年の研究で「一般的な経済システムの国で労働することに比べて、石油で簡単に裕福になれるのは魅力的な報酬となりうる」(487頁)と述べている。Soysa 2002; Le Billon 2005; Besley and Persson 2010を参照。
33 少数のしかし重要な下記の例外が存在し、それについては後に論じる。1997年にコンゴ共和国で発生した戦争と2004年に赤道ギニアで発生したクーデター未遂事件では、反乱者は最終的な収奪品の分け前を得ることを期待した外国の投資家に支援されていた。
34 Fearon 2005, 487. フィアロンは、投資家サーベイによるデータを元に、「政府が契約を遵守する程度」を計測し、遵守の程度と燃料輸出との間に統計的に関連があると指摘している。彼は、国民所得を統制すると、燃料輸出が増えるとそれだけ投資契約を遵守しなくなることを示した。契約拒否は国家の内戦抑止力や国家の強さの良い指標ではないかもしれない。第2章で指摘したように、1960年代から70年代にかけて国の石油産業を国有化したときには、途上国の産油国のほぼすべては外国の石油会社との契約を破棄した。政府による契約の遵守を含む、政府組織と石油の相関関係は、第6章で指摘するような問題によって誤解される可能性がある。
35 Sarbahi 2005; de Soysa, Gartzke, and Lin 2009.
36 いくつかの部分的な例外がある。インドネシアのアチェの事例に見られるように、少なくとも石油がその地域の陸上で精製される場合には、沖合油田が分離主義差の動きを刺激することもある。また、最近はナイジェリアの民兵が沖合油田を攻撃した。高速艇や航海機器の価格が安くなるにつれ、沖合の石油基地もまた暴力的な紛争と関係を持つのかもしれない。
37 Lujala, Rod, and Thieme 2007を参照。私は彼らの研究に、米エネルギー情報庁（http://tonto.eia.doe.gov/country/）とアメリカ地質調査所の情報に基づいて8ヶ国を加えた。
38 Dube and Vargas 2009; Ostby, Nordas, and Rod 2009.
39 Lujala 2009, 2010; Buhaug, Gates, and Lujala 2002.
40 この中で8件の紛争が産油国で、つまり紛争開始年に国民一人あたり100ドル以上の石油あるいは天然ガスの収入を得ている国で始まった。この8件の中の6件では、紛争発生時にすでに分離主義者の地域（アンゴラ、イランのクルディスタン、イランのアラビスタン、イラク、ナイジェリアのニジェール・デルタ、ロシア）で石油生産が行われていた。2件では分離主義者の地域とは別の場所で石油生産が行われていたか、反乱が発生する地域でまさに石油生産が行われようとしていた（インドネシアとイエメン）。上記以外の8件の紛争は、石油が発見されてはいるもののまだ採掘されていなかったか（パキスタンとバングラデシュ、バングラデシュのチッタゴン丘陵地帯、ナイジェリアとビアフラ、スーダン）、あるいは石油埋蔵量が非常に少なくなっていたため分離主義差の地域では豊富に存在する状況だったため（中国、インド、パキスタンとバルチスタン、トルコ）、石油保有国ではあるが生産量が国民一人あたりに換算して100ドルに満たない状態だった。

興味深いことに、これらの紛争の中にはラテンアメリカが含まれていない。ラテンアメリカでも石油は政権の座をめぐる紛争とはむすびついていたが、しかし分離主義的な紛争とは関係がなかった。これはラテンアメリカの石油が例外的に反乱主義的な財産だったからではない。むしろ、この地域が他に見られないほどに分離主義によく耐える地域であったからだ。ここ1世紀の間、ラテンアメリカには分離主義的な紛争は皆無だった。ラテンアメリカの例外性については、Ross 2010を参照のこと。

銅や金といった別の鉱物資源は非常に貧しい地域、例えばパプアニューギニアのブーゲンビル島やインドネシアの西パプア州などで、ときとして分離主義的な運動にむすびつくことがある(Ross 2004c)。
41 このグループの中の唯一の例外は1994年に発生したイエメンの内戦だ。これは、1990年にイエメン共和国の一部として統合された南イエメンの再独立を目指してイエメン社会主義党が戦ったもので、分離主義者が主張した領土にはハドラマウト地域で新たに石油の埋蔵が確認された場所が含まれていた。
42 Lujala 2010.
43 Sjamsuddin 1984; Robinson 1998.
44 Sjamsuddin 1984; Hiorth 1986.
45 Robinson 1998.

第5章 石油が引き起こす暴力 | 225

46　International Crisis Group 2001.
47　アチェの事例の詳細については、Kell 1995; Ross 2005b; Aspinall 2007 を参照。
48　1998 年以降のインドネシアでは、これ以外に二つの分離主義的な運動が見られた。一つは地下資源に富んだ西パプア州で、もう一つは 1975 年にポルトガルの支配から独立し、その直後にインドネシアに征服された東ティモールだ。1999 年に国連の支援で行われた国民投票によって、2002 年に東ティモールは主権国家となった。
49　O'Balance 2000; Anderson 1999.
50　Amnesty International 2000.
51　Christian Aid 2001.
52　Keen 1998; Ross 2006a; Kalyvas and Balcells 2010.
53　天然資源と内戦に関する論文の中で、私は石油を木材や沖積鉱床のダイヤモンドに比べて「比較的略奪されにくい」と想定した (Ross 2003)。しかしナイジェリアとイラクの反乱者は、この想定とは違う動きを見せた。この点を指摘してくれたマイケル・ワッツの 2007 年の論文に感謝する。
54　Burns and Semple 2006.
55　この部分は以下のものに依拠している。International Crisis Group 2006a; 2006b; Watts 1997, 2007; Osaghae 1994; Omeje 2006.
56　International Crisis Group 2006a, 2006.
57　このコロンビアの紛争に関する記述は、以下のものに依拠した。Chernick 2005; Pearce 2005; Pax Christi Netherlands 2001.
58　Dube and Vargas 2009.
59　1997 年から 98 年の紛争を含め、コンゴ共和国の紛争における石油の役割に関する詳細については、Englebert and Ron 2004 を参照。
60　Galloy and Gruénai 1997 および『ヨハネスブルグメール』紙、『ガーディアン』紙の 1997 年 10 月 17 日を参照。
61　アフリカのフランス語圏諸国を長期的に観察している人々は、果たして Elf アキテーヌが商売上の理由でサッソウを支持したのか、それともフランス政府の政治的利益のためにそれを行ったのか、どちらなのかと考えるかもしれない。1994 年まで、Elf アキテーヌはフランスの国営企業であり、またアフリカにおけるフランスの政治的利益を促進するために政府と密接な関係にあった。しかし同社は 1994 年に民営化され、新たに誕生した経営組織は外国政府とのより商業的な関係を構築する方針を採用した。Elf アキテーヌ社によるコンゴ紛争への関与について、メディアやコンゴとフランスの法廷が調査を続けているが、同社がフランス政府の指示によってサッソウを支持したという証拠は出てきていない。

　将来的な戦利品の市場をめぐる紛争に関与したコンゴ人はサッソウ一人ではなかった。1997 年 6 月に紛争が発生すると、現職のリスバ大統領は反乱を鎮圧するための武器をなんとしても手に入れる必要があった。翌月には、リスバ大統領はフランス系銀行の FIBA で長らく Elf アキテーヌの財務係を担当していたジャック・シゴレに接触した。後になってシゴレがベルギーの新聞のインタビューに以下の様に答えている。

　1997 年 7 月の後半に、原油を含む事前支払いの手配の可能性について、コンゴ人の役人達が打診してきた。私の記憶が正しければ、彼らは 5000 万ドルを必要としていた。私の関心は、彼らがどれほどの石油を販売可能なのか見極める点にあった。彼らは 1 日あたり 1 万バレルの石油を手配可能で、10 月になれば 1 万 5000 バレルに増産可能だと言ってきた。石油の買い手が誰なのか知らないが、私は一般的な石油の販売契約の準備を行った。(Lallemand 2001 からの引用)

　幸運なことに、リスバは売却相手を見つけることができなかった。リスバは急速に敗色濃厚になったため、こうした将来的な戦利品に賭けるにはリスクが大きすぎるのだった。もしリスバが売却相手を見つけていたら、内戦は長期化し、その費用も膨らんだだろう。
62　これに続く本文の記述は以下のものに依拠した。Roberts 2006; Barnett, Bright, and Smith 2004.
63　将来的な戦利品の取引やそのダイヤモンド産業の事例については、Ross 2005a を参照。
64　Beck, Katz, and Tucker 1998. 以前の推定 (Ross 2006a) では、時間依存性問題の別の対処法 (Fearon and Laitin 2003) を行ったが、実質的な結果は同じである。
65　Gleditsch et.al.2002.

66 和平が1年継続した後に発生した紛争を含めても結果に影響しなかった。
67 Fearon and Laitin 2003, Sambanis 2004.
68 Hegre et al. 2001; Fearon and Laitin 2003; Collierand Hoeffler 2004; Cederman, Min, and Wimmer 2010.
69 Fearon 2005; Sambanis 2003; Hegre and Sambanis 2006.
70 Cederman, Hug, and Krebs 2010 を参照。
71 私は「石油収入」と交互作用項を同じモデルに含めていない。2つを同時に投入するとおそらく共線性のために統計的有意性を得ることができない。
72 産油国で1970年代から1990年代半ばにかけて（図5.2）、紛争発生率が一様に上昇しているけれども、1990年頃まで世界の他地域と紛争の発生率に有意な差はなかった。
73 沖合と陸上の両方で石油生産している国の生産量データが入手できないので、ダミー変数を用いた。石油と天然ガス油井の地理データは、Lujala, Rod, and Thieme 2004; 8ヶ国分の欠測は US Geo logical Survey (n.d.) と Energy Information Adninistration の各国レポート（http://tonto.eia-doe.gov/country/）で補った。
74 オリジナルのフィアロン＝レイテイン・データセットで欠測しており私が補充した15ヶ国はバハマ、バルバドス、ブルネイ、コモロ、カーボベルデ、チェコ共和国、赤道ギニア、アイスランド、ルクセンブルグ、モルジブ、マルタ、ソロモン諸島、スリナム、イエメンである。
75 オリジナルのサンバニス・データセットで欠測しており私が補充した8ヶ国はブルネイ、赤道ギニア、エチオピア（1995-99年のみ）、マダガスカル、モルジブ、セルビア、ベトナム、イエメンである。

第6章
石油、経済成長、政治制度

> 熱に浮かされたような繁栄の後に来るのは、決まって完全な崩壊である。
> ——ポール・フランクル「石油の本質」1946年[訳注1]

　1950年代と60年代には、ほとんどの社会科学者は天然資源の富が経済成長に資すると信じていた。アフリカの鉱物資源国は将来を約束されているようで、それがない東アジア諸国はひどい困難に直面するだろうと。しかし1990年代の半ばまでに、どうやらこうした信仰とは逆の事態が真実だと思われるようになってきた。すなわち、資源に乏しい東アジア諸国は数十年にわたる力強い成長を謳歌し、資源に富んだアフリカ諸国の大半では開発が失敗したのだ、と。石油に富んだ中東諸国は、1970年代の半ばまでは目を見張る発展を享受したが、1980年代の大半と1990年代の初頭には停滞に甘んじた。2005年までに、OPEC諸国の少なくとも半数の国家は、30年前よりも貧しくなった。経済学者たちは、天然資源は一般的に、そしてとくに石油は、途上国において「汚職やガバナンスの弱体化、レント・シーキング、略奪」などを引き起こすために、経済成長を減速させ得るというパラドクスを論じはじめた[1]。

　こうした昔から受け継がれてきた知識の大半は誤りだ。石油は経済成長の速度を低下させることもなければ、官僚主義の非効率性、異常な水準の汚職、あるいは人間開発の異常な低水準といった事態を引き起こすこともない。産油国の経済成長は特殊ではあるが、非産油国に比べて速いわけでも遅いわけでもない。我々の目の前にあるミステリーとは、莫大な天然資源の富

訳注1　Frankel 1989.

があるならばもっと速く成長してよさそうなものだが、なぜ産油国は普通の成長率を維持しているのか、ということだ。

産油国の経済成長は遅かったのか？

影響力のある多くの研究は、石油の富が経済的な呪いであることを論じる。多くの石油を産出すればそれだけ経済成長は遅くなる、と[2]。大半の研究は1970年代から90年代を対象とする。この期間の産油国はたしかに経済的に多くの問題を抱えていた。しかしより長期間で眺めてみると、産油国の経済成長が不自然に遅いといったことはない。ただし、それは不自然に不安定だ。

表6.1 人口一人あたりの経済成長率 1960-2006年

	非産油国	産油国	差
すべての国家			
1960-2006年	1.76	1.67	-0.09
1960-73年	2.77	4.5	1.72***
1974-89年	1.14	0.22	-0.93***
1990-2006年	1.45	2.04	0.59**
途上国のみ			
1960-2006年	1.56	1.54	-0.02
1960-73年	2.34	4.67	2.33***
1974-89年	0.97	-0.38	-1.35***
1990-2006年	1.42	2.24	0.82***

*片側 t 検定で10％の水準で有意。
**5％の水準で有意。
***1％の水準で有意。
出所：Maddison 2009のデータを基に作成。

表6.1は1960年から2006年の間の一人あたりの経済成長率の変化を、産油国と非産油国を比較しつつまとめたものだ。観察対象期間のすべてをひとまとめにして産油国と非産油国を比較すると、両者は同等の成長率を示す。途上国では産油国と非産油国の経済成長率はほとんど同じで、年間1.5％をわずかに上回る程度だ。

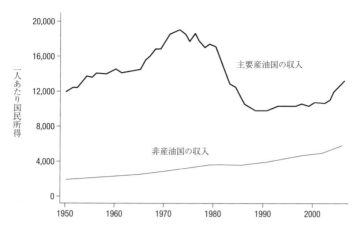

図 6.1　主要産油国の収入　1950-2006 年

太い折れ線グラフは、北米とヨーロッパ以外の主要石油・天然ガス産出国（アルジェリア、バーレーン、ガボン、イラン、イラク、クウェート、リビア、オマーン、カタル、サウジアラビア、トリニダード・トバゴ、アラブ首長国連邦、ベネズエラ）の一人あたりの国民所得の中位値を示す。ブルネイは石油生産量については比較可能なデータを公表しているが、経済成長率については信頼に足るデータが存在しない。細い折れ線グラフには非産油国の途上国も含まれる。収入は 2007 年のドル価格で示してある。
出所：Maddison 2009 のデータを基に作成。

　しかし観察対象期間を三つの短い期間に区切ると、驚くべきパターンが浮かび上がってくる。産油国は経済成長が驚異的に速い時期と遅い時期が交互にやってくるのだ。1960 年から 73 年までは、産油国は非産油国に比べて素速い経済成長を遂げたが、74 年から 89 年の成長は遅く、90 年から 2006 年の間にはふたたび素速い成長期を迎えた。先進工業国を観察対象から除くと、成長が速いときでも、遅いときでも、産油国と非産油国の格差は拡大する。
　成長率の標準偏差に目を向けると、経済成長の毎年の変動の大きさを確認することができる。世界中のすべての国を対象とすると、成長率の標準偏差は産油国のほうが非産油国よりも 40％高い。途上国に限定すると、産油国は 60％以上も高くなる。
　石油の経済的効果を分析するもう一つの方法は、途上国世界の主要産油国が生みだす財をその年ごとに追跡する方法だ。ここでは主要な産油国を 1970

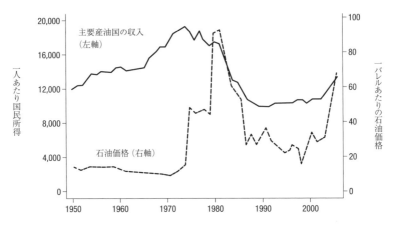

図 6.2　主要産油国の収入と石油価格　1950-2006 年

実線は北米とヨーロッパ以外の主要石油・天然ガス産油国（13 ヶ国）の一人あたりの国民所得の中位値を示している。破線は 1 バレルあたりの価格を 2007 年のドル価格で示している。
出所：Maddison 2009 および BP 2010 のデータを基に作成。

年代から 80 年代にかけて人口一人あたり平均 1,000 ドル以上の石油収入を得ている 13 ヶ国に限定しよう。こうした国々で生みだされる財は、石油と密接にむすびついている（図 6.1 参照）[3]。1950 年には、こうした国々はすでに途上国世界の非産油国に比べて 6 倍も経済的に豊かだった。続く 20 年間で格差は拡大し、第一次石油危機が発生した 1973 年から 74 年に頂点に達する。しかし 1974 年から 89 年にかけて産油国の一人あたりの所得は平均で 47％減少し、1990 年までにイラク、クウェート、カタル、アラブ首長国連邦の 4 ヶ国は一人あたり国民所得で計算すれば 1950 年の水準よりも貧しくなった。

　これは一つには、産油国の経済が国際的な石油価格と密接に関連しているためだ。これを確認するために図 6.2 を参照し、今度はこれら 13 ヶ国の 1950 年から 2006 年までの一人あたりの平均所得を石油価格と比較してみよう（価格はすべて 2007 年のドル価格に換算してある）。1950 年から 73 年まで、実質的な石油価格はさほど変化していないが、産油国のすべては一人あたりの GDP の力強い成長を享受していた。もっとも成長が速かったのはリビアであ

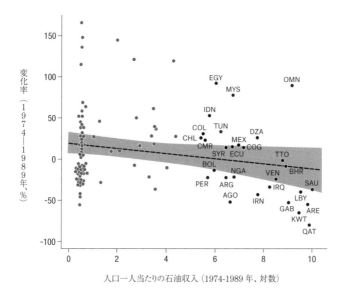

図 6.3 一人あたり国民所得の変化 1974-1989 年

縦軸は 1974 年から 1989 年の間の一人あたり国民所得の変化率を示している。
数値はすべての途上国を対象に作成されている。
出所：Maddison 2009 のデータを基に作成。

り、一人あたりの GDP は 678% も上昇した。

　しかし、1970 年代になると成長率はふらつきはじめる。当時、実質的な石油価格は 9 倍に増加していた。主要産油国のほぼすべては棚ぼた式の利益を管理するために問題を抱え込むこととなったが、対応はさまざまだった。イラン、ベネズエラ、クウェート、カタル、バーレーンなどの大規模産油国は、石油生産量を削減して経済成長をコントロールできる範囲に抑え込もうと試みた。これ以外の産油国は野心的な開発計画の財源を得るために、生産量を維持あるいは拡大した。

　1980 年から 86 年にかけて、西側諸国が石油消費量を削減し、またサウジ政府が増産したことで、石油の実質価格が 3 分の 2 以上も下落した。石油価格の暴落はほぼすべての主要産油国経済を急激に落ち込ませた。図 6.3 は

1974年から1986年間の全途上国の一人あたり国民所得の変化（縦軸）と、石油とガスに由来する一人あたりの平均所得（横軸）を示している。一般的な傾向として、より多くの石油を産出する国家は所得の落ち込みも大きい。アンゴラ、ガボン、クウェート、カタル、アラブ首長国連邦といった産油国では、一人あたりの所得が50％も減少した。この16年間において、石油は経済的な呪いだった。石油を産出すればするほど、経済は停滞した[4]。

しかし、すべての産油国が呪いに苦しんだわけではない。1974年から89年の石油価格の暴落時期にもっとも経済的に成功した産油国は、オマーンとマレーシアだ。これら2ヶ国の一人あたり国民所得はそれぞれ89％と78％増加した。図6.3において、この2ヶ国は右上の角に位置しており、高い石油収入割合と高い経済成長を両立させていたことを示している。なぜオマーンとマレーシアはこれほどまでにうまくいったのだろうか。

政府の指導は重要な要因だ。とくにマレーシアでは深刻なオランダ病を引き起こすほど石油の産出量が大きくなかったおかげで、政府が巧みな産業政策を実施し、経済の多様化と強力な製造部門を育成したことは賞賛に値する。

しかしオマーンとマレーシアは、こうしたこととは別の利点を有していた。この2ヶ国は、1980年から86年の石油価格崩壊を増産で乗り切ることができた（図6.4と6.5を参照）。両国の強力な経済成長は、少なくとも部分的には幸運の結果だった。というのも、新規に油田開発を行うことができたので、価格が低下する中で生産量を増加させて対応することができたからだ。両国はOPECに加盟していなかったからこそ、OPECの方針を無視することができた。OPECは石油価格の下落を食い止めるために生産制限を実施しようとしたが、オマーンとマレーシアは1980年から89年にかけて、それぞれ自由に130％と110％の増産に踏み切った。

1974年から89年まで、OPEC加盟国の中でもっとも経済パフォーマンスがよかったのはインドネシアであり、その経済成長率は54％であった。いくつかの研究は、インドネシアの成功の背景には、棚ぼた式利益をより緩やかに使用し、農業分野にも多額を投資し、また予算のバランスを保ち、国際基軸通貨と自国通貨の両替可能性を維持するなどといった、賢明な政策を挙げ

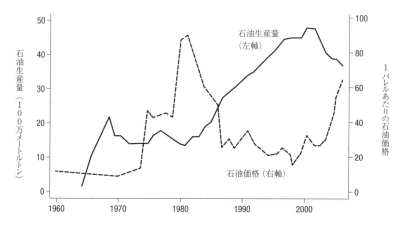

図 6.4　オマーンにおける石油生産と石油の国際価格　1960-2006 年

石油生産（実線）は 100 万メートルトン、石油価格（破線）は 2007 年ドル価格で示してある。
出所：US Geological Survey n.d.; BP 2010.

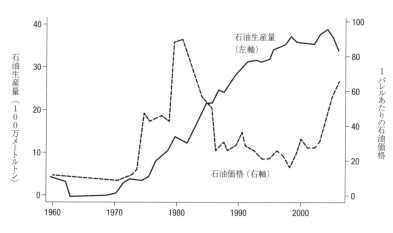

図 6.5　マレーシアにおける石油生産と石油の国際価格　1960-2006 年

石油生産（実線）は 100 万メートルトン、石油価格（破線）は 2007 年ドル価格で示してある。
出所：US Geological Survey n.d.; BP 2010.

る⁵。

　これらすべては重要ではあるが、ここで思い起こすべきは、国民一人あたりで換算すれば、インドネシアの石油と天然ガスの生産量は他のOPEC諸国に比べてもっとも少ないという点だ。その生産量がピークを迎えた1980年には、インドネシアは国民一人あたり333ドルの石油及び天然ガスの収入を得た。これはインドネシアの次に生産量が多いエクアドルの半分以下であり、サウジアラビアの1％程度に過ぎない。1970年代以来、インドネシアは他のOPEC加盟国のように棚ぼた式の利益を享受することはなく、また1980年代の石油価格の急落による被害もほとんど受けなかった。インドネシアは石油が少なかったため、呪いもほとんどなかったのだ。

　これら3ヶ国の強力な経済成長にもかかわらず、大半の産油国にとって、1974年から89年は破滅的な時期で、経済学者の多くは天然資源一般、そして石油はとくに、経済的な障害であると結論づけるようになった。資源の呪いという用語は、1993年に経済地理学者のリチャード・オティによって生みだされたもので、その後これは天然資源国がこうむるパラドックスに満ちた病気を説明するために広く使用されるようになった⁶。しかしながら、この用語を使う研究の大半は近視眼的なものだった。一例を挙げれば、しばしば参照されるジェフリー・サックスとアンドリュー・ワーナーの研究は、資源に富むことが呪いとなると結論づけているが、彼らが分析対象とする時代は、この呪いがもっともひどかった1971年から89年までに限定されている。彼らに続く多くの研究もまたおおよそ同じ時期を取り扱い、同様の結論に達している。

　しかし1989年に底値を記録した後に、産油国の経済状態は回復に向かった。1996年から2006年にかけて、産油国は非産油国よりも40％も速い経済成長を達成している。ヨーロッパと北米以外では、産油国の成長率は非産油国に比べて55％も速かった。このため、1960年から2006年の期間を分析対象にすると、産油国と非産油国の経済成長率はほとんど同じになる。

　ここ半世紀の間、産油国と非産油国を分けていたのは、産油国の経済成長の低さではなく、経済変動の大きさだ。1974年から89年を除けば、産油国

は非産油国を凌ぐ経済成長を達成しており、これは途上国において顕著な現象だ。

　このことは、石油は平均で見れば、その厳密な意味において、経済的な呪いではないことを意味する。石油が産油国を非産油国に比べて貧しい状態に導くということはない。もしも石油が実際に経済的な呪いであるのだとしたら、一人あたりの石油収入がもっとも多いサウジアラビアやリビア、ベネズエラ、ガボンといった国々は、世界でもっとも貧しい国になってしまうが、そうした事実はない。こうした国々は、実際には石油の乏しい隣国よりもずっと豊かだ。

　もちろん、一国の経済成長率はその住民の安寧について多くを語らない。もしかしたら石油生産はその国の住民の貧困を解消したり、生活を改善したりすることにはほとんど効果を持たないかもしれない。こうしたことを分析するためのより良い方法は、低所得国の住民の生活状況、例えば清潔な水がどの程度手に入るか、下水道施設は整っているか、母子・新生児向け保健サービスが整っているか、栄養状態はどうか、教育はどの程度普及しているのか、といったこととともに、乳幼児死亡率を調べることだろう。乳幼児死亡率については、1970年以降のほとんどの国についてデータがそろっている。

　図6.6は、1970年から2003年を対象に、石油と天然ガスの産出量と乳幼児死亡率の変化を示している[7]。ここには3つの顕著なパターンが示されている。第1に、地球規模で比較すると、石油がより多く産出されれば、それだけ乳幼児死亡率は素速く改善される。これは単純に素速い経済成長の結果ではない。所得の成長という要素を統制しても、平均的により多くの石油を産出する国は、乳幼児死亡率がより改善する。

　第2に、石油に富んだ国々のパフォーマンスは多様で、この多様性は大まかに地域と相関関係がある。石油と乳幼児死亡率の間にある地球規模での関係は、**図6.6**の右上に位置する中東諸国によって牽引されている。その中で目立つのはオマーン、アラブ首長国連邦、リビアであり、それよりも少し低い程度にあるのは、サウジアラビア、クウェート、バーレーン、アルジェリア、イランである[8]。こうした国々を図から取り去ってしまうと、石油の富の

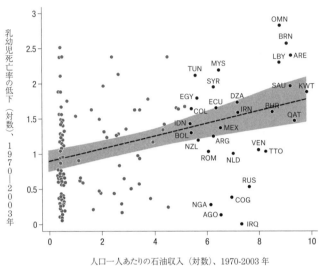

図 6.6　乳幼児死亡率の変化　1970-2003 年

縦軸は、1970 年から 2003 年の間で乳幼児死亡率が低下した程度を示し、数値が大きいほど低下した程度も大きいことを意味する。元々乳幼児死亡率が低かった国では改善幅も小さくなるため、ここでは単に乳幼児死亡率の変化を計測するよりも、その自然対数の変化を計測した。
出所：World Bank n.d. のデータを基に作成。

有益な効果は消失してしまう。

　アフリカの産油国、アンゴラやナイジェリア、コンゴ共和国などは、対極にある国々であり、石油の富が住民生活の向上に果たしたものは何もない。ラテンアメリカ諸国はこの中間にあり、平均程度（エクアドル、メキシコ、アルゼンチン、ボリビア、コロンビア）か、あるいは平均よりもわずかに低い程度（ベネズエラ、トリニダード・トバゴ）だ[9]。

　最後に、パフォーマンスがもっとも低い 5 ヶ国（イラク、ナイジェリア、ロシア、コンゴ共和国、アンゴラ）が右下の象限に集団を形成しており、暴力の蔓延に苦しんでいる。経済成長にどのように影響を与えるのかということと関係なく、石油は大きな暴力とむすびつくときには社会福祉を損なうことがある。

これらのことを総合すると、石油の富は、よくいわれてきたような経済的な呪いではない。長期的には、異常な経済成長の遅れをともなうものではない。その上、産油国の間でさえ大きな違いがあるものの、石油に支えられた経済成長は他の経済成長と同様に人々の生活を改善する効果を持つ。中東の産油国の大半は乳幼児の健康に関しては早期に成果を得た。しかしとくにアフリカの紛争に悩まされている諸国では、ほとんど生活の改善というものは見られない。

「通常」の成長というパズル

　石油の富が明らかに害を与えるものではないとしても、多くの産油国は穏やかに資源の呪いを被っているようだ。なぜなら、産油国の多くは、その埋蔵資源の富から考えればもっとうまくいっていたはずだからだ。もしも産油国が非産油国と同じスピードで経済成長を達成したのであれば、産油国はその莫大な地下資源の利点を得ていないことになってしまう。これは何かがうまくいっていないことを意味する。基本的な経済理論に基づけば、より多くの資本を保有する国は、国民やインフラにより多くの資本を投資することが可能となるので、より速く成長すると論じられる。棚ぼた式の石油の富は一種の資本であり、これがあれば投資によって支えられ、より速い成長が達成されるはずであった。では、なぜ産油国の成長率は平均よりも高いはずの時期に、平均的でしかなかったのだろうか。

民主主義

　産油国の成長率がぱっとしないという事実を、民主主義の欠如とむすびつける者は多い。一見すると、この理屈は正しいように見える。産油国政府は説明責任を果たさず、それゆえに産油国の政治指導者は一般的な国民の福祉を促進しなくなる。有権者の厳しい目でふるいに掛けられることがなくなるため、政治家達は近視眼的な政策を実施しようとする。「レンティア国家」に関してよく引用されるフセイン・マフダヴィーの研究によれば、こうした

表6.2 人口一人あたりの経済成長率 1960-2006年

これらは、北米とヨーロッパ以外で、1960年以降に、また1960年以降に独立したのであれば独立の初年から、継続的に大量の石油または天然ガスを産出してきた国（28ヶ国）で、人口一人あたりの経済成長率の高い順に順位づけして示している。また、この期間に民主主義的な政府を持っていたか、あるいは内戦が継続したかという割合も示している。比較のために、非OECD諸国の平均も示している。

	国	年成長率	民主主義	内戦
1	オマーン	5.56	0	0.09
2	マレーシア	4.13	0	0.17
3	イラン	2.85	0	0.51
4	アゼルバイジャン	2.79	0	0.11
5	トリニダード・トバゴ	2.61	1	0.02
6	シリア	2.36	0	0.11
7	カザフスタン	2.26	0	0
8	メキシコ	2.03	0.15	0.04
9	サウジアラビア	1.98	0	0.02
10	バーレーン	1.93	0	0
11	ルーマニア	1.89	0.36	0.02
	非OECD諸国平均	1.56	0.31	0.16
12	リビア	1.54	0	0
13	ナイジェリア	1.45	0.38	0.13
14	アルゼンチン	1.35	0.68	0.13
15	アルジェリア	1.34	0	0.34
16	エクアドル	1.17	0.62	0
17	コンゴ民主共和国	1.09	0.17	0.13
18	アンゴラ	0.58	0	0.62
19	ウズベキスタン	0.51	0	0.04
20	ロシア／ソ連	0.35	0	0.3
21	ガボン	0.22	0	0.02
22	トルクメニスタン	0.15	0	0
23	ベネズエラ	0.11	1	0.04
24	ブルネイ	-0.48	0	0
25	アラブ首長国連邦	-0.64	0	0
26	クウェート	-0.86	0	0
27	イラク	-1.03	0	0.79
28	カタル	-1.51	0	0

出所：経済に関してはMaddison 2009を、民主主義に関してはCheibub, Ghandi and Vreeland 2010、紛争に関してはGleditsch et al.2002を基に作成。

国々は経済開発のために投資するよりも、「多大なる努力を払って現状維持に徹する」[10]。

　民主主義の影響を計測するためのわかりやすい方法は、**表1.1**および第3章で論じた長期間にわたり石油を産出してきた「長期産油国」の経済成長に関する記録を分析することだろう。**表6.2**はヨーロッパと北米以外の長期産油国28ヶ国を1960年（1960年以降に独立した国については、独立した年）から2006年までの平均成長率で順位づけしたものだ。本表はまた同期間で民主主義的な政府が存在した期間の割合、および内戦が発生していた期間の割合を示している。数値は0（民主主義的な政府が存在した期間や内戦が発生していた期間がない）から1（民主主義的政府が毎年成立していたか、内戦が毎年発生していた）で示される。比較のために、OECD以外のすべての国の平均値も記載してある。

　28ヶ国の中で、1960年以降の期間の半分以上で民主主義的政府が存在した国家は4ヶ国（トリニダード・トバゴ、アルゼンチン、エクアドル、ベネズエラ）しかない。その中の一つ（トリニダード・トバゴ）は経済パフォーマンス上位10ヶ国の一つを占めており、また別の国（ベネズエラ）は下位10ヶ国の一つで、残りの2ヶ国は中位程度だ。また別の4ヶ国（メキシコ、ルーマニア、ナイジェリア、コンゴ民主共和国）は民主主義体制下にあった期間がより短いが、これらはみな順位の中ほどに位置している。このように、民主主義体制を有することが経済成長にはっきりと有利に作用することはない。自国の経済を破滅に導く独裁者もあれば、賢明に長期的な投資を行う独裁者もいる。

　産油国に当てはまることは、非産油国にも当てはまる。ほとんどのクロスカントリー研究〔世界各国の一時点における統計データを比較分析した研究のこと〕は、民主主義が経済成長に資する証拠を見いだせていないが、このことに関する合意もまた成立していない[11]。ある研究者によれば、民主主義が経済成長をもたらすかどうかは別として、国民の平均的な福祉を向上させるという[12]。不幸なことに、こうした研究は上手くいっている独裁体制国家の記録を取り扱わない不完全なデータセットに依拠している。

これらのことが考慮されるのであれば、「民主主義の利点」は弱くなるか、あるいは消失する[13]。理論的には、民主主義的な政府は国民の福祉の要望により注意を向けるはずだ。しかし実際には、民主主義体制はしばしば福祉サービスの提供に失敗する。

　このことは、民主主義体制に意味がないというのではない。民主主義は人々により大きな機会、より大きな尊厳、人々が生きたいと願う人生を生きるためのより大きな自由を提供する。また本書の最終章で議論するように、透明性と説明責任によって、各国は石油によって引き起こされる政治的な病を避けることができる。しかし歴史的には、石油の富を持続的な経済成長に転換する上で、民主主義国家が非民主主義国家よりも成功したということはない。

内戦

　もしも石油が内戦を頻発させるのであれば、そして内戦が経済的な損害であるならば、おそらくは暴力的な反乱は産油国がより速い成長を達成することに失敗した理由を説明する。

　残念なことだが、これはいくつかの国において正しい。アルジェリア、アンゴラ、コンゴ共和国、イラン、イラク、ナイジェリア、ロシアは、みな破壊的な（内戦および国家間の）紛争に苦しみ、それがなければ経済成長を促進していたはずの資源を使い果たしていた。

　それでも、内戦は大半の産油国の（本来は高いはずであるが）通常に留まってしまった成長に比べれば、稀な事例だ。もう一度、**表6.2**を見てみよう。下位10ヶ国の中で内戦期間の顕著な数値が現れているのはロシアとイラクの2ヶ国のみである。上位10ヶ国の中で4ヶ国（マレーシア、イラン、アゼルバイジャン、シリア）は顕著な紛争の経験があるが、それでもなんとか平均以上の成長を達成している。武力紛争はいくつかの破局的状況を説明するものの、大半の産油国の経済パフォーマンスに対する影響は驚くほど小さい。

女性と人口増加

　予想よりも遅い経済成長の原因を説明するもう一つの強力な枠組みは、第4章で論じたように、石油の富が女性の機会を抑える傾向を持つことだ。この結果として、産油国の女性の出生率は異常なほどに高く、このことが急激な人口増加を招き、人口一人あたりの経済成長率を減速させる。仮に人口成長率がもっと低いのであれば、産油国はより速い経済成長を達成しただろう。

　社会学者の知見では、女性が家庭の外で就労するようになると、そうした女性が生む子どもの数は減少する[14]。これは人口増加率が貧困国よりも経済的に豊かな国でより低くなることの理由の一つだ。より経済的に発展した国においては、女性は自身の収入を得るためのより大きな機会を獲得する。そして女性が労働力としてより良い機会を獲得することができるようになると、女性の婚期は遅くなり、出産しようと考える子どもの数が減少する。産油国の女性は家庭の外で働く機会が少ないため、女性たちは普通に若い年齢で結婚し、そうでない場合に比べてより多くの子どもを産む。

　女性を労働力から排除することは、人口増加の別の道、すなわち移民超過を招くことになる。労働需要が男性労働人口を超えた場合、その国には二つの選択肢がある。より多くの女性を雇用するか、あるいは海外から男性労働力を輸入するかだ。第4章で指摘したとおり、多くの産油国、とりわけ中東・北アフリカ諸国では、この第2の道が採用されており、自国の女性を雇用する代わりに移民労働力が持ち込まれている。

　高い出生率と移民過多は通常は急速な人口増加を招く。製造業によって経済成長が達成されている諸国では人口増加率は急激に減少するが、石油に依存して経済成長を達成した国では、人口増加率の減少はより緩慢になるか、あるいはまったく減少しない。これはペルシャ湾岸諸国にのみ当てはまる事実ではなく、北アフリカ（リビア、アルジェリア）、アフリカ（ガボン、コンゴ民主共和国）、ラテンアメリカ（ベネズエラ、トリニダード・トバゴ）にも該当する[15]。

　このパターンは強力な経済的帰結をもたらす。というのも、石油輸出に依存している国においては、人口増加率はより高く、一人あたりの成長率はよ

表 6.3　年平均成長率　1960-2006 年

本表は全 GDP の年成長率を示している。表 6.1 が人口一人あたりの GDP の年成長率を示していたことと異なる点に留意されたい。

	非産油国	産油国	差
すべての国家			
1960-2006 年	3.72	4.05	0.33**
1960-73 年	5.06	8.21	3.15***
1974-89 年	3.25	2.83	-0.42*
1990-2006 年	3.02	3.81	0.79***
途上国のみ			
1960-2006 年	3.97	4.63	0.66***
1960-73 年	4.96	9.07	4.11***
1974-89 年	3.43	2.95	-0.48*
1990-2006 年	3.58	4.62	1.05***

*片側 t 検定で 10％の水準で有意。
**5％の水準で有意。
***1％の水準で有意。
出所：Maddison 2009 のデータを基に作成。

り低い。産油国では、女性を労働力から締めだし続けることが、一人あたりの経済成長を抑えているのだ。

　人口増加の効果を統制すると、産油国の経済パフォーマンスは劇的に向上する[16]。これを確認する簡単な方法は、対象国の一人あたりの GDP の成長の代わりに、全 GDP の成長を見ることだ。例えばクウェートでは、一人あたりの GDP は 1950 年に 28,900 ドルであったものが 2006 年には 13,200 ドルに減少した。これは 50％の減少であり、破壊的な出来事だといってよい。しかしこれはクウェート全体の GDP が 760％増加したのに対して、全人口が 1,660％という驚異的な増加を達成したためだ。もしも人口増加が一般的な水準、例えば同時期の非産油国と同程度であれば、一人あたりの経済成長はよりめざましいものになったはずだ。

　表 6.3 は表 6.1 に似ているが、一人あたりではなく全 GDP の成長率を示している。この二つの表の間には大きな違いがある。表 6.1 では、1960 年から 2006 年までの一人あたりの GDP の成長には、産油国と非産油国の間で変化

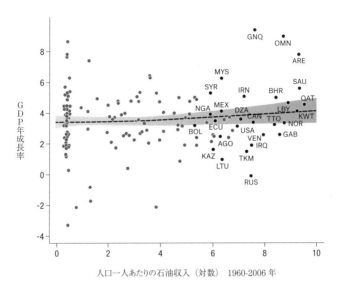

図 6.7　全 GDP の年成長率、1960-2006 年

数値は、1960 年から 2006 年の間の各国の年平均成長率を示す。
出所：Maddison 2009 のデータを使用して作成。

はない。しかし**表 6.3** が示すのは、産油国は同時期の非産油国に比べて、全 GDP の増加において非常に高い数値を達成していることだ。

　全所得増で計測すると、産油国が非産油国を大きく引き離していた好況期（1960 年から 73 年、および 1990 年から 2006 年）、そしてその差が縮まった不況期（1974 年から 89 年）のどの時期においても、産油国の経済パフォーマンスは改善される。

　散布図でも同様の傾向を確認することができる。**図 6.7** は 1960 年から 2006 年の各国の全 GDP の成長率と石油収入を示している。より多くの石油収入を得ている国は、経済成長の速さが顕著だ。もっとも明白な例外はロシアであり、その経済はソヴィエト連邦の崩壊によって大きく後退した。仮に石油が女性の就労に対する破壊的な影響を持たないのであれば、石油に富んだ国は石油に乏しい国よりも経済成長が速く、女性と男性に関係なく、生活を改善させる。

不安定さの問題

　速い成長に対するもう一つの障害は、不適切な政府の政策、とくに石油収入の不安定さを相殺することに失敗している政策だ。

　第2章で説明したように、石油収入はとくに1970年代以降に不安定化した。この不安定さは将来的な見通しを不安定なものにすることで経済成長を損ない、これは次には民間部門の投資を停滞させた[17]。不安定さがもたらす被害は高所得国よりも低所得国で大きく、これは部分的には低所得国の資本市場が未整備で、それゆえ投資家がリスクに対するヘッジを取りにくいためだ[18]。商品を輸出する途上国では、貿易に見られる不安定要素が投資家を遠ざけてきたため、アメリカやヨーロッパの後塵を拝することになった[19]。最近の研究では、普通は天然資源の輸出は経済成長に直接よい影響を与えるが、同時に天然資源の輸出がもたらす不安定さによって引き起こされるより大きく、間接的な、負の影響を被るとされる[20]。

　それでも経済的な不安定さだけを、緩慢な経済成長の原因としてやり玉に挙げるわけにはいかない。産油国の不安定さは政府の資源収入によって加速されるのであり、政府は、少なくとも理論的には、こうした振幅をやわらげる能力があるはずだ。もしも政治家に代わって寛大な会計係が産油国の管理・運営を行うならば、その国の経済は大いに安定したものになるはずだ。石油に支えられた政府が経済の安定化に失敗するのは、資源の呪いの中心的なパズルの一つだ。

　不安定さを解消する基本的な方策は、聖書の時代から知られている。エジプトのファラオはヨセフの忠告に従って、民衆が7年間の飢餓を生き抜くために7年間の繁栄の間に小麦の一部を貯蔵しておいた〔これは創世記第41章の逸話を指す〕。経済学の言葉でいい換えれば、ファラオは反循環的な財政政策、すなわち好況時の余剰を蓄えておき、不況期にこの余剰を引き出す政策を採用したのである。

　石油のような枯渇性資源に依存している国家にとって、こうした余剰を慎重に使用することは非常に重要だ。第2章で論じたように、石油埋蔵量の減

少は歳入の減少を招く。石油に依存しなければ発生しないような経済の停滞に対応するために、政府は資源収入の一部をより持続可能な資産、例えば物的資本（インフラ）や人的資本（教育）に振り分けたり、さらには海外の資産への投資に回したりすることを検討する。こうした計画を採用する産油国は、他の形態の資産を保有することで、天然資源の枯渇を埋め合わせることができる。地下資源を売却することで地上の資源を獲得する、という具合だ。しかし、もしも投資を行わずに単に天然資源を消費するだけであれば、石油が枯渇したときに将来の世代が苦しむことになる。

枯渇性資源に依存する国家は、その収入の一部をより持続可能な富の形態に投資することが適切であるという原則は、ハートウィック・ルールと呼ばれる[21]。ハートウィック・ルールに従う国は、たとえ天然資源が枯渇しても、長期間にわたって成長してより豊かになる。こうした国は経済の多様化を達成し、天然資源を他の種類の資本に転換することができる。

都合の良いことに、歳入の不安定さを軽減し、歳入を持続可能な資産に投資するという二つの政府の役割は、車の両輪のように進む[22]。投資は決定的に重要だが、一度ですべての投資を完了させることはできない。一国の経済が吸収できる新規の投資には限りがあり、投資が多くなれば収益が減少するというのが典型的なプロセスだ。例えば、仮に政府があまりにも大規模なインフラ投資をあまりにも急速に実施するならば、計画はお粗末となり、監視も行き届かず、安っぽい建物に必要以上の費用を投入することになる。政府が多くの棚ぼた式の利益を受け取るなら、高い収益が期待される国内案件にのみ投資し、残りは反循環的政策のために蓄えておくべきだとエコノミストはアドバイスするだろう[23]。

すべての産油国政府は反循環的な財政政策の重要性を理解しているが、これを実施するにあたって成功する政府はほとんどない。

いくつかの主要な研究によれば、1970年代から80年代の間の大規模産油国の多くは、反循環的な財政政策の実施に失敗し、棚ぼた式利益の大半を無駄に消費したという。アラン・ゲルブによるアルジェリアとエクアドル、イラン、ナイジェリア、トリニダード・トバゴ、ベネズエラを対象とした壮大

な研究によれば、1973-74年と78-79年の石油ショックを通じて、これら6ヶ国中の5ヶ国、つまり小国であるトリニダード・トバゴを除いたすべての国は、歳入の増加よりも支出の増加のほうが速かった[24]。これらの対象国と一部重複する産油国（ナイジェリア、インドネシア、トリニダード・トバゴ、ベネズエラ）を対象としたオティの研究によれば、これらの政府のパフォーマンスはお粗末なものだった[25]。

　大規模な棚ぼた式の利益を管理することが困難であることを、政治家が認めることもある。1970年代の半ばには、メキシコの大統領だったホセ・ロペス・ポルティーヨは国民に対して、「通貨計画は人体のようなものだ。消化できる以上のものは食べられないし、さもなければ病気になる。経済でも同じだ」と述べた[26]。しかし政府はしばしばこの制限を実施しなかった。むしろ、実質的に石油埋蔵量の規模が国家予算を決定する状態を容認してきた。実際、ロペスは1972年から80年までにメキシコの石油生産が4倍になることを支援したが、同時に価格も上昇してしまった。その結果は、突然の歳入縮小が引き起こした1982年のメキシコ経済危機だった。

　産油国は1970年代や80年代の政策の失敗から何かを学んだのだろうか。一瞥すると、答えは「yes」になりそうだ。1990年代の初頭以来、産油国の多くは反循環的な政策や将来的な枯渇を相殺する投資、あるいはこの両方に対応する資源収入を管理するために特別の基金を作り上げた。しかしながら詳細に検討すると、これらの基金は意外なほどに非効率だ。多くの政府は自分たちで決めた基金の入出金に関する規定を破り、あるいは抜け道を見つけ、基金の効率を低下させた。IMFはこうした基金の設立を好意的に受け入れるものなのだが、それにもかかわらず最近IMFによって発表された二つの研究は、これらの基金が政府の財政パフォーマンスに効果的な影響を与えている証拠はまったくないという結論を下した[27]。これらとは別の第3の研究において、IMFはアフリカの産油国8ヶ国を対象に、たとえもっとも産油国政府に有利な条件で分析を行ったとしても、それらの政府が採用した財政政策は持続可能なものではないと結論づけた[28]。

　世界銀行による最近の研究によれば、産油国の多くが行っている投資は、

ハートウィック・ルールを満たすには十分ではないことを明らかにした。産油国の多くはハートウィック・ルールを満たす代わりに石油収入を消費しており、収入を増加させて経済の多角化を実施する機会を喪失しているという。もしも1970年から2005年にかけてハートウィック・ルールに従っていれば、ナイジェリアとガボンは現在の3倍、ベネズエラとトリニダード・トバゴは2倍半も裕福であったと試算されている[29]。

　資源に由来する棚ぼた式の収入をあまりにも早く使ってしまうことは、新しい現象でもなければ、石油に限定されるものでもない。過去の事例として有名なものは、19世紀のペルーだ。当時のペルーは、グアノと呼ばれる海鳥の糞や死骸などが化石化した物質の世界的な産地だった。グアノは、当時は商業的な肥料として用いられており、1840年から79年にかけて、ペルー湾沖のいくつかの島が世界中に供給されているグアノのほぼ唯一の供給地となっていた。グアノは簡単に採取することができた。崖の上にあるグアノをシャベルで採取し、木製の滑り台に載せて下で待機している船に落とすだけだ。労働コストも安く、奴隷や囚人、脱走兵、奴隷同然で連れてこられた中国人「クーリー」が使役された[30]。

　世界中のグアノ供給を独占し、またひどい環境で働かせることで労働コストを抑えられたおかげで、グアノブームはペルー政府に大きな棚ぼた式の利益をもたらした。これにより、1846年から1873年までで政府歳入は5倍にふくれあがったが、同時期に政府支出は8倍に拡大し、外国からの借款は返済可能な限度を超えた。1876年にグアノ生産が枯渇に近づくと、ペルー政府は破産を宣言したのだった[31]。

政策の失敗を説明する

　もしも旧約聖書の時代のファラオにも、肥え太った時代に資産をため込み、やせ衰えた時代にそれを使うことが可能だったとしたら、なぜ今日の産油国にそれが不可能なのだろう。

　一つのあり得る解答は、石油収入それ自体が政府の制度に障害を与えてい

るというものだ。もしも石油が政府をより非効率にするのなら、政府の反循環的政策を実施する能力も低下する。いってみれば、不養生の医者が患者に適切に対応できないようなものだ。

こうした現象は、いくつかの経路で発生する。収入の不安定さは政府が計画可能な範囲を狭め、これは大規模な投資計画を困難にするだろう。収入の不安定さが政府予算の不安定さを生むのであれば、一国の保健、教育、物的インフラの改善といった長期にわたる計画の実施には、予算が縮小するときに発生する延期や中止というリスクがともなう。こうしたリスクの発生を予想する政府の役人は、長期におよぶ開発計画を避けようとするだろうし、予算がなくなってしまう前に早急にそれを使ってしまおうとするだろう。

もう一つのありそうな原因は、「官僚制度の過剰拡大」と呼ばれるものだ。これは、政府の収入がそれを効率的に管理する能力が拡大するよりも速く増加することを意味する。大半の政府は予算が少ないことを心配するもので、多過ぎることを心配することはない。しかし資源国はときとしてその官僚機構が持つ能力を超えるような棚ぼた式の利益を獲得することがあり、これは資源国家がこうした予算を不適切に使用してしまう危険性を増加させる[32]。

サウジアラビアの建国者であるイブン・サウードがその治世の初期に保有していた全資産は、せいぜい自分のラクダの背中にすべて積んで運ぶことができる程度だったという。1938年に石油が発見されると、イブン・サウード政府は何千万、何十億ドルという石油収入を獲得するようになったが、彼の政府はそうした収入を管理する能力をまったく持っていなかった[33]。1950年代のサウジアラビアの騒がしい成長は、行政機構のカオスをもたらした。ステファン・ヘルトグによれば、

> 国家の諸制度は影響力を有しており、日々の業務はしばしば各組織が他の組織と関係なく、大臣たちがあたかも自身の領邦を持つ封建君主のようにして行われた。行政機構の広がりと個人のものとなった権限によって、組織間の連携はほとんど欠如し、さまざまな組織がしばしば直接的に矛盾する決定を下し、意思決定機構は不透明なままだった。1952年に

は早くも、六つの組織が経済計画を担当していたようだ[34]。

　もっとはっきりとした主張を展開する研究者も多い。石油収入は「悪い組織」を生みだし、政府を弱体化させ、汚職を蔓延させ、能力に欠け、賢明な財政政策を維持することができなくさせる、と。キレン・アジズ・チャウズリーによれば、石油レントは効果的な行政機構の発展を阻害し、国家を「弱い」ままにし、適切な経済政策の開発を不可能にするという[35]。テリー・リン・カールの有名な『豊かさの矛盾』によれば、石油に由来する収入は「レンティア心理」や「石油脅迫症」の発作を引き起こしたり、「レント・シーキングに参与するために公的な権限と民間の利益の両方の機会を増やそうとする」ため、国家の権威が減少するという[36]。ティモシー・ベズレイとトーステン・ペルソンは、資源レントがあると政治家が国家の行政機構に権限を与えなくなり、行政機構を弱く、民間部門の成長を指導できない状態に放置するようになることを数理モデルによって説明した[37]。これら以外の多くの研究もまた、同様の議論を行っている[38]。

　このような主張は正しいかもしれないが、確かめることが非常に困難だ。社会学者は「制度」の定義と計測というやっかいな仕事に取り組んでおり、それによれば上記のような主張を論駁することは難しい。この種の議論を検証した限りでは、証拠とは合致しない。

　石油を産出することが政府の制度に悪い影響を与えるのであれば、一国の石油収入と政府の質との間に負の相関を見いだすことができるはずだ。政府の実際の能力を計測する手段はないことが普通なので、社会学者はしばしば実際に政府が有している能力ではなく、国民が認識した政府の能力を計測しようとする。世界銀行は商業リスク格づけ機関やNGO、多国間援助組織などのデータに依拠して、注意深く計測方法を作り上げた。高い数値はより良い結果、例えば「政府の効率性」の高さや「汚職の管理」がうまくいっていることを示している[39]。

　表6.4では、最初の行は2006年の産油国と非産油国の知覚された政府の効率性を示している。産油国はわずかに良いスコアを示しているが、違いは統

表 6.4　認識された政府の質　1996-2006 年

数値が高いほど、政府の質が高い、すなわち効率が良く、汚職が少ない。政府の効率性スコアは -2.16 から 2.22 の間で作成されている。汚職への対応スコアは -1.76 から 2.53 である。

	非産油国	産油国	差
政府の効率性、2006 年	-0.120	0.007	0.0127
汚職への対応、2006 年	-0.132	-0.026	0.173
政府の効率性の変化、1996-2006 年	-0.003	-0.077	-0.073
汚職への対応の変化、1996-2006 年	-0.037	0.022	0.059

*片側 t 検定で 10％の水準で有意。
**5％の水準で有意。
*1％の水準で有意。
出所：Kaufman and Kraay 2008 のデータを基に作成。

計的には有意ではない。2 行目は汚職の管理に関するスコアを示している。同様に、産油国のスコアは非産油国よりも良いが、有意ではない。

　政府の質の「水準」だけでなく、「変化」も見ることができる。いくつかの理論が指摘するところによれば、政府の質は、石油収入の水準と反対に、石油収入の変化、つまり石油収入の増加によって損なわれる場合がある[40]。変化に注目すれば、政府の質に影響を与え、石油の本当の影響を覆い隠してしまう石油収入の規模に惑わされずに済むだろう。

　3 行目は 1996 年から 2006 年、つまりすべての化石燃料生産国が価格の上昇によって引き起こされる収入の増加を享受していた期間の、政府の効率性スコアの変化を示している。産油国の政府効率性は非産油国に比べてより低下しているが、その差はやはり統計的には有意ではない。4 行目は産油国の汚職スコアが非産油国に比して若干改善されていることを示しているが、やはり統計的な有意性は存在しない。

　図 6.8 は 1996 年から 2006 年にかけての各国の汚職スコアの変化を石油収入の変化と比較して示している。表示されている線はわずかに右上がりで、より多くの石油収入を得ている国はわずかながら汚職が減少することを示しているが、各国のパフォーマンスは大きく異なる。アラビア半島の 5 ヶ国（サウジアラビア、アラブ首長国連邦、カタル、オマーン、バーレーン）、およびいくつかのアフリカの産油国（コンゴ民主共和国、ガボン）は汚職の管理能力を改

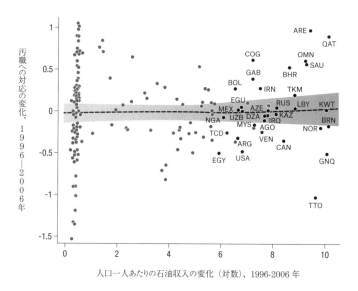

図 6.8　汚職への対応の変化　1996-2006 年

数値は各国の汚職への対応スコアの 1996 年から 2006 年の間の変化を示している。数値の高さはそれだけ汚職への対応が改善したことを示している。横軸は同時期の人口一人あたりの石油収入の変化（対数）を示している。
出所：Kaufman and Kraay 2008.11 を基に作成。

善させた。その他の産油国の中には、途上国（トリニダード・トバゴ、ギニア、ベネズエラ）でも、先進国（ノルウェー、カナダ、オランダ、アメリカ）でも、汚職が悪化したものがある。このように、石油収入が政府の能力を阻害するという明白な証拠はないのだ。

二つの誤謬

多くの石油を産出していることが、利用可能なあらゆる明らかな方法を用いて検証しても、政府の制度的な質を低下させないことが明らかになったが、にもかかわらずなぜ多くの研究が、しばしばデータに基づきながらも、こうした検証とは異なる主張を展開するのだろうか。

これは多くの研究者が二つの誤謬によって間違った道に入り込んでいるた

めだ。誤謬の一つは、「じゃじゃ馬億万長者の誤謬」だ。これについて知らない読者がいるかもしれないので、解説しておこう。『じゃじゃ馬億万長者』とは1960年代のコメディー番組で、オザーク出身の愛嬌はあるが洗練されていないクランペット一家の物語だ。この一家は石油を掘りあてたことで一夜にして大富豪になってしまう。クランペット一家はビバリーヒルズのしゃれた大邸宅に移り住み、お高くとまった、自己中心的な隣人たちと面白おかしい衝突を起こす。

　ここに誤謬の出発点がある。クランペット一家に降って湧いた富によって、彼らは隣人と同様に豊かになったものの、元来が貧しい生活を送っていたために、隣人のような質の高い教育や上流階級のマナーを身につけていない[41]。彼らを統計分析にかけて隣人家族と比較してみたら、おそらくは石油の富を持つ者（クランペット一家）のほうがそれを持たない者よりも教育水準が低いという結果が出るだろう。このため、観察者は石油の富が教育水準を低下させる効果を持つ、と誤った推測を立てるかもしれない。しかし実際には石油の富がクランペット一家の教育機会を奪ったわけでも、彼らに野暮ったい仕草を強いているわけでもない。石油の富が彼らをより豊かにし、彼らを新しくより教育を受けた同輩の集団の中に押し上げたことは事実であり、ただし教育の効果や上流階級のマナーが身につくという効果が石油にはないだけだ。クランペット一家を彼らにとって目新しいビバリーヒルズの隣人と比較することで、棚ぼた式の石油の富が呪いのように見えるだけなのだ。しかしもっと現実的な隣人、つまり長らくつきあいのあるオザークの隣人たちと比較すれば、彼らの教育水準や仕草はおそらく極めて普通のものだろう。

　石油と制度の質に関する多くの研究は、新しく豊かになった産油国を、彼らに取って馴染みのない隣人で、長い時間をかけてその制度を発展させてきた中・高所得国家と無前提に比較するという間違いを犯している。こうした比較が新興富裕国である産油国の制度が未発達であるように見せてしまうのだ。

　例えば**図6.9**が示すように、一般的にはより経済的に豊かな国はより効率的な政府を持っている。一人あたり国民所得（横軸）と政府の知覚された効

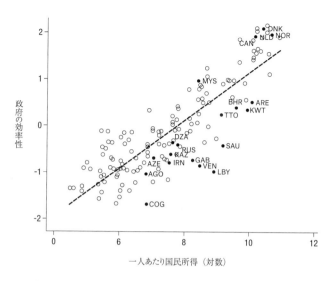

図 6.9 収入と知覚された政府の効率

出所：縦軸は政府の効率性スコアで、数値が高いほど効率性の高さを示す。黒点は産油国を、白点は非産油国を示す。知覚された政府の効率性に関するデータは、Kaufman and Kraay 2008 に依拠した。

率性（縦軸）の間には強い相関関係が現れている。一国の所得とその政府の効率の関係を取り扱う多くの研究で、同様の傾向が確認される。所得が上がれば政府の効率は上がり、政府の効率が上がれば国は豊かになる[42]。これはまるでビバリーヒルズ（そしてどこでも見られる）における所得と教育の間の相互相関のようだ。金持ちの家族はより高度な教育を受ける金銭的余裕があり、教育水準の高い者はより多くの所得を獲得する傾向にある。

　ここで、アルファベット 3 文字の略号を付した、人口一人あたり 1,000 ドル以上の石油収入を有する国については注意が必要だ。それらの多くは曲線の下に位置しており、これはこうした国々が同程度の所得の国に比して政府の効率が悪いことを示している。各国の所得を統制すると、石油を生産することは政府の効率を引き下げることになるという結論を容易に導きだすことができるのだ。

　しかし、より好意的な解釈も可能だろう。おそらく石油は所得の上昇を引

第 6 章　石油、経済成長、政治制度 ｜ 255

き起こすだろうが、政府の効率性には影響を与えないのだ、と。石油価格のグラフが山のように尖るとき、あるいは新しい油田を開発するとき、政府の質を向上したり、損なったりせずに国を豊かにすることができる。あたかも石油がクランペット一家の教育水準に影響を与えないままに、所得にのみ影響を与えたように。仮にこうしたことが発生するのなら、その国の石油収入と政府の質の間には直接的な相関関係は存在しないということになる。それでも、国の所得を統制すると、石油と政府の効率の低さの間の相関関係があるように見えてしまう。同程度の所得の国と比較すると、産油国の政府の質は異常なほど低くなってしまうからだ。石油の富が国の所得を急速に上昇させながらも、同じように急速に政府の効率性を向上させることがないので、石油が政府の機能に損害を与えたとはいえないのであり、そこから導きだせることは、研究者が想定してきたような素朴な効果を石油が持っていないということだろう[43]。

　研究者はまた、「知覚されない重荷」という誤謬にも惑わされている。こんなことを想像してみてはどうだろう。ある中年の教授が講義棟に向かうために坂道を早足で歩いている。その後ろには、教授の助手がゆっくりとついてくる。この様子を見ていた者は、教授のほうが助手よりも体調がよさそうだと推測するかもしれない。しかし、助手が背負う鞄の中には、教授の重いノートパソコンや、プロジェクター、そして教科書が5冊入っている。教授が背負っている鞄に入っているのは1かけらのチョークのみ。2人の体調はまったく同じにもかかわらず、重い荷物のために助手はゆっくり歩いていたのだった。しかし人々は教授と助手の鞄の中身を知らないので、間違って教授のほうが良い健康状態にあると結論づけてしまう。

　政府の効率性についても、研究者は同じ間違いを犯している。各国の政府が抱えている問題を考慮せずに、パフォーマンスの低い政府はその「制度が弱い」ためだ、と推測する。鞄の中身を確認することを怠っているのだ。

　石油に依存する政府が歳入を十分に管理できないとき、しばしば政府の制度が弱いという批判がなされる。こうした想定は、急激に拡大する歳入を管理することは、税収による穏やかな歳入を管理するのと比べてまったく問題

がないと考えていることになる。しかし、首尾一貫した反循環的財政政策を実施することは、我々が考える以上にやっかいな仕事かもしれない。おそらくは、産油国の制度が非常に弱く、それゆえに通常の制度が必要とされているということではない。もしかしたら、産油国はすでに通常の制度を有しているのであり、単にそれ以上に非常に強力な制度が必要とされているだけなのかもしれない。

　資源の富がなく、歳入が安定している国家であっても、反循環的財政政策を維持することは困難だ。多くの研究が明らかにしているように、途上国の財政政策は、産油国であろうとなかろうと、反循環的ではなく、従循環的である傾向がある。不安定な石油収入を有しているということは、反循環的な財政政策を維持することをいっそう難しくする[44]。

政策の失敗という謎

　政府にとって、反循環的な財政政策の維持はなぜ難しいのだろうか。ここで、本書がたびたび依拠してきた基本的なモデルに立ち戻ってみよう。1人の支配者がいて、その人物は権力の座に居続けることを欲し、国民は生活が向上することを望む。そして、石油収入は政府に流入する。第3章から明らかなように、支配者はより多くの資金を投入して福祉を向上させるように国民から圧力を受け続けている。反循環的な財政政策を実施するためには、支配者は現在と未来の国民間のトレードオフに直面することになる。反循環的な財政政策を実施するためには、現在の国民の不評を買い、その代わりに未来の国民の安寧を確保しなければならないからだ。

　民主主義であれ独裁体制であれ、賢明な支配者であれ愚かな支配者であれ、そして豊かな国家であれ貧困国家であれ、こうしたトレードオフの可能性には、いずれも四つの同じ要因が影響を与えている。これまでの研究で明らかになっていることは、長期的には国民の安寧が改善されるにもかかわらず、残念ながら現在の国民の不評をトレードオフすることが困難であるということだ。

支配者が有する不確実性

　一つの要因は、支配者が将来的に自分はどの程度その地位に留まり続けると考えるか、という信念である。反循環的な財政政策を採用することを望む賢明な支配者に導かれた産油国政府を想像してみよう。この政策に効果を持たせようとするなら、この政策は将来的に長く維持されなければならない。そうすることで、好況期に得られた余剰を不況期に活用することが可能となる。しかし我らが支配者は後継者の行動を望み通りに操作することはできない。現在の支配者によって設定された政策や制度は、未来の支配者によって廃止されてしまうかもしれない。貯蓄しておいた資金があまり責任感のない支配者によって身びいきや汚職に費やされるかもしれないことを理解しているので、賢明な支配者はそうした貯蓄を現段階でより利点のある計画に使用するほうを選ぶかもしれない。自分の権力の寿命が短いと考える支配者は、資金を即座に使おうとするインセンティブが強くなるというわけだ。

　同様に、強欲な支配者もまた自身の将来的な在職期間の見通しに影響を受ける。権力欲を満たすことや自分の懐を暖めることが財政政策の主眼であったり、また単に身びいきや汚職に棚ぼた式の利益を使ったりする支配者を想像しよう。そして身びいきや汚職の限界効用が減少しているような状況、つまり支配者がすべてを一度に配分してしまうよりも、数年かけて配分して行くほうがうまくいくと考えている状況を想像しよう。このような場合で、もしも支配者がすぐに自分の地位を失われると予想すると、支配者が予算の余剰を将来使用するために貯蓄しておくインセンティブは失われる。

　こうした例が意味するのは、支配者の地位をより安定的に保持している政治的指導者であれば、好況期に支出を控える可能性が高くなるということだろう。自身の地位が不安定な指導者は、支出を抑えようとしないだろう[45]。これはかならずしも、権威主義的な政府が民主主義的な政府よりもより良い財政政策を行うことを意味するものではない。民主主義的な指導者により時間的に長い展望を与え、より大幅な支出抑制を促進するためにできることはたくさんある[46]。アレクサンダー・ハミルトンは、再選可能な大統領を有することのメリットを説明するために、『ザ・フェデラリスト』でこの議論を用

いた。

> 貪欲な人物が万一にも公職につき、彼が享受する俸給をどんなことがあっても放棄しなければならない時期のあることを予見すれば、在任中に彼が享受する好機を最大限に利用してやろうという気持ちに傾くだろうし、このような人物にとっては、この性向に抵抗することはむずかしいことだろう。また、彼は、任期がおわるまでにできるだけ多くの蓄財をするため、最もきたない手段に訴えることにも躊躇しないだろう。同一人物であっても、もしこれとは違った見通しが開けておれば、おそらく彼の地位に対する正規の役得で満足し、地位悪用にともなう結果の危険をあえて冒そうとはしないだろう。…けれども、彼の前途には退任が近づきつつあり、しかもしれは避けられないとなれば、彼の貪欲は、その慎重さ、虚栄心、野心を打ち負かそうとするだろう[47]。

より最近の事例では、マカルタン・ハンフリーズとマーティン・サンドブの研究が明らかにしたように、資源に富んだ政府がより厳しい抑制と均衡のシステムにさらされるようになると、あらゆる余剰が発生しても過剰にそれを使用する傾向が生じるという[48]。アルベルト・アレシナとフィリペ・キャンパンテ、ギュイド・タベリーニの研究によれば、民主主義体制においては、決定的な要素は汚職だという。汚職にまみれた途上国の民主主義体制は、汚職のない民主主義体制よりも悪い財政政策を実施するという[49]。

支配者の選別

指導者が選出される方法が差異を生みだすこともある。私たちが依拠しているモデルが民主主義体制であり、政府が選挙の直前に大きな棚ぼた式利益を獲得したと仮定しよう。有権者は、支出を抑えようとする賢明な候補者と、収入を即座に使ってしまおうとする強欲な候補者のどちらかを選ばなければならない。より多くの票を得ようとするために、どちらの候補者も選挙戦に資金を投入し、その資金が多ければ選挙に勝利する可能性は高まる。こ

の資金を集めるために、どちらの候補者も自身の支持者に対して将来的な身びいきを確約するだろう。

　このようなシンプルな状況下では、政府の資源をより積極的に使用する候補者のほうが対立候補に対して選挙戦を有利に進めることができる。なぜなら、そうした候補はより大きな有権者集団に対して、政府からの資源配分を確約することができるからだ。身びいきがない国においても、新しい道路を開通させたり、学校を建設したり、雇用を創出するという寛大な約束を有権者に行う候補者は、より少ないものを確約する候補者に対して強みを持つからだ。同様の仕組みは権威主義的な国家でも生じる。マイケル・ハーブによれば、いくつかの中東の君主国において、皇太子候補は他の支配家系メンバーを買収し、石油収入の一部や閣僚ポストを約束することで王位に就こうとする[50]。資源国はときには逆選択の問題に直面する。支出を抑制しようとしない候補者のほうが、抑制しようとする指導者に勝利してしまうのだ[51]。

　逆選択の問題は、アメリカ史上最大の汚職事件であるティーポット・ドーム事件でも説明することができる。この事件は、1920年代初頭のハーディング政権に衝撃を与えた[52]。主要産油国の中でも、アメリカは例外的な部分が多い。例えば陸上油田の大半は民間が所有し、管理は州政府が行うので連邦政府は介入しない。しかし1920年には、アメリカで、そしておそらく世界でももっとも貴重な未開発油田が連邦政府によって保有され、その管轄下にあった。ワイオミング州のティーポット・ドーム油田と、カリフォルニアのいくつかの小さな油田がそれで、国家の危機的状況を見越してアメリカ海軍の排他的利用のために保存されていた。これらの油田は今日の価格で数十億ドルの価値があったが、1913年から21年のウィルソン政権は、この油田の商業利用の許可を勝ち取ろうとする石油会社ロビーを退けていた。

　1921年の総選挙で共和党への期待が高まり、多くの候補者が共和党からの指名を競った。オハイオ州選出の上院議員であるハーディングは無名候補で、「常態への復帰」以外にこれといった政策も持ち合わせておらず、目を引く候補者ではなかった[53]。大統領候補を指名する党大会の前日までに獲得していた指名票によれば、ハーディングは大きく出遅れた6位だった。『ウォー

ル・ストリート・ジャーナル』はハーディングに8倍のオッズをつけ、スポーツ記者のリング・ラードナーは200倍のオッズをつけた。

　共和党の指名党大会が始まると、何人かの資金力のある石油会社の取締役たちが先行する候補者に近寄り、将来的な海軍油田へのアクセスと引き換えに、巨額の支援を申しでた。ほとんどの候補者は断ったが、選挙資金が決定的に不足していたハーディングは喜んで取引に応じた。突然数百万ドルの資金にありつけたハーディングは、大統領指名を勝ち取るのに十分な投票を得るための支援を買い取ることに成功した。熱心な石油会社の役員からさらに追加の資金援助を得ると、ハーディングは総選挙で地滑り的な勝利を収めた。ハーディングは大統領に就任すると、支持団体である石油会社出身のアルバート・フォールを内務大臣に任命した。フォールはすぐに海軍油田を入札なしでハーディングの後援組織に貸すことを許可した。将来的な危機に備えて保存しておくのではなく、身びいきのために政府資産を喜んで売却するというハーディングの手法が、選挙での勝利を引き寄せたのだ。

国民の役割

　国民について言及することは、とりわけ民主主義体制においては重要だ。もしも国民が反循環的な財政政策について理解を深めているのであれば、支配者は容易に緊縮財政政策を実施することができるだろう。

　しかし有権者がこの政策をよく知っていたとしても、いくつかの状況下において、国民は収入をより素速く使ってしまう政策を支持するかもしれない。国民が競合する複数の集団、例えば民族や地域、社会階層といった亀裂ではっきりと分断されている場合、現政権の支持者は、将来に政権が交代するとその新しい政権が自分たちと敵対する集団を優遇し、自分たちに利益を配分しないことを怖れて、現政権が棚ぼた式の利益を即座に配分することを望むかもしれない[54]。分断されていないとしても、国民が政府を汚職にまみれているとか、無能であると判断した場合には、使用されずにある余剰が将来に備えて貯蓄されるのではなく、無駄に消費されたり、横領されたりすることを懸念し、緊縮予算に賛成しない可能性が高い[55]。

第6章　石油、経済成長、政治制度

もちろん、国民のこうした心配は当然のことだ。実際に多くの政府は棚ぼた式利益を無駄に消費するものだ。棚ぼた式利益の非効率な使用は、ここにいたって予言の自己成就となる。政府が現有の余剰を将来的に誤って使うのではないかと民衆が信じ込むことで、政府はかえってこの余剰をすぐに使用しなければならない状況に置かれてしまうのかもしれない。今すぐに余剰を使ってしまうことが、まさに民衆が予期する誤った余剰の使用そのものであったとしても。しかし、棚ぼた式の利益を十分な透明性をともなって賢明に使用するのであれば、こうした使い方は正のフィードバック・ループを作り上げるかもしれない。政府は責任をもって棚ぼた式の利益を蓄え、投資すると民衆が信じるのであれば、後に生じるはずの利益を忍耐力によって待つことができるはずだ。

信用市場の役割

　政府は支出の急激な拡大の多くの責任を負わせられるが、信用市場もまた重要な役割を果たしている。

　しばしばいわれる表現に、銀行は天気の良いときに人々に傘を貸し、雨が降るとそれを返すようにいってくる、というものがある。この格言は、信用市場の機能を皮肉っぽく説明するものだ。うまくいっている顧客は大して資金を必要としていないのだが、銀行家はこうした返済の支払いをきちんと行い得る顧客にだけ資金を融通する。

　これは、政府が借り手となる国際的なレベルにおいても同様だ。政府の収入が増加すると、資金を借り入れる能力もまた増加する。不幸なことに、これはその国の経済状況が良いときに政府の借り入れが容易になること、そして経済状況が悪化すると借り入れが難しくなることを示しており、つまりは循環的財政政策を後押ししてしまうことになる[56]。

　このような信用市場の逆行理論は、1980年代の産油国が経験した経済問題を悪化させた。1970年代に産油国の石油収入が急増すると、その信用評価も上昇した。産油国の輸出額は急拡大したため、国際的な銀行は産油国政府が大規模な貸しつけへの返済能力があると判断し、緩い条件で貸しつけを実施

した。イルファン・ヌールッディンの 2008 年の研究によると、1970 年から 2000 年にかけて、石油生産が拡大すると、その国はそれだけ借金の負担も増大していた。

　産油国政府にとって、借金は経済合理性を有することがある。貴重な油田が発見されてから、実際にそこで商業生産が開始されて莫大な利益が生みだされるまでの間にも、月日は流れて行く。仮に政府が将来の生産を当てにして借金を行った場合、その政府はより順当に、より管理できる速度で支出を拡大させることができ、その国民は石油の利益をより早く享受できる。貧困国においては、食料や教育、医療サービスは緊急を要する問題なので、将来の収入を当てにした借金は多くの命を救うことになる。

　政府は返済能力を超えて借金を行うべきではないのだが、産油国の返済能力は将来の石油価格に大きく依存してしまう。1970 年代後半には、銀行家と官僚は、記録的な高値となっている石油価格が将来的に変わらずに維持され、それゆえ産油国政府は大規模な借り入れを行うのに十分な収入を得ているとみなしていた。

　1980 年以降に石油価格が崩壊すると、メキシコ、ベネズエラ、ナイジェリア、ガボン、コンゴ民主共和国、トリニダード・トバゴ、アルジェリア、エクアドルといった 8 つの主要産油国は借金で身動きが取れなくなり、IMF に支援を仰がざるを得なくなった[57]。石油価格が高いときには簡単に借りられるために政府は公的支出を増加させ、また石油価格が安いときに返済することになるので、こうした貸しつけは産油国の経済の不安定さを縮小するどころか、逆に拡大させてしまうことになる。

　理論的には、民主主義は政府の借金を抑制させる効果がある。なぜなら、納税者は支配者よりも、自国の経済がより長期的に健全に維持されることに関心があるからだ。しかし、ヌールッディンの研究によれば、現実は逆だ。民主的な産油国は非民主的な産油国よりも借金の負担が大きいことが明らかとなっている[58]。やはり、民主主義は我々が予想するよりも、経済への貢献が小さいのだ。

石油と経済成長の研究は誤った観念をまき散らしている。多くの書籍や論文が、石油の富は国家制度の弱体化を招き、経済成長を遅らせ、人間開発を停滞させると論じる。しかしそうした研究は一様に1970年から90年という困難な時代に焦点を当てているのであり、いくつかの共通する過ちを犯しているのだ。

データをより詳細に検討すると、産油国は非産油国と同様の成長を遂げてきたのであり、これは石油がどこでも同じように経済に悪影響を与えるのではなく、予想されているような経済成長の弾みを生みだすものでもないことを意味している。コリアーは産油国の経済問題を「おおむね機会損失として現れる」と適切に表現している[59]。

こうした機会損失が生じる一つの理由は、産油国が人口増加に歯止めをかける効果のある、女性のための雇用創出に失敗している点にある。第2の理由は、適切な財政政策の維持に失敗している点にある。これは産油国の制度が非常に弱いからではなく、石油収入が生みだす不安定さを埋め合わせすることがとてつもなく困難なためだ。しかしながら、こうした政策の失敗は、政府の制度が悪い、あるいは弱いからではない。ほとんどの産油国は、比較的標準的な制度を有しているようだ。問題は、産油国が収入の規模と不安定さに対応するために、極端に強い制度を必要としている点にある。

注

1　Sala-i-Martin and Subramanian 2003,4.
2　この問題に関する記念碑的な論文は、ジェフリー・サックスとアンドリュー・ワーナーという2人の経済学者による1995年のものだ。アラン・ゲルブとその同僚による1988年の論文と、リチャード・オティの1990年の論文に立脚しながら、サックスとワーナーは97ヶ国の経済成長率を眺め、1971年の時点で資源輸出に立脚していた国はそれに続く18年間にわたって経済成長が異常に遅かったことを発見した。何人もの研究者が経済成長に関する多様な変数の統制を試みたが、資源輸出と経済成長の遅さの相関関係は有意だった。この議論への重要な貢献については、以下のものを参照。Manzano and Rigobon 2007; Sala-i-Martin and Subramanian 2003; Papyrakis and Gerlagh 2004; Robinson, Torvik, and Verdier 2006; Melhum, Moene, and Torvik 2006; Collier and Goderis 2009. この問題に関する懐疑論者の議論は、Brunnschweiler and Bulte 2008; Wick and Bulte 2009; Frankel 2010 を参照。
3　1960年代、70年代、80年代の途上国における産油国で国民一人あたりの生産量の多い上位13ヶ国とは、アルジェリア、バーレーン、ガボン、イラン、イラク、クウェート、リビア、オマーン、カタル、サウジアラビア、トリニダード、アラブ首長国連邦、ベネズエラである。ブルネイもこれらに匹敵する石油生産

量を有していたが、経済成長に関しては信頼に足るデータがない。途上国世界の産油国が経済発展する経路について分析するにあたって、これらの国のほうが OPEC 諸国を対象とするよりも適切だ。なぜなら、OPEC はいくつかの石油資源に富む国（バハレーンやオマーン、トリニダード・トバゴなど）を含まず、より石油資源が小さい国（エクアドル、インドネシア、ナイジェリアなど）を含むからだ。

4　Abidin 2001.
5　Bevan, Collier, and Gunning 1999; Lewis 2007 を参照。アンドリュー・ロッサーの 2007 年の研究は、インドネシアの成功の理由として、冷戦やインドネシアの世界経済での地位など、より広範で構造的な要素を指摘している。
6　オティは「資源の呪い」の用語を文章で初めて使用した研究者だと思われるが、自分がこの用語の考案者だとは主張していない。オティによれば、この用語は彼が 1993 年に使用する前から、非公式に使用されていたという。
7　私は数値が大きくなれば良い結果を示すものとして縦軸の数値を逆転させた。ここでは、乳幼児死亡率のより速い減少を表している。
8　右上に位置する国家の中で中東以外の唯一の国は、ブルネイだ。興味深いことに、ブルネイはクウェートやカタルという石油に富んだペルシャ湾諸国に似ており、小国で、国民の大多数がムスリムであり、伝統的な君主制によって統治されている。
9　こうした結果に見られる多様性は、産油国の経済成長の経路の多様性を説明しようとしてきた研究の価値を強調する。これについては、以下のものを参照。Melhum, Moene, and Torvik 2006; Smith 2007; Luong and Weinthal 2010.
10　Mahdavy 1970, 442.
11　Barro 1997; Tavares and Wacziarg 2001; Gerring, Thacker, and Alfaro 2005.
12　Halpen, Siegle, and Weinstein 2005; Bueno de Mesquita et al. 2003; Lake and Baum 2001.
13　Ross 2006b.
14　例えば、Brewster and Rindfuss 2000.
15　石油生産がその国の出生率に絶対的な影響を与えているわけではないことに注意が必要だ。石油の増加は出生率の上昇や人口増加率の上昇と直接的な相関関係にはない。石油の影響はその国の収入を統制したときにのみ表れる。しかしこのことはこれが単に「じゃじゃ馬億万長者の誤謬」（これについては後に論じる）だというものでもない。なぜなら、収入が高いままで数世代を経ても、産油国の出生率は異常に高いままを維持するからだ。この問題については、Jamal et al. 2010 を参照。
16　Anca Cotet and Kevin Tsui（2010）は、同様の結果を報告している。すなわち、石油レントは出生率の上昇を導き、より速い人口増加を招き、一人あたりの経済成長を鈍化させる。
17　Ramey and Ramey 1995; Acemoglu et al. 2003.
18　Loayza et al. 2007.
19　Blattman, Hwang, and Williamson 2007.
20　van der Ploeg and Poelhekke 2009.
21　Hartwick 1977.
22　もちろんこの二つの作業はそれぞれ別のものだが、ここでは議論の都合上、一つのものとして取り扱う。
23　例えば、Humphreys, Sachs, and Stiglitz 2007; Collier et al. 2009; Gelb and Grasman 2010.
24　Gelb and Associates 1988.
25　Auty 1990.
26　Quoted in Yergin 1991, 667.
27　IMF 2007; Davis et al. 2003.
28　York and Zhan 2009.
29　Hamilton, Ruta and Tajibaeva 2005.
30　仕事は非常にきつく、自殺者が出ずに終わる日はほとんどなかった。1862 年には、人材業者は労働力不足を補うために 1000 人の東部諸島住民を誘拐してきたほどで、これは東部諸島の人口の 3 分の 1 に該当する。1863 年にイギリスとフランスの両国政府がペルー政府に対して強制的に東部諸島住民を帰還させたが、試練に耐えて国に帰れたのは 15 人だけだった。
31　この出来事については、以下のものに依拠した。Levin 1960; Hunt 1985.
32　加熱する資源部門を監督する政府部門は、とくに官僚制の過剰拡大に弱い。突如として価値を持つことに

なった資源を管理するため、かつて私が別の本で論じた「レント獲得競争」と呼ばれる現象に悩まされることになる。レント獲得競争とは、政治家が希少資源の配分方法や規制をめぐる主導権を獲得しようとするときに、制度的制約をすべて排除し、それによって資源を自分たちの支持者の保護や汚職に用いようとする行為を指す（Ross 2001b）。

マダガスカルはこうした出来事が発生した近年の事例だ。2005年まで、政府は鉱物資源に関する権利を手の届く範囲で配分しており、これは政治的介入を排除し、透明性を確保するための機関が担当してきた。しかし2006年に鉱物資源の価格が上昇するとこの機関は崩壊しはじめた。採掘権の配分はそれを管轄するために存在した Mining Cadastre Office からこのために政治的に任命された人物の手に移管された。この人物はマダガスカルの鉱物法を無視し、透明性を保持するために採用されていた競争入札を廃止し、不透明で恣意的な、ほぼ確実に汚職プロセスといえるような利権の配分を行った（Kaiser 2010）。

33 Yergin 1991.
34 Hertog 2007, 546.
35 Chaudhry 1989.
36 Karl 1998, 57, 67, 15.
37 Besley and Persson 2010.
38 Mahdavy 1970; Leite and Weidemann 1999; Isham et al. 2005; Bulte, Damania, and Deacon 2005. これらの議論に関する優れた取りまとめは、Wick and Bulte 2009 を参照。
39 Kauhman and Kraay 2008. 不幸なことに、汚職に関する現場者の意見は、実際の汚職の発生については確度が低い情報のようだ。例えば、Olken 2009; Razafindrakoto and Roubaud 2010 を参照。
40 Tornell and Lane 1999.
41 クランペット家が誇るところでは、この一家でもっとも高い教育を収めたのは、ジェスロ・ボディンで、首尾良く6年生を終えたのだという。
42 例えば、La Porta et al. 1999; Adsera, Boix, and Payne 2003.
43 じゃじゃ馬億万長者の誤謬は、処理後バイアスとしてもみることができる。石油は、収入を統制するとはじめて制度の質との間に負の相関が表れる。しかし石油は収入に影響を与えるので、石油をモデルに組み込むと石油の真の影響にバイアスがかかったものが表れる。マイケル・アレクセーエフとロバート・コンラッドの2009年の研究は、石油と制度の分析において同様のことを指摘している。彼らは、石油の収入への影響が正しく計測されれば、石油が制度の質を悪化させることに相関関係を持たないことを明らかにした。ザヴィエル・サライマーティンとアルヴィンド・スブラマニアンの2003年の研究もこれを取り扱っているが、彼らが提示する対応策はアレクセーエフとコンラッドによれば、不十分だという。マイケル・ハーブの2005年の研究は、同様の問題によって石油が民主主義を阻害するという間違った印象を作りだしていると主張する。しかしアレクセーエフとコンラッドは、石油収入の効果を考慮してもなお、石油は民主主義の停滞と関係があることを突き止めた。
44 Catão and Sutton 2002; Manasse 2006; Talvi and Végh 2005; Alesina, Campante, and Tabellini 2008; Ilzetxki and Végh 2008. 石油と制度に関する研究の中には、三つめの間違いを犯しているものがある。その間違いとは、石油が国家の能力を損なうと主張するもので、そこでは、国家の能力は政府によって集められた税の総額で計測される。例えば、Chaudhry 1997; Thies 2010; Besley and Person 2010 がそれだ。本書の第2章で論じたように、石油収入は必然的に非税収入を増加させることで政府の税への依存を減らす。石油に富んだ国が集める税の総額が少ないというその事実だけを根拠に、その政府が弱いあるいは非効率だとはいえない。
45 Herschman 2009. 政治家の時間的視野、およびそこから派生する政治家の支出傾向については、Levi 1988 を参照。マカルタン・ハンフリーズとマーティン・サンドブの2007年の研究は、数理モデルを用いて、支出の抑制に影響を与える条件を非常に詳細にわたって検討している。
46 Alesina, Campante, and Tabellini 2008.
47 Hamilton, Madison, and Jay [1788] 2000, no.72.〔A. ハミルトン、J. ジェイ、J. マディソン『ザ・フェデラリスト』齋藤眞・武則忠見訳、福村出版、1991年、353頁〕
48 Humphreys and Sandbu 2007.
49 Alesina, Campante, and Tabellini 2008.
50 Herb 1999.
51 この仕組みをより慎重に検討したものとして、Collier and Hoeffler 2009 を参照。

52 この部分の記述は McCartney 2008 に依拠した。
53 ウッドロウ・ウィルソン大統領の財務長官だったウィリアム・マカドゥーによれば、「(ハーディングの)演説は、なにがしかのアイデアを求めて尊大な態度で原野をうろつく軍隊のような印象を与えた。だらだらと続く言葉はときにはまとまりのない考えにいたることがあり、そうした考えを勝ち誇ったように見せつけるのだが、彼はそうした考えを後生大事に抱え込んで、ぼろぼろになるまで使い回す。」(McCarthy 2008, 43)
54 Humphreys and Sandbu 2007.
55 Alesina, Campante, and Tabellini 2008.
56 Catão and Sutton 2002; Kaminsky, Reinhart, and Végh 2004.
57 1975年の第1次石油ショックの後には、控え目な規模の棚ぼた式の利益をより慎重に管理していたインドネシアでさえ、債務の急拡大に苦しんだ (Bresnan 1993)。
58 Nooruddin 2008.
59 Collier 2010, 44.

第7章
石油に関するよい知らせと悪い知らせ

> それに従事する大部分の人々を破産させてしまうような、経費がかかってしかも不確実ないっさいの企業のなかで、おそらくは金銀の新鉱山をさがし求めることほど完全に破滅的なものはなかろう。…それゆえ、その国民の資本が増加することを熱望する思慮ふかい立法者ならば、他の全ての企業にもまして、鉱業という企業になにか特別の奨励を与えるということをもっとも好まぬであろう。
>
> ——アダム・スミス『諸国民の富』訳注1

　本書は、石油に依存する政治と経済に関して広範な説明を行うために、半世紀にわたるデータを分析してきた。そこから明らかになったのは、資源の呪いに関する書物が強く主張する内容のいくつかについては、まったく根拠がないということだ。石油生産が経済成長を停滞させたり、政府を弱体化あるいは非効率にしたりする、という主張がそれだ[1]。乳幼児死亡率の減少といったいくつかの側面においては、普通の産油国は石油を持たない隣国を追い抜いているのに。

　しかし本書はまた次のことも示してきた。すなわち1970年代に石油産業の国有化を達成して以来、開発途上地域の産油国が一連の政治的な病に悩まされてきたこと。非産油国の中で開発途上国の産油国と似たような状況にある国と比べて、産油国の政府は民主的ではなく、より秘密主義的であること。産油国の経済は女性に職業と政治的影響力を与えないこと。産油国ではまた暴力的な反乱が頻発していること。産油国はまた複雑な経済問題に悩ま

訳注1　アダム・スミス『諸国民の富』（大内兵衛・松川七郎訳、岩波文庫、1965年）第3巻、271-272頁。

されていること。産油国は非産油国よりも素早く経済成長を達成すべきときに非産油国と同程度の成長に留まっていたが、これは二つの要因によって引き起こされた。第1に、女性に経済的機会を提供できていないことであり、これは不自然に速い人口増加をもたらした。第2に、石油収入の規模と不安定さの慎重な管理に失敗していることであり、しかしこれは産油国政府があまりに弱いからではなく、この取り組みそれ自体があまりに困難であるからだ。

石油がもたらす症候群をどうすれば覆すことができるのか、その方法を問う前に、こうした問題が意味することをより広く確認しておこう。

地理的特性と開発

何世紀もの間、ニコロ・マキャヴェリやモンテスキュー男爵、アダム・スミス、ジョン・スチュアート・ミルといった西洋の思想家たちは、国家の地理的特性に強く影響されながら国民形成がなされることを指摘してきた。こうした思想家たちはしばしば、有利に見える条件が逆に不利に作用する場合があることを論じてきた。16世紀のフランスの思想家であるジャン・ボダンは、次のように主張している。

> 肥沃な土地に住む人間は軟弱で臆病な傾向が一般に見受けられる。これに反して荒れ地は人を決まって自制的にし、その結果として、注意深く、用心深く、そして勤勉にする[2]。

近年になって、一国の経済開発を対象とする研究者は、その国が置かれた地理的特徴、例えば大陸の中の位置、熱帯地方にあること、疾病環境、海上交通へのアクセス、大規模市場への近接性などに影響を受けることに関心を向けるようになってきた[3]。

本書はもう一つの別の地理的特徴、つまり石油の賦存状況が、その国の社会、経済、政治的発展を形作ってきたことを明らかにするものだ。際立った

石油の富を持つ国々は、石油の乏しい国々に比べて、政府の財政規模が大きく余裕があり、貧困を削減して開発に投資するための高い能力を与えられている。もしもそうした国々が石油の富を適切に使用することができるなら、素早い経済成長を達成し、社会福祉のめざましい向上を可能とするはずだ。

　しかし石油生産は経済をより不安定にし、ひどく手間のかかる歳入管理という業務を政府に押しつけ、労働市場を男性優位にし、女性を雇用から排除し、相対的に速い人口増加を引き起こし、現職の政治家はその地位を揺るぎないものにする。もしも石油や天然ガスが発見された場所が陸上であれば、その石油は低・中所得国では暴力的な紛争の危険性を高めるだろう。

　このような主張は、地理決定論のように受け取られるかもしれないが、そうではない。地理的な特性は、産油国が直面する困難と機会の両方を我々に教えてくれるが、産油国がどれほどうまく、あるいはどれほどまずく対応するのかについてはほとんど何も語ってくれない。そしてこの政府の対応が決定的に重要なのだ。政府は、自国が熱帯にあるのか、海上交通へのアクセスが容易なのか、あるいは隣国が経済的に反映しているのかといった地理的条件を決定することはできない。しかし、政府は石油を生産するかどうか、あるいはどの程度生産するのか、歳入をどのように管理するのか、ということについては決定することができる。

石油に由来する収入はさまざまである

　政治経済学の領域は、一国の政治がその経済によって力強く形成される、という知見に基づいている。例えば、その国の一人あたりの所得が増加することは、政府の説明責任やその質、女性参政権、政治的暴力の発生率といった、政治的な厚生の各要素を改善すると考えられている[4]。

　しかし社会科学者は、収入の多様性についてはほとんど関心を示さず、どのような収入であってもそれらは同じ効果を持つと想定している。これに対して本書は、一国の収入源が決定的な役割を果たしていることを明らかにした。製造業やサービス業、農業によって生みだされた収入は、その国にプラ

スの効果を及ぼすが、石油のような国有資産を売却することで得られる収入は、政治的にまったく異なる帰結をもたらす。

この議論の射程を拡大することは可能だ。しかし、テリー・リン・カールとD.マイケル・シェーファーが展開するような、それぞれの国の主要な産業部門の違いに応じてその国が固有の政治的足跡を残すという議論は疑わしく、この説を支持する証拠を見つけることができなかった[5]。私の主張はより限定的だ。すなわち、ある国が保有する石油部門に由来する収入は、政府にとって大きく、不透明で、不安定な収入であり、民間部門を通じて広く波及するその他ほとんどの資源が生みだす収入とはまったく異なる特質を持っている、ということだ[6]。

石油収入と非石油収入の違いは、二つの驚くべき含意を有する。最初の含意は、良い知らせとなるだろう。つまり、石油収入と非石油収入の違いを区別できない研究は、非石油収入の政治的な利点を過小評価していることになる。もしもその国の全所得が政治に与える影響がプラスでもマイナスでもなく完全に中立であり、なおかつ石油収入のみが悪影響を与えているのであれば、非石油収入の利益はプラスの影響を与えていることになるはずだ。しかしそうならないのは石油収入のマイナスの影響が非石油収入のプラスの影響を相殺しているのだ、とみなすことができる。

例えば政治学者は、経済的に豊かな国のほうが権威主義体制から民主主義体制に移行しやすいかどうかについて見解が一致していない。2000年にアダム・プシェヴォスキとミハエル・アルヴァレズ、ホセ・チェイブブ、フェルナンド・リモンギによって行われた画期的な研究によれば、高収入は民主化に何の影響も与えず、すでに成立している民主主義体制がその後も民主主義体制を維持する機会にのみ影響を与えるとされる[7]。しかし、この研究は石油収入と非石油収入の区別を行っていない。つまり、石油収入の反民主化効果が、それ以外の収入が持つ民主化促進効果を隠蔽しているのではないか、という疑問が生じる[8]。

統計学に関心のある読者諸氏は、本書の補遺3.1の回帰分析にこうした隠蔽効果を見いだしたかもしれない（**表3.7**参照）。まず、ある国の全体の所得

(「国民所得（対数）」) は民主主義体制への移行を促す可能性との間に相関関係がない（1列目）。これはプシェヴォスキらの研究結果と一致する。しかし石油収入の反民主化効果を統制すると（2列目）、「国民所得（対数）」変数は強い民主化促進効果を示す。同様に、全体の収入の変化（**表4.5**の第1列）の女性の就労への影響は、石油収入のマイナス効果を勘案した場合（同表第2列）と比べると小さく、部分的となることから、やはり石油の影響がなければ「国民所得（対数）」と「国民所得（対数）の二乗」はともに実質的にも統計的にも、女性の就労に有意な効果を働かせていることがわかる。第5章では、石油収入の紛争増加効果を統制すると、収入の高さは初期状況と比較して紛争減少効果が高いことが明らかとなった（**表5.4**第2列と第3列を参照）。

これは、石油収入の悪い知らせが、製造業やサービス業、農業などの非石油収入の良い知らせであることや、こうした非石油収入の政治的に好ましい特性を研究者が見落としてきたことを示している。

しかしながら、石油収入と非石油収入の違いが示すもう一つの含意は、悪い知らせだ。オランダ病は、考えられていたよりもずっと深刻である。オランダ病という名称が持つ警告的な意味合いにもかかわらず、多くの経済学者はオランダ病が発生してもなんら問題がないと論じてきた[9]。ある国で生みだされた石油の富は、農業や製造業といった他の業種を締めだすことになるかもしれないが、このことは石油がないほうが経済はうまくいく、ということを意味するのではなく、石油が発見されたことによって収入が増加するとしても、その増加分は広く期待されているよりも小さい、というだけのことかもしれない。なぜなら、石油の販売から得られる利益は、それ以外の「貿易財」の競争力の低下によって相殺されてしまうからだ。

オランダ病は、石油収入が有する外部性が、農業や製造業など、石油収入が追いだすことになる産業分野と同程度であれば、穏やかな効果に過ぎないと考えられている。しかし、どうやらこれは正しくない。非石油収入の増加はその国の政治の改善と関係しており、同時に石油収入の増加は民主主義の後退、ジェンダー平等の後退、紛争の増加、経済の不安定化と関係する。

それでも、石油の発見は、別の経路でその国を良くするかもしれない。例

えば、石油は公共財のストックを増やして行くことができる。多くの中東諸国は石油の富を用いて医療や教育を急速に改善させた。それでもなお、製造業や農業の損失は研究者が一般に予想するよりも、とくにその国の政治にとって深刻な問題だ。オランダ病は結局のところ疾患なのだ[10]。

石油の呪いは新しい

　社会科学者は、時間と場所を越えて適用可能な真実を見いだせると信じている。しかしながら、我々が達成したことはもう少し控え目な事柄だ。ある地域のある時代に見いだされたパターンが、他の地域の他の時代にいかにして適用可能なのか、我々はまったく知らないのだ。

　これまでの研究が明らかにしてきたところによれば、資源の呪いは長期間にわたって存在してきたのであり、16世紀のスペインや20世紀のベネズエラでも蔓延した[11]。今日の石油の呪いと、過去の資源に由来する病との間には、はっきりとした共通性がある。第6章で見たように、19世紀のグアノ・ブームに際してペルー政府が行った破滅的な対応はその一例だ。しかしグローバルな現象として、石油とガスの生産によって引き起こされる政治的な疾病は、特定の国々（後述）と1980年以降という時代に限定される。1980年以前には、石油の富と民主化の停滞、女性の就労の停滞、反乱の増加、また産油国の経済が驚異的な速さで成長するという現象とのグローバルな相関は、存在しなかったのだ。

　1940年代、50年代、60年代の産油国を理想化する、ということはこれまでほとんどなかった。当時は少数の国際石油会社がグローバルな石油の供給を支配し、その利益を自分たちのものにしていた。石油を供給する開発途上国はその利用についてほとんど何も発言することができず、レントのごく一部を受け取っていただけだった。皮肉にも、こうしたことによって産油国が受け取る石油収入は比較的小さく安定しており、それゆえに管理が容易で、政治的帰結も大したものではなかった。

　今日の開発途上産油国を悩ませる問題が発生したのは、1960年代から70

年代にかけての大変革より後のことで、この時期に産油国政府が自国の石油産業を管理するようになり、また価格の高騰が発生したのだった。これらの出来事は、産油国政府をそれ以前に比して大きく、豊かにした。またこうした出来事によって、産油国の権威主義的な支配者は、1980年代から90年代に多くの権威主義体制が地球上から一掃されるのを尻目に、民主化の圧力に抵抗する力を得た。女性よりも男性に多くの機会が生みだされ、低所得産油国では産油地域で政治から疎外された集団が武器を手に立ち上がった。同時に、石油国有化は国際石油会社が作り上げた価格安定化メカニズムを破壊し、これは政府歳入が予期せぬ好況と破綻を被ることになる不安定な石油価格時代の幕開けとなった。

こうした病が発生したのが1980年以降であることを考えれば、資源の呪いという考えに対するもっとも強力な反論を行った者がそれ以前の時代の石油や天然資源に基づく開発を研究していた歴史家であったのも当然だろう[12]。また、ポーリン・ジョーンズ・ルオン、エリカ・ウェインサルが行った旧ソ連邦の5つの産油国（ロシア、アゼルバイジャン、カザフスタン、トルクメニスタン、ウズベキスタン）の研究によって、政府が石油産業を支配すると、石油の富が国家の制度を弱体化することにつながることが明らかになったのも、当然のことだ。この研究によれば、民間部門、とくに海外の投資家が支配的な役割を果たすと、政府はより強力な財政制度を持つようになり、より広範な税制度やより安定的で透明性の高い予算が組まれるようになるという[13]。残念なことに、1970年以降の大半の産油国では政府の役割が支配的であるため、このことが本書でこれまで扱ってきた多くの石油の呪いを説明してしまう。

もしも石油の国有化が石油の呪いの一部であるなら、民営化はこの呪いを部分的に治癒することになりはしまいか。しかし、いくつかの薬は病気よりも悪影響を持つことがあり、また以下で説明するように、開発途上地域の産油国において、石油産業の完全な民営化は正しい治療法にはならないかもしれない。

産油国の多様性

　石油の富はそれを生みだすすべての国家にまったく同じ影響を与えるものではない[14]。本書は産油国と非産油国の違いを強調してきたが、産油国の特徴が違えば、それぞれがかかる病も違ってくることを示したように、産油国もまたさまざまだ。

　権威主義体制下にある国で石油が産出された場合、政府が得ている石油収入の規模やその内容が隠蔽されることで、石油の富は支配者の延命を助ける。この傾向は、一つの地域を除いて世界中で見られた。例外となった地域とはラテンアメリカであり、ここでは石油と天然ガスの富は独裁者が延命する効果を発揮しなかった。この理由は判然としない。ダニングは、この地域で貧富の差が非常に高いことが、この例外を説明すると論じている[15]。あるいは、ラテンアメリカで石油産出以前から存在した民主主義と労働組合の高い組織率によって、政府が石油収入を隠蔽することが困難になったとも考えられる。

　民主主義国家で石油の富が産出されるようになると、石油の効果が現れる程度は、行政をチェックする機能がどの程度作用しているのか、その強さにかかってくる。低・中所得国では行政に対するチェック機能は脆弱で、例えばロシアやイラク、ベネズエラでは、石油収入を得た支配者は自身を拘束する抑制と均衡機能を解体し、民主主義的制度を崩壊させてしまう。経済的に豊かで民主主義がしっかりと根づいている国では、石油収入の上昇は、アメリカがそうであったように、現職政治家の再選可能性を高めるが、長期的に見て民主主義的制度を阻害するようなことにはならない。

　産油国では新たに創出されるのは大抵サービス業や政府部門であるが、こうした部門に女性が容易に就労できない国では、石油が女性の経済的・政治的機会を縮小する。残念なことに、こうした状況は中東や北アフリカでは一般的に見られる。女性が成長著しいサービス産業や政府部門で就労可能な国は、あるいはメキシコやシリア、ノルウェーのように女性を労働力化できる他の仕組みを持つ国は、こうした石油の効果に免疫を持つ。選挙される公職

ポストに効果的な性別割りあてを実施する国では、女性が政治的影響力を獲得し、このことが女性の労働参加への障害を排除することにつながるので、こうした石油が生みだす問題を回避できる[16]。

　石油とガスを生産することは、暴力的な紛争を引き起こすことがある。しかしこれもまたいくつかの状況下に限定して発生するものだ。その国が比較的貧しく、少なくとも石油やガスの生産の一部、あるいはその精製が、政府に不満を持つ住民の居住地域や犯罪的なギャング集団の居住地域で行われている場合、あるいは反乱者が紛争によって獲得できるかもしれない石油の開発権を将来売却することが可能な場合、つまり「将来的な戦利品効果」が発生する場合に限定される。逆に、石油はまた紛争の発生に対抗し、それを抑える効果も併せ持つ。石油が紛争を発生させるのはその国が貧困国である場合に限られるので、もしも石油がふんだんにあり、国全体を貧困から救いだすことが可能ならば、内戦のリスクも減少させることができる。低所得国が生みだす石油の富が、反乱者の生活を支えるのに十分ではあっても、一般国民の生活を改善させるほどではない限り、そうした貧困国は危険な状態に陥ってしまう。

　経済成長に対する石油の富への影響もまたさまざまだ。すべての産油国経済は石油価格とともに変動し、石油生産への依存が大きければそれだけ国際的な石油価格の変動に影響を受け、成長と衰退の違いが顕著となる。産油国の長期的な経済的成功は部分的には女性の労働力化の成功に依存し、これは出生率と移民労働力需要を低下させ、つまりは人口増加に歯止めをかける。また一方で経済の成功は、成長と衰退の差を縮める反循環的財政政策を維持する政府の能力にかかっている。過去50年間でもっとも経済的に成功した産油国であるオマーンとマレーシアは、石油価格が崩壊した1980年代と90年代にもっとも効果的な反循環的財政政策を実施した。残念なことに、こうした戦略は他国が容易に真似することができないものだった。両国は生産量の増加によって価格の下落を埋め合わせたが、これはOPEC加盟国ではなく、また未採掘の油田を保有していた小規模生産国にのみ可能なことだった。

　それでも、借金を返済し、経済安定化のための基金を創設し、非石油部門

の成長を促進するといったより一般的な反循環的財政政策を採用する国は、より安定的な経済成長を維持できるだろう。

　こうした反循環的な財政政策を実施するためには、政治家は直近の財政支出に基づく短期的な政治的利益をあきらめ、長期的な持続可能な成長を目指すことが可能でなければならない。現職の政治家が、あるいは現在の与党が、将来発生する利益を獲得するに十分なほど、長期間にわたってその地位にあり続けることを確信できるのならば、このトレードオフは実行が容易になる。さらに、政府がより抑制と均衡に拘束される状況や、国民に情報が十分に与えられ、同時に政府を信頼するような状況にあり、そして将来発生する富を独占しようと争って国民が分裂するような状況でなければ、このトレードオフはより実行可能となるだろう。

　ある意味で、こうした条件は促進されることが望ましいものばかりだ。政府の機能を制限するようなものも含むいくつかの条件が満たされれば、石油が国を傷つけるのは限られた場面のみとなる。しかし、それでも石油を生産する害は依然として残ってしまう。なぜなら、第1章で「石油の富の悲哀」と表現したように、所得が低く、少数派の政治参加が制限されており、女性の機会がほとんどなく、制度が脆弱であるといった多くの社会的・経済的な問題を抱える国においてこそ、石油の呪いの影響がもっとも強力に作用するからだ。もっとも必要とされているのに、もっとも助けにならないのが石油の富である。アフリカやカスピ海周辺諸国、東南アジアといった石油生産が今まさに始まろうとしている、あるいは始まったばかりの最前線の国々は、不幸にもこうしたやっかいなジレンマに直面しなければならない。

中東を理解する

　広範に多国間比較を行う政治学者の多くは、しばしば中東を分析対象から除外する。政治発展に関する記念碑的な研究の多くは、中東地域以外の全地域を対象としてきた[17]。このことは、ムスリムの中東が非常に特殊であり、世界の他地域と比較ができないほどに独特な歴史を歩んできたという信念を

反映している。もちろん、中東の特徴の多くは独特なものだ。しかし、社会科学者が特定の地域を特殊だという理由で分析対象から排除してしまうのであれば、天然資源がその国の政治、経済、社会構造に与える影響に関する、より一般的な知見を学ぶ機会が失われてしまう。

中東地域は二つのグローバルなパターンに反する。中東は、民主化することなしに経済的に豊かになった。また、中東はジェンダー平等を推進することなく、経済的に豊かになった。多くの研究者は、この地域が有するイスラームの伝統を上記の二つの特殊性の原因とみなして批判する[18]。

イスラームは本当に中東の例外的傾向を説明するのだろうか。イスラームの影響を石油の影響と区別するのは、奇妙な地理的偶然のために、容易なことではない。世界中で石油が存在する地域ではムスリムが大多数であるか、あるいは多数派であり、これは中東と北アフリカだけでなく、サハラ以南のアフリカ（ナイジェリア、スーダン、チャド）や、東南アジア（インドネシア、マレーシア、ブルネイ）、そしてカスピ海周辺諸国（アゼルバイジャン、カザフスタン、トルクメニスタン）でも同様だ。たしかに、ムスリムが多数派でも石油が存在しないかほとんど採れない国もあり（ソマリア、トルコ、アフガニスタン）、またムスリム人口がわずかで大量の石油を生産する国もある（アンゴラ、ベネズエラ、ノルウェー）。それでも、2008年のデータでは、世界中の主権国家の中でムスリムが大多数を占める国家は23％であり、それらが世界中の石油の51％を生産しており、また世界中の石油埋蔵量の62％を保有する。埋蔵量の割合が生産量の割合よりも高いため、グローバルな石油市場におけるムスリムが大多数を占める国家の役割は、次の時代に向けて確実に高まっている。

中東における民主主義とジェンダー平等の不在の大半は、石油の富によって説明可能だ。石油の役割を評価する方法は、中東ムスリム国家の多様性に注目することだ。この17ヶ国は一般に一括りにされるが、民主主義的な説明責任やジェンダー平等に関して大きな違いがある。これらすべての国が大きなムスリム人口を抱えていることを考慮すれば、この多様性をイスラームで説明することが容易ではないことは明らかだ。

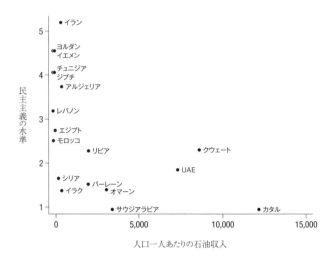

図 7.1 中東における石油と民主主義 1993-2002 年

民主主義の程度はポリティスコアの 1993 年から 2002 年までの平均値を使用し、1 から 10 の数値に変換してある。数値が大きければそれだけ民主的な政府であることを意味する。
出所：Marshall and Jaggers 2007 のデータを基に作成。

　しかしながら、中東諸国は石油の富においても多様性があり、石油の富は民主主義的な説明責任やジェンダー平等の両方に対してそれぞれ強い相関関係がある。**図 7.1** と **7.2** は、最近 10 年間の石油の富の平均値と、民主主義スコアおよびジェンダー平等それぞれの平均値を示している[19]。一般的に、石油と天然ガスが少ない国は民主主義的自由とジェンダー平等の値が高く、石油と天然ガスが多いと民主主義と女性の地位が悪化する。この地域で石油に乏しいエジプトとチュニジアでの民主主義拡大の見通しは、各国の対照性をはっきりと示している。

　ムスリムが大多数を占める国家が世界で 39 ヶ国ある中で、中東と北アフリカに位置しているのはその半数以下に過ぎないが、より広いムスリム世界の中で見ても、石油は民主化を阻害する効果を持っているようだ。ムスリムが大多数を占める国家で少なくとも 6 ヶ国が最近になってようやく民主主義国家に分類されるようになった。その 6 ヶ国とは、トルコ、マリ、セネガル、

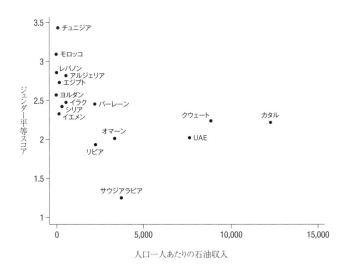

図7.2 中東における石油とジェンダー平等 2004年

ジェンダー平等スコアは「差別の撤廃と司法へのアクセス」「自立、安全、自由」「経済的権利と機会の平等」「政治的権利と公的空間での発言」「社会的・文化的権利」の5つの項目から複合的に女性の権利を計測したものである。各国は各項目で1から5の間で評価され、数値の高さは女性の権利の高さを示す。指標は各国の全項目の平均値を示す。
出所：Nazir and Tomppert 2005 を基に作成。

バングラデシュ、コモロ諸島、インドネシアだ。最初の5ヶ国はほとんどあるいはまったく石油を生産せず、インドネシアのみがある程度の石油の富を有する。しかし、インドネシアの石油収入は非常に小さく、1998年に民主化したときには国民一人あたり900ドルに留まる。

　石油収入は、他地域と比べて中東が非常に違って見える理由を説明する。しかしこれは、イスラーム的伝統の影響が取るに足らないことを意味するものではない。石油の影響を差し引いてもなお、ムスリムが大多数を占める諸国は、他は同じような非ムスリム国と比べて、民主主義的ではなく、女性に認められる権利は少ない[20]。しかし石油経済を、そして世界の石油需要を考慮に入れない限り、中東であれ、中東以外であれ、ムスリム諸国の政治へのイスラームの伝統の影響を過大評価してしまうことになる。

　このことは、中東における民主化運動は失敗する運命にある、ということ

を意味するものではなく、民主化運動が直面している試練を強調するものと理解されるべきだろう。リビアやバーレーン、オマーン、アルジェリア、イラクのように大量の石油を持つ国で、権威主義体制から民主主義体制への移行を成功させた国はない。民主化を試みた国は存在する。例えば、1960年代にイラクやリビアの君主制は軍事クーデターによって崩壊し、1979年にはイラン革命がシャーを追い落とした。しかしこれらはすべて、安定的な民主主義を生みだすことはなかった。中東の独裁者に力を与えた石油の富は、市民社会組織を弱体化させ、民間部門を衰退させた。これら以外の民主化をともなう体制転換、例えばインドネシア、メキシコ、中央ヨーロッパ諸国などの事例では、市民社会組織や民間部門が民主主義への移行を成功させるために決定的な役割を果たした。

イラクはやはり依然として例外かもしれない。イラクには歯に衣着せぬ発言をする政党や、適度な報道の自由、実効的な選挙も存在する。それでも、イラク議会は4年間をかけてなお、新しい石油法を可決することができず、石油問題はクルド人自治の不安定で解決が困難な状況を不気味に浮かび上がらせる。イラクのマーリキー首相は2010年3月の選挙で自身の政党が敗北した後もその地位に留まろうとし、確実に権力の集中を企ててきた。中東の民主主義運動は勇気ある人々によって推進されているが、自国の石油の富に打ち勝つほどのさらなる勇気と知恵が必要とされるだろう。

何が必要なのか

石油の呪いは、石油収入が持つ異常な特徴に由来する。ノルウェーやカナダのように、石油生産が開始されたときにすでに経済的に豊かであり、また強力な制度が存在している場合を除いて、石油収入は重大な政治的、経済的問題を引き起こす。幸いなことには、こうした特徴を変える手段は沢山ある。例えば、石油収入の規模を制限したり、それをより安定的で透明性の高いものにしたり、あるいは収入源そのものを変更する、といったことである。もっとも重要な改革は産油国政府それ自身によって達成できるが、外国

の政府やエネルギー企業、国際機関、NGO なども重要な役割を果たし得る。

　産油国政府の歳入を改革するためには、それぞれの国の事情に応じた多様な政策が必要となる。ある場面では有効な方法も、別の場面では意味をなさないだろう。一つですべてに対応できる解決方法を提示するよりも、石油収入の規模や、安定性、隠匿性、石油収入の発生源などを変更するための、いくつかの手法を提示するほうが適切だろう。また、支出の改革の重要性についても言及する必要がある。これらのいくつかは長らく議論されてきたもので、その一部は新しく、検証もされていない。万能薬は存在しないが、それでもこれらの手法を現地の事情に合わせて適切に組みあわせることで、天然資源を管理するより良い方法を見いだすことができるかもしれない。

　天然資源による負の政治的効果を最小化することに加え、各国は天然資源による正の経済的効果を最大化すべきだ。近年のコリアーやハンフリーズ、サックス、ジョセフ・スティグリッツによる優れた書籍は、この問題を洗練された形で取り扱っている。以下に提示する議論と併せて彼らの書籍を読めば、産油国が直面する試練と機会についてより完璧なロードマップを手にすることができるだろう[21]。

石油収入の規模を縮小する

　大規模な石油収入は、独裁者がその地位に留まることを支援し、反乱を促進し、肥大した官僚機構によって浪費される。改革者にとって最初に問題となるのは、果たして石油収入の規模を縮小すべきかどうかということだ。これを行うには四つの方法がある。第 1 と第 2 の方法は、弱い官僚機構を持った低所得国に適切であり、第 3、第 4 の方法はより洗練された官僚機構を持つ中・高所得国に適している。

　低所得国にとって、第 1 の方法は地下の石油を採掘せずに放置することだ。あるいは、石油をもっとゆっくりと生産することであり、こうすることで歳入の規模が、政府が効果的にそれを使用できる範囲や、市民社会が急成長する政府の活動を監視可能な範囲を越えなくなる。

鉱物資源は再生可能型資源ではないので、採掘すれば一度限りの棚ぼた式の現金収入となる。もしも賢明な投資を行うことができれば、将来世代の生活水準を引き上げることができるだろうが、浪費してしまえば永久に失われてしまう。石油を採掘せずに放置することは、あたかも銀行に預けておくようなものだ。他の産油国の石油供給が減少すれば価格が上昇するので、地下という銀行に預けられた石油は時間が経てば「利息」をも生むだろう[22]。

　石油生産から得られる歳入を将来に保留すれば、たしかに大きな機会費用が生じる。とくに低所得国では、人々は今まさに食料や医療、教育を欲しているのだから。コリアーによれば、「最底辺の10億人」の居住国である貧困国では、天然資源の採掘は歴史上またとないほどの急激な経済成長の機会を提供し得るものだ。貧困国がこうした天然資源の管理に失敗するのは、「経済開発における単独では最大の機会損失」[23]なのだ。

　これは、「石油の富の悲哀」を表している。貧困で経済が弱いがゆえに、収入が増加することを強く望む国であるほど、その国の石油収入が適切に使用されず、また浪費されてしまう。低所得国にとって、石油生産によって生じるリスクは非常に大きいが、石油を採掘せずに地下に保存しておくリスクも同様だ。採掘速度を制限することは、石油の呪いの危険性を減少させるが、簡単に決断できるものではないだろう。

　第2の方法は物々交換だ。石油を売って現金を得るのではなく、低所得国が最終的に欲している公共財と石油を直接に交換するのだ。これは標準的な方法ではないように思われるかもしれないが、すでにアンゴラやナイジェリア、ザンビア、ジンバブエなどは、中国系石油企業と石油やその他の鉱物資源を物々交換で取引している。使用料や税を徴収する代わりに、政府は将来的なインフラやサービスの提供を受ける契約を行っている。

　石油会社が労働者の住居や道路、鉄道、さらには港までを建設するなど、付随施設を建設して産油国での操業を支援することは、長らく一般的に行われてきたことだ。現在行われている物々交換契約はその先に進んでおり、石油会社が産油国政府に対して現金ではなく、石油生産と関係のないプロジェクトやサービスを提供することを明記している。2006年には、ナイジェリア

は最新式の水力発電プラントの建設や老朽化した鉄道網の再生、マラリアや鳥インフルエンザへの対応などを含む、40億ドル規模の投資と引き替えに、中国企業に沖合油田4区画での採掘権に署名した。アンゴラは新規の道路、鉄道、橋、学校、病院、光通信網と交換で石油契約を締結した[24]。アフリカで操業する中国系企業は物々交換の先駆者だが、インド、マレーシア、韓国の企業も同様の契約を行っている[25]。

採掘権や試掘権の購入という取引が、道路や橋の建設という別の取引とむすびつけられる抱き合わせ（バンドル）と呼ばれる方式に疑いを挟む経済学者がいるのは当然のことだ。企業はときとして競争を有利に進めるために抱き合わせを用いることがある。例えば1998年には、アメリカ司法省はマイクロソフト社が同社のOSを購入する消費者にそれと抱き合わせで消費者が望まない別のソフトウェアを強制的に購入させたことを提訴した。

しかし、取引を別々に行うコストが法外に高い場合には、抱き合わせはときには利益を生む。物々交換は、低所得国政府が収入を徴収するプロセスを省略し（そうすることで汚職によって収入の一部が失われることを回避する）、政府組織内部のあちらからこちらへと渡って行く手順を省き（その過程でさらに失われてしまうことを防ぐ）、収入を政府のプロジェクトに再配分するプロセスを回避する（汚職や身びいき、非効率による損失を防ぐ）。さらには次のような利点もある。物々交換は、政府が歳入の変動幅を縮小させる努力を軽減させる。なぜなら、歳入の変動幅を縮小することは石油会社の義務になるからだ。つまり、石油会社は利益を得られるかどうか不安視しているような海外のインフラ建設会社を低所得国に導く手助けをすることになる。石油会社はなかなか実現できない長期間のプロジェクトに政府を関与させ、その動きを不可逆なものとする手助けをすることになる。

石油業界では物々交換は新しい現象で、現在のところ、その総額も全体から見れば大きくはない。ナイジェリアの事例に関するレポートは、以下のように述べている。

　　2、3年後になっても、(物々交換契約の見返りとして)アジア系国営石油

会社に与えられた寛大な扱いが何の実もむすんでいないことは明らかだ。もっともましな考え方をしたとしても、すべてのプロジェクトは延期されたままだ。契約のすべてがキャンセルされるという見通しは非常に強い。…ヤラドゥア政権は、すべての手続きは最初から透明性が欠如しており、また汚職まみれだったために、台なしになってしまった[26]。

　物々交換を管理するより良い方法を見つけることは可能だろうか。例えば、競争入札によって契約相手が決定されれば、石油会社は最良の案件がすぐにわかるような比較可能な計画を提案しなければならなくなる。また、信頼のおける第三者機関が契約内容を注意深く監視し、厳格な汚職防止手続きや完全な透明性を導入し、プロジェクトの質を注意深く見守る。物々交換は依然として実験的ではあり、どの程度うまくいくのか、未知の部分がある。

　第3の方法は、石油収入を直接国民に配分することだ。アメリカのアラスカ州とカナダのアルバータ州では、この方法が採用されている。この二つの事例では、アラスカの1977年に設立されたアラスカ恒久基金のほうが古く、この成功は現在でも広く認められている。この基金は石油収入の5分の1とそれ以外にも州予算の一部も受け取り、毎年発生した利益をアラスカ州市民に配分する。2009年には、配分額は1300ドルになった。このプログラムはあまりにも好評を博したため、政治家たちは「皆このプログラムを守る努力を行っていることを人々に訴えるようになった[27]」。

　ある研究者によれば、直接的に配分する基金制度は、石油の呪いの少なくともある部分を避けられるようにするかもしれないという。基金は石油収入の少なくとも一部を政治家の手から引き離しておき、そうすることで政治家が自分たちの政治的利益のために使ってしまうことを防ぐことができる。また、もしも国民が政府よりも将来計画を適切に立てることができるのならば、こうした基金は石油価格の不安定さのヘッジになり得る。また、この制度によって国民は政府による資源収入の使途を監視する強いインセンティブを獲得することになり、汚職に対する強い圧力を生みだすばかりでなく、賢明な資金管理を好むようになる。実際に、こうした制度は潜在的に価値のあ

る政府の計画に活用できる資金を削減することになるだろう。しかし、政府はつねに課税によって配分した基金の一部を回収することができ、またこのことによって国民は政府にいっそうの説明責任を要求するようになるだろう[28]。

　直接配分はアラスカでは機能したが、低所得国や容易に汚職にまみれてしまうような国でも成功するだろうか。低所得国政府にとって、詐欺的な制度の悪用を避けて基金の受給資格者を特定し、その人物に資金を配分することは困難かもしれない。しかし、最新の生体認証制度や、資金配分のデータ管理システムを用いることで、相当の部分を保証できるだろう[29]。もしも財政システムが未発達の状況であれば、国民が将来の目的のために自分たちの分け前を貯蓄しておくことに困難が生じるかもしれない。基金がどの程度地域的な不満に影響を受けるのか、ということもわからない。なぜなら、石油生産地域に近い住民は、より多くの分け前を要求するかもしれないからだ。より多くを特定の地域に配分するのであれば、より多くの分け前を望む者がそうした地域に移住するようになるかもしれない[30]。

　直接配分型を含む基金の創出を成功の鍵とするような政策に対して、一定の疑いが持たれることがあるかもしれない。なぜなら、こうした政策の推進者は、資源収入をその不適切な使用から保護すると主張する他の政府よりも、この政策のほうがうまくいくという信念に頼っているに過ぎないことがしばしばあるからだ。直接配分型の基金が、そうでない政策が採用される場合に比べてよりよく管理され、汚職が少なくなると考える根拠は不明だ。この種の基金は、他の政府の組織と同様に汚職や濫用に脆弱であるかもしれないではないか。第6章で指摘したように、特定の資源基金は少なくとも今のところは、実際の運用はともかく理論的にはうまくいくといった程度のものなのだ。

　第4の方法は、石油収入の一部を直接に地方政府に配分することで、中央政府が獲得する石油収入の割合を減少させるというものだ。中東の産油国の大半は中央集権型の国家であり、これは財政制度についても同様だ[31]。しかしながら、中東以外で増え続ける石油や天然ガスの輸出国の中には、中央集

権型（コロンビア、エクアドル、カザフスタン）であろうと、連邦型（メキシコ、ナイジェリア、ロシア、ベネズエラ、インドネシア）であろうと、資源収入を中央政府と地方政府とで分割するものがある[32]。

　地方政府が主体となって石油やガスプロジェクトを推進する際には、それに必要な社会的な、そしてまた環境面およびインフラ面でのコストを負担するために必要な資金を調達する責任が発生する[33]。しかしながら、歳入の分権化は費用を分担する以上の意味がある。つまり、この制度は地方政府が資源採掘の利益を財政的に獲得することを可能とする。

　これを実施するための方法は、大まかにいって二つある。第1に、各国は地方政府が直接に石油産業に課税することを承認する必要がある。第2に、毎年の収入の変動を縮小させる前でも後でも、中央政府の歳入の一部を何らかの規定に沿って地方政府に配分する必要がある。

　歳入の分権化は中央政府が自由裁量で使用できる棚ぼた式利益の規模を減少させることが可能で、また石油生産地域の住民が独立を求めるような危険性も減少させることができるかもしれない。しかし、地方政府が中央政府よりもこうした基金を適切に使用するという根拠はない。地方政府もまた、中央政府と同様に汚職にまみれ、不透明で、能力不足かもしれない。地方政府はしばしばその官僚機構が弱く、収入の不安定性への対応が不十分で、財務規律に誤りがある[34]。中央政府と同じように、地方政府においても石油収入は反民主化効果を持つかもしれない。これは、第3章で見たルイジアナ州のロング知事の事例からも明らかだ。財政の分権化はアルゼンチンとブラジルで説明責任を緩和させ、ロシアでは経済改革と投資を後退させた[35]。

　石油収入の分権化は、地方政府が比較的民主的で、透明性を持ち、予算を適切に管理できる効果的な機構を持っている場合に、うまく機能するかもしれない。また、分権化の成功はそれがいかに成し遂げられるかにかかっている。政策担当者は地方政府予算の変動を抑え込むのに適切な歳入システムを考案するかもしれない。例えば、地方政府が石油収入で既存の税基盤を置き換えるのではなく、それを補完するように使用する。あるいは、新たに入ってくる石油収入は公共財供給にむすびついた支出責任と併せて扱われる。ま

た、地方政府と共有されるすべての歳入は、完全な透明性が保証され、定期的な会計監査が実施される、といったことが考えられる[36]。

石油収入の発生源を変更する

　石油の呪いが1960年代と70年代の国有化にその起源があるのなら、おそらくは民営化によってこの呪いを解消できるかもしれない。民営化によって、国営石油会社からの非税収入が、民間石油会社からの税収に転換される。これは事態を変えられるだろうか。

　1980年代から90年代にかけて、石油以外の多くの国営企業が民営化されたが、産油国だと完全な民営化はそれほど一般的ではない。イギリスは1985年に、ルーマニアは1992年に、ポーランドは1999年に、そしてアルゼンチンは1999年にそれまで国営石油会社として保有されていたものを完全に民営化したが、アルゼンチンではその後ふたたび石油資産が国有化された。

　民営化の推進者は、山のような大量の証拠をもとに、国営企業が非効率であることを主張する[37]。こうした主張に懐疑的な論者によれば、国営石油会社はそれ以外の国営企業と比べていくつかの点で民営化が困難なのだという[38]。また、国際石油会社の財務の規模やその精緻な仕組みは、低所得国が税や諸制度で管理するには荷が重過ぎるという議論もある[39]。

　巨大な石油会社を管理しようとする際には、アメリカ政府ですらも惨めな失敗を引き起こした経験がある。アメリカ政府は2010年に鉱物管理局を解体したが、これはそれまでに発生したセックスおよび薬物スキャンダルや、メキシコ湾でBPの石油掘削施設であるディープウォーター・ホライズンが引き起こした石油流出事故によって、基本的な安全基準や環境基準の遵守がお粗末であったことが判明したためである。民営化は単に、巨大で不透明で説明責任のない政府を、巨大で不透明で説明責任のない民間企業に置き換えるだけのことかもしれない。

　民営化は緩やかな民主主義への親和的効果を有するかもしれないが、重要なのは民営化で達成できないことを明確にすることだろう。民営化を実行し

たところで、1970年代以前の小規模で安定的な石油収入をもたらすことにはならない。1970年代以前には、石油価格は歴史的な水準に照らして低いものであり、当時は新規油田の発見が需要の拡大を上回り、需要の拡大そのものも穏やかであった。また、国際石油会社は利潤の大部分を得ていた。このような状況下では、石油収入は比較的小規模だった。こうした状況はすでに変化してしまい、民営化はこの変化を元に戻すことはできない。仮に民営化がより効率的であるために、より利潤を生む産業になるのだとしたら、それは同時に政府の石油収入の増加をもたらすだろう。

さらに、民営化は石油価格を安定化させることもない。石油価格は第2次大戦の終結時から1970年代初頭まで、不自然に安定していたが、これはセブンシスターズの寡占状態によって価格が維持されていたことと、通貨の固定相場制度であるブレトン・ウッズ体制によって生じたものだ。この二つはともに1960年代と1970年代初期に崩壊したため、民営化はやはりこれらを元に戻すことはできない。

最後に、民営化は産油国に民主化を促進する税制をもたらさないかもしれない。多くの低開発産油国において、民営化は単に税収に依存する形態への穏やかな移行をもたらしただけだった。低開発産油国の多くでは、国営石油会社は合弁企業や生産分与契約を通じて国際石油会社と共に操業を行っており、そこから税や採掘権やその他の料金を通じて、すでに政府に多くの石油収入が流入している。

リビアやメキシコ、サウジアラビアといった中所得国では、国営石油会社は自社の設備を用いて操業しており、国際石油会社への依存は小さい。こうした国では、民営化は税収へのより大きな移転をもたらすだろう。しかし、第3章の議論を覚えている読者も多いだろう。課税は、政府歳入に対する国民の承認を拡大させるときにのみ、民主化の推進力となる。石油部門の民営化は、単に非税収入を多くの大規模なそしてしばしば多国籍の企業からの課金収入に転換し、そして国民に歳入の規模に関する情報をほとんど提供しないという状況をもたらすだけかもしれない。

それでもなお、完全な、あるいは部分的な民営化は、政府による石油収入

の隠匿を困難にするため、政府の説明責任を拡大させるかもしれない。第2章で論じたように、多くの政府は国営石油企業を石油収入の使途（および不適切な使途）を隠匿するために用いてきた。もしも民営化が会社の透明性を高めることになるなら、完全なあるいは部分的な民営化は、こうした仕組みを縮小することになるだろう。例えば、民間石油企業が収支の公表や、国際的に認められた会計制度に従うことを強制されるような、株式市場に上場されるのであれば。ブラジルやコロンビア、マレーシア、ノルウェーのように、民営化された石油会社の最大の株主が政府であったとしても、株式公開は収入の透明性を拡大させる一つの手段となり得る。

　それでも石油収入を隠匿しようとする政府は存在し続けるだろう。しかしこれは株式公開の利点を解消してしまうものではない。つねに逃げ続けるネズミであったとしても、ネズミ捕りは有効だ。

石油収入の安定化

　石油収入が不安定であることは、民間部門の投資や政府の財政政策、また究極的には産油国の経済成長に悪影響を及ぼす。多くの政府はこの問題に対応するために、財政を安定化するための基金を設立し、石油価格が高いときに余剰収入を貯蓄し、価格が下がったときにそこから引きだすという政策を採用している。しかし第6章で論じたように、こうした基金は無残な結果を残しただけだった。政府は自身が定めた規定を恒常的に無視して入金と出金を行ったため、基金の利益はほとんど発生しなかった。では、政府が石油収入を安定化させる別の手段はないのだろうか。

　すでに言及した政策の一部は、石油収入の安定化に寄与する。石油採掘の速度を遅くすれば、石油収入への依存の低下につながるので、石油価格の変動が政府予算に与える影響を小さくすることができる。物々交換も、もしも適切に制度設計が行われれば、価格変動の危険性を政府から企業に移転させることが可能となり、これは典型的な変動管理の良い手法となるだろう。石油収入の直接配分もまた、各世帯を収入安定化の仕組みに組み込むことで、

役に立つだろう。分権化と民営化の帰結は不透明だが、その多くは分権化と民営化のスケジュールにかかっている。

　いかなる安定化計画も、次の三つの要素を必要とする。第1に、価格が高いときに政府の歳入を減少させること。第2に、価格が低いときに政府支出を増加させること。そしてこれら二つの要素に関連して、第3に、好況期に予算から差し引かれた金額が、不況期に追加される金額と一致すること。

　安定化基金はこれら三つの要素を一つにまとめたもので、経済的には優れているが政治的には不適切である。基金に最初の資金を投入するときには、政治的な利他的行為、あるいは自殺的行為を必要とする。政治家は好況期に支出を抑制しなければならないが、好況期には国民は自分たちが犠牲を負うとは考えていないものだ。もし好況期に基金へ資金投入できたとしても、資金を投じた政治家の後継者全員が、自制心をもって行動し、不況期に必要となるまで基金に貯蓄された余剰に手をつけないでいる必要がある。基金は、名目的には政府から独立した組織によって管理され、貯蓄と引きだしに関して厳格なガイドラインを持つ法律に従うことになっているだろう。しかし強い動機づけを持った政治家ならば、基金から余剰を使い果たす方法を見つけたり、基金の管理人を更迭したり、あるいは単に貯蓄の代わりに借金をするかもしれない[40]。先見の明のある支配者であっても、後継者を将来の財政規律に従わせることは難しい。

　ある状況下では安定化基金はうまく機能するかもしれない。賢明で政治的に守られた独裁者が政府を運営しているか、あるいは強力な抑制と均衡機構に従った政策を持つ民主的に選ばれた指導者で、いずれの場合でも汚職が少ないとき。あるいは、国民に十分な情報が提供され、国民が政府の政策に信頼を置いているとき。さらにまた、民主主義的体制下では、有権者が選挙運動の支出にそれほど影響を受けない場合には、安定化基金は機能するかもしれない。これらのいずれも、簡単に実行できるものではない[41]。

　別の方法として、当たり前のように政治家に働きかける近視眼的なインセンティブに適合するような形で、安定化システムを作り上げることは可能だろうか。政治指導者は支出を増大させると利益を獲得し、支出を縮小すると

利益を損なう。安定化基金がなぜ失敗するのかといえば、安定化のために生じる政治的な不利益（支出の縮小）が自発的に行われなければならず、同時に政治的利益（支出の増大）のために必要な前提条件となっているからだ。より良い制度としては、政治的な利益が最初にあって、そして政治的な不利益が不可避的に生じるものでなければならない。あるいは、少なくとも政治的な不利益を回避するコストが非常に大きなものでなければならない。支出の増加が貯蓄の増加に先立つのであれば、この二つの要素を安定化基金の制度でむすびつけることはできない。なぜなら、基金は余剰によって運用されるのであり、赤字によって運用されるのではない。では、ローンとむすびつけることは可能だろうか。

　ここに、安定化基金を機能させるかもしれない鍵がある。すなわち、石油価格が低いときに産油国政府が外国の銀行や外国政府、あるいは国際機関から借り入れを行って、予算の安定化を図り、自国の経済を刺激するのである。第6章で説明したとおり、過去には、産油国は景気循環に沿ってローンを活用してきた。価格が低いときではなく高いときに借り入れを行い、これによって経済の不安定さを縮小させるどころか逆にそれは拡大した。反循環的な借り入れを促進するために、世界銀行やその他の国際金融機関は資源輸出国に特化した融資制度を作り上げることができる。つまり、グローバルな資源価格が何らかの基準を下回ったときにだけ、貸しだしを行うのだ。

　こうしたローンの鍵となる特徴は、返済方法にある。そこで重要となるのが、石油価格だ。政府は、借金を完全に返済するまで、産出される石油の一部を月ごとに返済へ充てるために取り置く。ローンの総額は変動しないが、返済時のレートのみが変動する。もしも石油価格が低いままであれば、ローンの返済はゆっくりと行われ、政府が被る収入の損失は比較的小さなものとなる。もしも価格が上昇すれば、毎月返済に充てられる1バレルあたりの金額も上昇し、ローンの返済額も増加する。特定の機関によって石油の価格が低いときにだけ提供される「石油建てローン」は、産油国の収入が少ないときにそれを増大させることができ、収入に余裕があるときにそれを減少させることができる。

安定化基金に蓄えられている資金は、それを設立した政府によっていつでも盗み取られてしまうが、外国からの借金は外国の銀行や政府によって保有されており、それゆえに債務不履行は多くのコストをともなう。実際、アンゴラは数十年にわたって石油建てローンを使用しているが、危機的状況に陥ったことはほとんどない[42]。貸し手が石油価格の変動を管理するコストを支払うので、この種のローンには貸し手の利益は小さいが、商業銀行と外国政府の両者はこれを活用するのに前向きだ[43]。

　慈悲深い会計係に運営されているのであれば、安定化の問題は簡単に解決できるだろう。現実には、安定化の計画は一般的には政治指導者の利己的な行為によって、非効率なものとなってしまう。より良い制度設計は、安定化政策をより政治的に持続可能なものにし、また最終的にはより効率的なものにする。

石油収入の隠匿性の排除

　石油業界の大半は、一般の人々の目から隠されている。多くの国で、石油会社が締結した契約内容はほとんど明らかにされない。契約締結報奨金、税、採掘権、石油の代金など、会社から政府に対して行われるさまざまな支払い、国営石油会社の操業、石油収入の政府への流入、そしてこうした収入が最終的にどのように使用されるのか、といったことが、そこに含まれるだろう[44]。この不透明さは独裁者がその地位にあり続けることを助け、石油に起因する内戦の解決を妨げ、汚職の追放を困難にする。透明性だけがこれらの問題すべてを解決することにはならないが、解決の手助けにはなるはずだ。

　透明性は、政策研究者の間で近年になって注目を集めるようになったが、民主主義の唱道者は長らくこの重要性を理解してきた。1822年には、ジェームス・マディソン〔第4代米大統領〕は個人的な手紙の中で以下のように述べている。

　　国民に人気のある政府が、国民に情報を提供しない、あるいはそのため

に必要な手段を提供しない場合は、喜劇か悲劇の開幕に過ぎない。あるいは、その両方かもしれない。知識を持つ者はつねに無知な者を支配する。支配者を戴こうとする国民は、知識がもたらす力でつねにみずからを武装しなければならない[45]。

近年の研究が明らかにするところでは、政府がより透明性を持っている場合、その国では汚職が減少し、人間開発が進展し、財政規律が強化され、その他の望ましい効果が現れる[46]。透明性がこうした結果を生む原因なのかどうかはわからないが、多くの研究者は全体として、透明性がより良い統治を促進すると考えている[47]。

透明性がもたらす利益を計測することが困難だとしても、そこにはある大きな利点が存在する。物々交換から石油建てローンまで、今まで論じてきた政策のほとんどはうまくいく可能性があるが、実行するには一定のコストがかかり、失敗するリスクがある。しかし透明性を広げるコストは低く、損害はない。

透明性は情報の開示から始まるが、そこで終わるものではない。政府によって開示された情報は完全で正確でなければならないし、そうであれば独立した会計監査が公開する報告書を必要とする。こうしたことはほとんどコストをかけずに実現可能であるはずであり、また一般の人々にとってわかりやすい形式で公表されることになるだろう。

公開された情報をよりよい資源管理に役立てるためには、報道の自由と十分に情報を得ている市民社会組織が不可欠だ。こうした組織であっても、政府が公表した文書やその政策の評価を適切に行うには困難がともなうかもしれない。資源管理の技術的側面については、その産業内部の人間に理解できても、一般にはそれが難しいことがある。これは公教育が透明性の確立において重要であることを意味している。

2009年には、ある政策担当者のグループが「天然資源憲章」を発表した。そこには、天然資源を使用する利益の最大化を望む国民と政府のためのガイドラインが示されている。この文書の活用は特定の国家に限定されるもので

はなく、貧困国でも高所得国でも、それを望む国すべてに開かれている。この憲章は基本的な 12 の条項からなり、資源を採掘するか否か、どのように契約交渉を進めるべきか、社会や環境のコストをどのように減らせるか、どのように収入を使用すべきかといった広範な問題に関するガイドラインが含まれている。もっとも有益な知識を抽出して公表することで、この憲章は政府が国際的に承認されている原則に従っているかどうか、そしてもし従っていないのであれば従うべきであることを、各国の政策担当者や国民に周知することを目的としている[48]。

2000 年以降に、石油部門の透明性は大きく進展してきた。これは多くの資源保有国における NGO の活動のおかげだ。ロンドンに拠点を置くグローバル・ウィットネスは、1990 年代以来、天然資源が世界中で紛争や汚職に及ぼす影響に注意を払ってきた。NGO の国際的なネットワークは、「支払内容を公表せよ」のスローガンの下に資源採掘企業に対してそれが政府に支払った内容を明らかにするように働きかけ、政府に対して企業から受け取った内容を公表するように働きかけた。非営利の政策立案、分析、支援組織であるレヴェニュー・ウォッチ・インスティテュートは、2002 年から石油や天然ガスや鉱物資源の利益を公共財のために使用するように働きかけを行ってきた。2002 年には、トニー・ブレア英首相は資源保有国がその収入を完全に透明化するように働きかける資源採掘産業透明化推進イニシアチブ（EITI）を開始させた。2007 年にはそれはオスロに拠点を置くマルチステークホルダー組織となり、2010 年までに 30 ヶ国が加盟している[49]。

こうしたイニシアチブにもかかわらず、石油業界の多くは不透明なままだ。2010 年に EITI のメンバーを構成する 30 ヶ国の中で、組織の透明性の基準を「完全に満たしている」のはわずかに 3 ヶ国（アゼルバイジャン、東ティモール、リベリア）のみだ。これとは別の 6 ヶ国（アンゴラ、ボリビア、チャド、赤道ギニア、サントメ・プリンシペ、トリニダード・トバゴ）は基準を満たしていないことから EITI への加盟が留保されているか、あるいは脱落した。2010 年にレヴェニュー・ウォッチが発表したレポートによれば、石油とガスを産出する 41 ヶ国（その一部は EITI のメンバー）の中で、4 分の 3 は自国

の資源収入の情報を「部分的」にしか、あるいは「ほとんど」公表していない[50]。

こうした進展にもかかわらず、透明化運動の先は長い。透明性は資源国の問題を解決する魔法ではないが、改善をもたらすものとしてはもっとも安全で簡単な方法だ。

収入を賢明に使用する

もしも石油収入の規模がより小さく、より安定しており、またより透明性があるのなら、各国はその使用を真剣に考慮しなければならない。もしも賢明に使用されれば、社会福祉改革を持続的に実現することに資するだろう。もしそうでないのであれば、こうした収入は浪費と汚職にまぎれて消失してしまうだろう。

すべての国は、資源の富があろうと無かろうと、政府支出に関して同じ問題に直面する。非産油国で考案された適切な財政政策の大半は、産油国にも適応可能だ[51]。資源国はまた固有の問題を抱えている。国内経済に占める政府の役割が大きく、収入が不安定で、それゆえ支出も安定していない。さらに、これらの国が依存している収入源である天然資源は、最終的には消失してしまう。こうしたすべての特徴により、支出政策を適切なものにすることがより重要となる。

資源国経済における政府支出の問題は私の専門の枠を越える[52]。ここでは、各国が直面した主要な決断といくつかの重大な検討事項を簡単に紹介するにとどめよう。

産油国政府はいかにして収入を使用するかという問題について、二つの大きな決定を下さねばならない。第1に、どの程度の収入が予算に組み込まれ、どの程度が将来のために貯蓄にまわされるのか、という問題だ。どちらも短期的に経済を安定化させ、長期的に石油の枯渇を埋め合わせするものになる[53]。決定はどちらも現実の問題である。それは、官僚制度の過剰拡大や浪費、汚職といった問題を引き起こさずに、どの程度まで自国の経済が政府

の支出を吸収できるのかといった問題であり、また現在の国民の要望と将来の国民の権利のバランスを取るという倫理的な問題も含んでいる。

　対応策は専門家によって異なる。ゲルブによる1973年から1981年の石油輸出国の好況期に関する研究では、収入の増加分の80％を貯蓄にまわすことが良いとされる。これに失敗したために1980年代に石油価格が低迷した際、経済の衰退が引き起こされたのだと説明される[54]。あまりに多い貯蓄は、低開発産油国の障害となると論じる研究もある。そうした国では医療や教育、インフラといった自国経済への投資が非石油部門の成長を助けるためだ[55]。

　第2の決断は、予算に組み入れた資金のどれほどの部分を消費に充て、どの程度の部分を人的そして物的な投資に充てるかという問題だ。国が貧しければそれだけ国民は消費によって潤う。国民が食べるものにもこと欠く困難な状況では、将来のために貯蓄することは意味がない。しかしながら政府が消費を増加させることには注意が必要だ。産油国が採用したもっとも人気のある二つの方法は、副次的に有害な結果をもたらした。減税は世帯所得の増加を招くが、財政の石油への依存を加速させる。このため、より不安定で不透明なものとなる。燃料補助金の増加は中・上流階層にとって利益が大きいが、二酸化炭素の排出を促進してしまう。

　石油を保有していようといまいと、長期的な開発のためには多額の投資が不可欠となる。成長と開発委員会の報告によれば、「インフラや教育、医療といった公共投資を積極的に行わずして急速な成長を遂げた国家はない[56]」とされる。もしも産油国が、今日の石油生産による利益を自国の将来世代に与えることを望むのなら、非産油国よりもずっと大きな歳入の割合を投資に振り向けなければならない。

　政府の投資に関する決定は、ジェンダー格差へも強力な影響を与える。第4章で説明したように、産油国は通常だと新しいインフラ建設のために投資を行う。この建設は男性のための雇用を生みだしたが、女性のためには雇用を生みださなかった。経済がオランダ病の影響を受けるようになると、通常であれば女性を労働力として引き込もうとする輸出指向型の製造業の企業が利益を生まなくなってしまう。もしも景気の良い石油経済において女性向け

の雇用が生みだされるとしたら、これまでのことは問題にならない。男性は建設や石油部門の新しい雇用を獲得し、女性は他の部門で創出された新しい雇用を獲得する。

しかし第4章が明らかにしたように、多くの国、とくに中東において、女性は活況を呈している産業分野から締めだされており、このために労働力の枠外に置かれている。政府の投資を、通常であれば多くの女性が雇用される医療や教育のように女性を労働力として引きつけるような部門に集中させたり、あるいは政府部門で女性を積極的に雇用したりすることで、政府はこうした問題に周到に対応することが可能となるだろう。

ある程度の建設部門への投資は貴重だ。最初の投資は経済成長のボトルネックを排除するように用いられるべきで、それが達成されれば続く投資はより効率的となる。コリアーはこの戦略を「投資への投資」と呼んだ。将来的な投資のコストを減少させ、効果を増加させるようなプロジェクトがこれに該当する。これはインフラと官僚機構のボトルネックをターゲットとすることを含む。そうすることで、政府が新規のプロジェクトを評価し、また将来的な計画を立案することを可能とし、また民間部門の投資を阻害する面倒な手続きを排除することになる。こうした改革は収入が拡大している時期には実施が困難だ。なぜなら、そうした時期には政治家は棚ぼた式の収入を使うことに忙しいからだ。賢明な戦術は、こうした改革を石油採掘の前に実施するか、あるいは価格が下落しているときに行うことだ。そうすれば、将来的な棚ぼた式の利益はより良く使用されることになる。

支出を抑制するような政策については、すでにいくつかを指摘してきた。採掘の速度を抑えること、また収入を直接国民に配分することは、利益を政府の手から取り上げることになり、政府は棚ぼた式の利益を浪費できなくなる。物々交換を採用すれば、政府を大規模な投資プロジェクトに縛りつけておける。さもなければ政府は、財政安定化の能力や行政能力、これを実行する政治意思を失うかもしれない。もしも政府が石油価格の低いときに経済安定化のためのローンを採用するなら、そしてその返済が石油建てて行われるのであれば、石油価格が上昇した際の過剰支出を防ぐことになる。

政府支出の透明性もまた有効だ。資源と関連する透明性イニシアチブの大半は、どのように収入が集められるかに焦点を当てているが、その使用については等閑に付されている。残念なことに、アゼルバイジャンのように歳入の透明性においてはモデルとなっている国であっても、その支出については不明瞭なままだ。2010 年のある研究によれば、94 ヶ国の政府を調査したところ、その中の 74 ヶ国は国際的な透明性と説明責任の基準に適合していなかった。石油と天然ガスの生産国は、それらの中でもっとも不透明な国家に含まれる。アルジェリア、カメルーン、チャド、赤道ギニア、イラク、サウジアラビアは自国の予算についてほとんど何も公表していない[57]。

支出の透明性は、収入の透明性よりも重要かもしれない。国民は自分たちの資金がどのように配分されているのかを知ることとなり、基金が汚職によって失われる可能性も低くなる。ありがたいことに、途上国で活動する NGO の数が増えているので、予算と支出の透明性にまつわる課題が取り上げられるようになっている。インターナショナル・バジェット・パートナーシップは、以下のように報告している。

- インドでは、小規模農家と労働者の組織であるマズドゥール・キサン・シャクティー・サンガサンは、細切れの情報を突き合わせ、実態の存在しない労働への虚偽の給与支払を明らかにした。
- 地方政府の支出を監視するウガンダ・デト・ネットリークの活動により、ウガンダの役人は学校建設が基準以下の水準で行われていたことを認め、地方政府の役人によって汚職が行われていたことの証拠を突き止めた。
- フィリピンでは、ガバメント・ウォッチと呼ばれる NGO が、学校教科書の配布や新規の学校建設、またそれ以外のインフラ建設、災害救援基金の配分を監視した。他の団体と協力することで、教科書の質とその配布におけるコストの驚異的な削減をもたらした[58]。

政府支出の問題は本質的に複雑だが、ジェンダーに焦点を当てた支出や、

投資のための投資、透明性の拡大といった単純なプロセスにおいては、政府のプログラムを改善させることに資するだろう。

石油輸入国は何をすべきか

　石油の呪いは石油消費国で始まる。なぜなら、石油産出国を潤す資金は消費国からもたらされるからだ。歳入における非税収入としての特徴を排除するために、石油消費国ができることはほとんどない。また、石油消費国が歳入の安定性に影響を与えることも難しい。1960年代から70年代にかけて国連貿易開発会議において、貿易品価格の安定化に関する試みがなされたが、これは完全に失敗し、将来的に再開される見通しもない。産油国の収入の使い方に影響を与えることはさらに難しい。世界銀行が2000年から2008年にかけて、チャド政府に対して石油収入の透明性と、貧困削減プログラムにそれを使用するように強制しようとしたが、これは失敗に終わった[59]。

　それでも、石油輸入国は、石油輸出国に流入する収入の規模と不透明性に影響を与えることができる。最初に試みられるべきは、石油消費量とその輸入量の削減だ。グローバルな視野で見ると、これは簡単ではない。現在の法制度と政策が変更されない限り、石油とその他の液体燃料に対するグローバルな需要は、2007年の1日あたり8,610万バレルから、2035年には1日あたり1億1,100万バレルに増加する。天然ガスの市場は108兆立方フィートから156兆立方フィートに成長する[60]。こうした増加の84%はヨーロッパと北米以外から、とくに中国とインドによって生みだされる。こうした数値は、政策の変更や技術革新、システム全体の予期せぬ改善や世界経済の衰退などで急激に変化し得るが、代替エネルギーへの非常に強力な後押しが行われたと仮定しても、それが効果を生むのには数十年が必要だろう。

　これに代わって、石油消費国は石油や天然ガスの購入先を選択することにより、その悪行でもっとも非難されている産油国の収入を削減することができる。哲学者のライフ・ウェナーが指摘するように、産油国で汚職が蔓延し、その政府が民主主義的でないのなら、その国の政治指導者は国民に帰するべ

き資源収入を奪い取っていることになる。このことが意味するのは、我々が石油を購入するとき、我々は盗品を購入していることになるということである。ウェナーは論じる。

> これらの商品は、盗品の倉庫とさして変わらない仕組みで覆われたグローバルな商業システムを通じて流通する。国際的な商業システムは、盗品の輸送という資本主義の第1原則を破り、しかもそれを巨大な規模で行っている。グローバルな通商活動を改革するために優先すべきは「自由貿易」を「フェアトレード」に転換することではない。優先すべきは、現在窃盗が行われているところに貿易を形成することだ[61]。

経済制裁は産油国により良い統治をもたらすだろうか。紛争ダイヤモンド、つまり内戦を資金的に支えるダイヤモンドに反対するキャンペーンは、驚くべき効果を挙げた。1990年代半ばには、世界で取引される全ダイヤモンドの15％が紛争ダイヤモンドで構成され、アフリカの6ヶ国の紛争を資金的に支えていた。しかし2006年までに、紛争ダイヤモンドは全ダイヤモンド取引の1％以下にまで減少し、六つの紛争は終結した。これは国連安保理の経済制裁のおかげであり、そして政府とNGO、主要なダイヤモンド取引業者が珍しく協力して「キンバリー・プロセス」と呼ばれる協定を作成し、それに基づいて活動を行った結果だ。

産油国に対する経済制裁は、これまで実効性がなかった。イランやスーダン、ミャンマー、リビアといった石油を有するいわゆる「のけ者国家」は、1980年代から90年代にかけて、体制を維持するのに十分な石油を売ることができた。1990年から2003年の間にイラクに課された石油輸出制限は、フセインの政策や彼が政権を掌握することにほとんど何も影響を与えなかったようだ。石油に対する新規需要はあまりに大きく、きちんと焦点を当てて制裁が科されても、それは政治的に弱い道具に成り下がってしまった[62]。

少なくとも石油輸入国は自国民に対して、反乱組織やその代理人が取引する利権集団からの石油購入を違法とすることで、紛争を資金的に支えること

に歯止めをかけなければならない。1997年のコンゴ民主共和国での暴動と2004年の赤道ギニアでのクーデター未遂事件、この二つの事例はともに、反乱集団が主導する政府との間で石油契約の締結を望む投資家が資金援助をしたためだ。反乱集団とギャング組織はニジェール・デルタ地域から莫大な量の石油を毎日のように盗み、それを海外に輸出した。この種の商品の購入を禁止すれば、将来的な暴力を防止できるだろう。

　おそらくは石油輸入国は透明性を通じてより大きな影響を及ぼすことができる。消費者が産油国に支払う金銭が産油国の政府を強化する。ということは、こうした金銭に関する情報を公開することは、産油国の国民を強化することになるだろう。ほとんどの西側諸国において、消費者は商品のラベルを見ることで、その服や自動車やコンピュータがどこからもたらされたのか知ることができる。もしもそれがワインやコーヒーのように価値が高く、国際的に取引される商品の場合、栽培地域や丘の斜面の名前までもが明記される。しかし、ガソリンについてはその生産地について我々は何も知らない。エネルギー関連企業は、自社が販売する石油の産出国に関する情報を開示する「生産地証明」によって、こうした状況を変えることができる。こうした取り組みは、消費者が購入という行為によってもたらされる結果への関心を高めることにつながる。これはさらにエネルギー関連企業が取引相手を選んだり、また操業国での条件を改善したりすることを後押しするだろう。

　国際的なエネルギー企業は、石油生産国政府への支払いのすべてを公表すべきだ。現在のところ、こうした情報開示に従う必要はなく、このために産油国政府がその財務状況を隠蔽することが可能となっている。しかし2010年7月には、アメリカは透明性に関する重要な一歩を踏みだした。アメリカ議会でドッド＝フランク・ウォール街改革および消費者保護法が制定されたことで、ニューヨーク株式市場の上場企業はこの種の支払いを公表する義務が生じたのだ[63]。他国の政府もこうした方針を採用すべきだ。

　とはいえ、不明瞭な会計を維持しておきたい産油国政府には、透明性の低い政府を持つ国、例えば中国やマレーシア、ロシアなどにいつでも石油を販売できる。しかし、こうした国々においても改革は可能だ。ロンドンに拠点

を置く国際会計基準審議会（IASB）は、世界的な会計基準を作成した。現在120以上の国で、国内の企業が財務諸表を作成する際にこの基準に基づくことが義務づけられるか、あるいは許可されている。現状では、この基準は石油および鉱物会社に特定の政府への支払いの情報開示を回避することを可能としている。しかし石油産業により広範な透明性をもたらす改革が採用されれば、その効果は計り知れない。

1970年代の石油国有化以来、他国に比べて産油国では、とりわけ途上国の産油国では民主化が進展せず、女性の権利が制限され、内戦の発生頻度が高まり、経済成長は安定しなかった。しかしそこに石油が埋まっているというその国の地質学的な特性は、未来を決定づける運命ではない。石油が呪いと化したのは、それが異常なほど巨大で、国民への課税に依存せず、予測できないほど変動し、そして国民の監視から容易に隠し通せる収入を政府にもたらすからだ。こうした特性の大半は、国民や、政府や、国際機関や、さらには石油輸入国に住まう消費者の努力によって変えることができる。現代において石油の富がもたらす帰結は過去のものとは違うのであるから、将来にはその帰結がもう一度変化し得る——おそらくはより良い恵みへと変化し得るのだ。

注
1 本書の前半でも述べた通り、この点について私は以前の研究で間違ってこれらの主張のいくつかを支持していた。
2 Bodin [1606] 1967.
3 Crosby 1986; Diamond 1997; Landes 1998; Sachs and Malaney 2002; Acemoglu, Johnson, and Robinson 2001; Sachs and Warner 1997; Fujita, Jrugman and Venables 2001 を参照。
4 La Porta et al. 1999; Adsera, Boix, and Payne 2003; Lipset 1959; Londregan and Poole 1996; Epistein et al. 2006; Inkeles and Smith 1974; Inglehart and Norris 2003; Fearon and Laitin 2003; Hegre and Sambanis 2006.
5 Karl 1997; Shafer 1995.
6 想定されるところでは、他の形態の非税収入、例えば外国からの財政支援は、とくにそれが規模や隠匿性、不安定性において石油収入と同等であるなら、おそらくは石油収入と同様の効果を持つだろう。Brautigam, Fjelstad, and Moore 2008; Morison 2009 を参照。
7 Przeworski et al. 2000.

8 公正を期すために述べておくと、この研究はデータセットから中東の7大産油国を除外することで、石油が民主主義に影響を与えない可能性を認めている。しかしこの研究は同時にその他の多くの産油国、例えばアルジェリア、アンゴラ、ガボン、ナイジェリア、メキシコ、ベネズエラ、トリニダード・トバゴ、イラン、イラク、インドネシア、マレーシア、ソ連邦をデータセットに残しており、これらの産油国の石油の富のデータを統制していない。プシェヴォスキと彼の同僚達の研究に対する重要な反論は、以下のものを参照。Boix and Stokes 2003; Epstein 2006.
9 Krugman 1987; Matsen and Torvik 2005.
10 この点に関連する指摘を最初に行ったのは、ポール・クルーグマンによる1987年の有名な論文だ。この論文で、クルーグマンは次のように論じている。もしも鉱業ではなく、製造業によって（クルーグマンの議論では、製造業に関わることで発揮する学習効果を通じて生産性が高まることで）正の経済的外部性が存在するのだとしたら、長期的にはオランダ病は社会福祉に悪影響を及ぼすとされる。
11 Karl 1997.
12 Wright and Czelusta 2004; Haber and Menaldo 2009.
13 Jones Luong and Weinthal 2010.
14 これは新しい洞察というものではない。いかにして「石油の富の政治というものが個別の政治の現実の洗礼を受け、また歴史的な伝統をへて生みだされ」（Smith 2007,7）たのか、そして石油の富の政治が産油国に多かれ少なかれ資源の呪いをかけるのか、これまでも多くの重要な研究が示してきた。例えば、以下のものを参照。Yates 1996; Vandewalle 1998; Peluso and Watts 2001; Omeje 2006; Lowi 2009.
15 Dunning 2008.
16 Kang 2009.
17 例えば、以下のものを参照。O'Donnell, Schmitter, and Whitehead 1986; Diamond, Linz, and Lipset 1988; Przeworski et al. 2000; Acemoglu and Robinson 2001, 2002.
18 例えば、以下のものを参照。Midlarsky 1998; Fish 2002; Donno and Russett 2004.
19 民主主義の程度の計測については、第3章で説明したように、Polity Databaseを採用した。サミーナ・ナズィルとレイフ・トンパートの2005年の研究は、ジェンダーに基づく権利指標を開発した。
20 第3章と第4章の補遺を参照のこと。
21 Collier 2010; Humphreys, Sachs, and Stiglitz 2007.
22 ハロルド・ホテリング（1931）が指摘しているように、地下の鉱物資源の価格の上昇速度は一般的な財の価格の下落速度と同等である。
23 Collier 2007; 2010, 37（邦訳52頁）．
24 Vines, Weimer, and Campos 2009.
25 Chan-Fishel and Lawson 2007.
26 Wong 2008, 5.
27 Goldsmith 2001,5.
28 以下のものを参照。Birdsall and Subramanian 2004; Sala-i-Martin and Subramanian 2003; Palley 2003; Sandbu 2006; Moss and Young 2009. こうした議論への懐疑的な意見としては、Hjort 2006; Morrison 2007.
29 こうした新しい技術の将来性については、Gelb and Decker 2011を参照。
30 アラスカでは、他地域からの人口流入は問題になっていない。これは部分的には毎年の配分額が平均家計総収入の6％と少額にとどまっていること、またアラスカが地理的に遠方にあり、その冬の寒さが厳しいといった特性が、移住を思いとどまらせているためだ。直接配分型は太陽の光あふれるカリフォルニアではうまくいかないかもしれない。
31 アラブ首長国連邦は代表的な例外事例である。
32 Ahmad and Mottu 2003.
33 採掘が行われる地域に居住する人々には、とくに注意を払わなければならない。新規の計画が始まる前に、こうした現地住民の関心が取り上げられる必要がある。
34 以下のものを参照。Ahmad and Mottu 2003; Brosio 2003; Bahl 2001. Triesman（2007）は、地方分権化の利益として議論されるものは大抵誇張されていると論じる。
35 アルゼンチンについては、Gervasoni 2010を参照。ブラジルについては、Brollo et al. 2010を参照。ロシアについては、Deai, Freinkman, and Goldberg 2005を参照。収入を中央政府と地方政府で分け合うことには、よく見積もっても、地域紛争を終結させるために良い効果と悪い効果の両方がある。Billon and

Nicholls 2007 を参照。
36 より詳細な提言については、Brosio 2003; Ahmad and Mottu 2003; Ross 2007 を参照。
37 例えば以下のものを参照。Boardman and Vining 1989; Dewenter ad Malatesta 2001; Eller, Hartley, and Medlock 2010. John James Quinn（2002）は、アフリカでは国有化によって政府が自滅的な貿易政策を採用するようになると論じる。
38 Aharoni and Ascher 1998.
39 Stiglitz 2007.
40 Eifert, Gelg, and Tallroth 2003. こうしたことがアフリカの農業市場監督庁に起こったことの古典的議論として、Bates 1981 を参照。
41 こうした条件については、第 6 章でより詳細に論じた。William Ascher（2009）の優れた研究は、政治的に困難が多い状況下で長期的な視野に立った政策を産み出す方法を論じた。国際石油市場の不安定性に関する示唆に富んだ対応策については、Jaffee and El-Gamal 2010 を参照。
42 Vines, Weimer, and Campos 2009.
43 不安定さをヘッジするために、政府はまた別の方法を採用することも可能だ。2008 年には、メキシコ政府は石油価格の下落に備えて財政の保険のために 1.5 億ドルを拠出し、2009 年に実際に石油価格が下落したときには 5 億ドルの補償金という棚ぼた式の利益を得た。それでも、価格の下落に備えて保険を購入することは、好況期に新たな支出を行うことにつながり、これはやはり政治的に実行が難しい。物価とむすびついた借金については、Frankel 2010 を参照。
44 Gillies 2010.
45 Piotrowski 2010, 31 の引用による。
46 Bellver and Kaufmann 2005; Hameed 2005.
47 Fung, Graham, and Weil 2007; Pitrowski 2010. 透明性は別の手法で確保されるべきであるとして、この議論に対する懐疑的な見解を示すものとしては、Kolstad and Wiig 2009 を参照。
48 この憲章は、経済学者のポール・コリアー、アンソニー・ベナブルズ、マイケル・スペンスによって組織された学者、弁護士、実務家からなる独立した集団によって起草された。私はこの草案を作成する技術グループの一員だった。この憲章に関する詳細は、http://www.naturalresourcecharter.org を参照。
49 このグループの詳細は、http://www.globalwitness.org; http://www.publishwhatyoupey; http://www.revenuewatch.org; http://www.eiti.org を参照。序文にも記したとおり、本書はレヴェニュー・ウォッチ・インスティテュートの寄付によって出版され、私は同組織の顧問委員を務めている。
50 Revenue Watch Institute 2010.
51 これらの教訓から得られるものとしては、Commission on Growth and Development 2008 を参照。
52 この点に関する最新の議論については、Humphreys, Sachs, and Stiglitz 2007; Collier 2010; Gelb and Grasman 2010 を参照。天然資源憲章の原文は、http://www.naturalresourcecharter.org で入手できる。
53 国内であれ、海外であれ、どこで、どのように資金が蓄えられるのかといったこともまた重要だ。
54 Gelb and Associates 1988.
55 Collier 2010.
56 Commision on Growth and Development 2008, 5. Hausmann, Princhett, and Rodrik 2005 も参照のこと。
57 International Budget Partnership 2010. 同組織の報告書（http://www.internationalbudget.org）も参照のこと。
58 International Budget Partnership 2008. Reinikka and Svensson 2004 も参照のこと。
59 Frank and Guesnet 2010.
60 Energy Information Administration 2010.
61 Wenar 2008, 2.
62 ウェナー（前掲書）は、より策を弄して行うことが禁輸措置の実効性を高めることにつながると論じる。例えば、石油輸入国は完全に非民主的な国から石油を輸入してそれを隠し通すこともできれば、そうした国から購入した石油に関税をかけておおっぴらに購入を継続することもできる。こうして集められた関税が信託投資に充てられ、この信託投資は民主的に選ばれた政府にのみ支払われるようにすれば、この仕組みは特定の政府を民主化させることができる。William Kaempfer, Anton Lowenberg, and William Mertens（2004）によれば、経済的な禁輸措置が裏目に出て、権威主義的な政府を強化することがあると主張する。
63 この新法の法的分析については、Firger 2010 を参照。

参考文献

Abidin, Mahani Zainal. 2001. "Competitive Industrialization with Natural Resource Abundance: Malaysia." In *Resource Abundance and Economic Development*, edited by Richard M. Auty, 147–64. Oxford: Oxford University Press.

Acemoglu, Daron, Simon Johnson, and James A. Robinson. 2001. "The Colonial Origins of Comparative Development: An Empirical Investigation." *American Economic Review* (5): 1369–401.

———. 2002. "Reversal of Fortune: Geography and Institutions in the Making of the Modern World Income Distribution." *Quarterly Journal of Economics* 117 (4): 1231–94.

Acemoglu, Daron, Simon Johnson, James A. Robinson, and Yunyong Thaicharoen.2003. "Institutional Causes, Macroeconomic Symptoms: Volatility, Crises, and Growth." *Journal of Monetary Economics* 50 (1): 49–123.

Acemoglu, Daron, Simon Johnson, James A. Robinson, and Pierre Yared. 2008. "Income and Democracy." *American Economic Review* 98 (3): 808–42.

Acemoglu, Daron, and James A. Robinson. 2005. *Economic Origins of Dictatorship and Democracy*. New York: Cambridge University Press.

Achen, Christopher H. 2002. "Toward a New Political Methodology: Microfoundations and Art." *Annual Review of Political Science* 5:423–50.

Achen, Christopher H., and Larry Bartels. 2004. "Blind Retrospection: Electoral Responses to Drought, Flu, and Shark Attacks." Unpublished paper, Princeton University, Princeton, NJ.

Adsera, Alicia, Carles Boix, and Mark Payne. 2003. "Are You Being Served? Political Accountability and Quality of Government." *Journal of Law, Economics, and Organization* 19 (2): 445–90.

Aharoni, Yair, and William Ascher. 1998. "Restructuring the Arrangements between Government and State Enterprises in the Oil and Mining Sectors." *Natural Resources Forum* 22 (3): 201–13.

Ahmad, Ehtisham, and Eric Mottu. 2003. "Oil Revenue Assignments: Country Experiences and Issues." In *Fiscal Policy Formulation and Implementation in Oil-Producing Countries*, edited by Jeffrey Davis, Rolando Ossowski, and Annalisa Fedelino, 216–42. Washington, DC: International Monetary Fund.

Alesina, Alberto, Filipe Campante, and Guido Tabellini. 2008. "Why Is Fiscal Policy Often Procyclical?" *Journal of the European Economic Association* 6 (5): 1006–36.

Alesina, Alberto, Nouriel Roubini, and Gerald Cohen. 1997. *Political Cycles and the Macroeconomy*. Cambridge, MA: MIT Press.

Alesina, Alberto, and Enrico Spolaore. 1997. "On the Number and Size of Nations." *Quarterly Journal of Economics* 112 (4): 1027–56.

Alexeev, Michael, and Robert Conrad. 2009. "The Elusive Curse of Oil." *Review of Economics and Statistics* 91 (3): 586–98.

Alnasrawi, Abbas. 1994. *The Economy of Iraq*. Westport, CT: Greenwood Press.

Ames, Barry. 1987. *Political Survival: Politicians and Public Policy in Latin America*. Berkeley: University of California Press.

Amin, Sajeda, Ian Diamond, Ruchira T. Naved, and Margaret Newby. 1998. "Transition to Adulthood of Female Garment-Factory Workers in Bangladesh." *Studies in Family Planning* 29 (2): 185–200.

Amnesty International. 2000. "Oil in Sudan: Deteriorating Human Rights." Report AFR 54/01/00ERR. London: Amnesty International.

Anderson, G. Norman. 1999. *Sudan in Crisis*. Gainesville: University Press of Florida.

Anderson, Lisa. 1995. "Democracy in the Arab World: A Critique of the Political Culture Approach." In *Political Liberalization and Democratization in the Arab World; Volume One, Theoretical Perspectives*, edited by Rex Brynen, Bahgat Korany, and Paul Noble, 77–92. Boulder, CO: Lynne Rienner.

Anderson, Siwan, and Mukesh Eswaran. 2005. "What Determines Female Autonomy? Evidence from Bangladesh." BREAD Working Paper No. 101. Department of Economics, University of British Columbia, Vancouver.

Anker, Richard. 1997. "Theories of Occupational Segregation by Sex: An Overview." *International Labour Review* 136 (3): 315–39.

Arellano, Manuel, and Stephen Bond. 1991. "Some Tests of Specification for Panel Data: Monte Carlo Evidence and an Application to Employment Equations." *Review of Economic Studies* 58 (2): 277–97.

Arezki, Rabah, and Markus Brückner. 2010. "Oil Rents, Corruption, and State Stability: Evidence from Panel Data Regressions." Unpublished paper, International Monetary Fund, Washington, DC.

Ascher, William. 1999. *Why Governments Waste Natural Resources: Policy Failures in Developing Countries*. Baltimore: Johns Hopkins University Press. (W. アッシャー『発展途上国の資源政治学：政府はなぜ資源を無駄にするのか』佐藤仁訳、東京大学出版会、2006 年)

———. 2009. *Bringing in the Future: Strategies for Farsightedness and Sustainability in Developing Countries*. Chicago: University of Chicago Press.

Aslaksen, Silje. 2010. "Oil as Sand in the Democratic Machine?" *Journal of Peace Research* 47 (4): 421–31.

Aspinall, Edward. 2007. "The Construction of Grievance: Natural Resources and Identity in a Separatist Conflict." *Journal of Conflict Resolution* 51 (6): 950.

Assaad, Ragui. 2004. "Why Did Economic Liberalization Lead to Feminization of the Labor Force in Morocco and De-Feminization in Egypt?" Unpublished paper, University of Minnesota, Twin Cities.

Assaad, Ragui, and Melanie Arntz. 2005. "Constrained Geographical Mobility and Gendered Labor Market Outcomes under Structural Adjustment: Evidence from Egypt." *World Development* 33 (3): 431–54.

Auty, Richard M. 1990. *Resource-Based Industrialization: Sowing the Oil in Eight Developing Countries*. Oxford: Claredon Press.

——— 2003. "Third Time Lucky for Algeria? Integrating an Industrializing Oil-Rich Country into the Global Economy." *Resources Policy* 29 (1): 37–47.

Bahl, Roy. 2001. "Equitable Vertical Sharing and Decentralizing Government Finance in South Africa." International Studies Program Working Paper Series. Georgia State University, Atlanta.

Bailyn, Bernard. 1967. *The Ideological Origins of the American Revolution*. Cambridge, MA: Harvard University Press.

Baldez, Lisa. 2004. "Elected Bodies: The Adoption of Gender Quota Laws for Legislative Candidates in Mexico." *Legislative Studies Quarterly* 29 (2): 231–58.

Balzer, Harley. 2009. "Vladimir Putin's Academic Writings and Russian Natural Resource Policy." *Problems of Post-Communism* 53 (1): 48–54.

Barma, Naazneen, Kai-Alexander Kaiser, Tuan Min Le, and Lorena Viñuela. 2011. *Rents to Riches? The Political Economy of Natural Resource-Led Development*. Washington, DC: World Bank.

Barnett, Anthony, Martin Bright, and Patrick Smith. 2004. "How Much Did Straw Know and When Did He Know It?" Observer, November 28.

Barrett, David B., George Kurian, and Todd Johnson. 2001. *World Christian Encyclopedia: A Comparative Survey of Churches and Religions in the Modern World*. New York: Oxford University Press. (D.B. バレット編『世界キリスト教百科事典』教文館、1986 年)

Barro, Robert J. 1997. *Determinants of Economic Growth: A Cross-country Empirical Study*. Cambridge, MA: MIT Press. (R.J. バロー『経済成長の決定要因：クロスカントリー実証研究』大住圭介・大坂仁訳、2001 年)

Basedau, Matthias, and Jann Lay. 2009. "Resource Curse or Rentier Peace? The Ambiguous Effects of Oil Wealth and Oil Dependence on Violent Conflict." *Journal of Peace Research* 46 (6): 757–76.

Bates, Robert H. 1981. *Markets and States in Tropical Africa*. Berkeley: University of California Press.

Bates, Robert H., and Da-Hsiang Donald Lien. 1985. "A Note on Taxation, Development, and Representative Government." *Politics and Society* 14 (2): 53–70.

Baud, Isa. 1977. "Jobs and Values: Social Effects of Export-Oriented Industrialization in Tunisia." In

Industrial Re-adjustment and the International Division of Labour. Tilburg, Netherlands: Development Research Institute.

Beblawi, Hazem, and Giacomo Luciani. 1987. *The Rentier State in the Arab World. Vol. 2, Nation, State, and Integration in the Arab World*. London: Croom Helm.

Beck, Nathaniel, Jonathan N. Katz, and Richard Tucker. 1998. "Taking Time Seriously in Binary Time-Series Cross Section Analysis." *American Journal of Political Science* 42 (4): 1260–88.

Bellver, Ana, and Daniel Kaufmann. 2005. "Transparenting Transparency." Washington, DC: World Bank.

Besley, Timothy, and Torsten Persson. 2010. "State Capacity, Conflict, and Development." *Econometrica* 78 (1): 1–34.

Bevan, David L., Paul Collier, and Jan Willem Gunning. 1999. *Nigeria and Indonesia*. New York: Oxford University Press.

Bhattacharya, Rina, and Dhaneshwar Ghura. 2006. "Oil and Growth in the Republic of Congo." Washington, DC: International Monetary Fund.

Bhavnani, Rikhil R. 2009. "Do Electoral Quotas Work after They Are Withdrawn? Evidence from a Natural Experiment in India." *American Political Science Review* 103 (1): 23–35.

Birdsall, Nancy, and Arvind Subramanian. 2004. "Saving Iraq from Its Oil." *Foreign Affairs* 83 (4): 77–89.

Blattman, Christopher, Jason Hwang, and Jeffrey Williamson. 2007. "Winners and Losers in the Commodity Lottery: The Impact of Terms of Trade Growth and Volatility in the Periphery, 1870–1939." *Journal of Development Economics* 82 (1): 156–79.

Blattman, Christopher, and Edward Miguel. 2008. "Civil Wars." *Journal of Economic Literature* 48 (1): 3–57.

Blaydes, Lisa. 2006. "Electoral Budget Cycles under Authoritarianism: Economic Opportunism in Mubarak's Egypt." Paper presented at the annual meeting of the Midwest Political Science Association, Chicago.

Blaydes, Lisa, and Drew A Linzer. 2008. "The Political Economy of Women's Support for Fundamentalist Islam." *World Politics* 60 (4): 576–609.

Block, Steven A. 2002. "Political Business Cycles, Democratization, and Economic Reform: The Case of Africa." *Journal of Development Economics* 67 (1): 205–28.

Blundell, Richard, and Stephen Bond. 1998. "Initial Conditions and Moment Restrictions in Dynamic Panel Data Models." *Journal of Econometrics* 87 (1): 115–43.

Boardman, Anthony, and Aidan Vining. 1989. "Ownership and Performance in Competitive Environments: A Comparison of the Performance of Private, Mixed, and State-Owned Enterprises." *Journal of Law and Economics* 32 (1): 1–33.

Bodin, Jean. [1606] 1967. *Six Books of a Commonwealth*. New York: Barnes and Noble.

Boix, Carles. 2003. *Democracy and Redistribution*. New York: Cambridge University Press.

Boix, Carles, and Susan Stokes. 2003. "Endogenous Democracy." *World Politics* 55 (4): 517–49.

Bolton, Patrick, and Gérard Roland. 1997. "The Breakup of Nations: A Political Economy Analysis." *Quarterly Journal of Economics* 112 (4): 1057–90.

Bordo, Michael David. 1975. "John E. Cairnes on the Effects of the Australian Gold Discoveries, 1851–73: An Early Application of the Methodology of Positive Economics." *History of Political Economy* 7 (3): 337–59.

Bornhorst, Fabian, Sanjeev Gupta, and John Thornton. 2009. "Natural Resource Endowments and the Domestic Revenue Effort." *European Journal of Political Economy* 25 (4): 439–46.

BP. 2010. "BP Statistical Review of World Energy." London: British Petroleum.

Brady, Henry, and David Collier, eds. 2004. *Rethinking Social Inquiry*. Lanham, MD: Rowman and Littlefield. （H. ブレイディ・D. コリアー編『社会科学の方法論争：多様な分析道具と共通の基準』泉川泰博・宮下明聡訳、勁草書房、2008 年）

Brand, Laurie A. 1992. "Economic and Political Liberalization in a Rentier Economy: The Case of the Hashemite Kingdom of Jordan." In *Privatization and Liberalization in the Middle East*, edited by Iliya Harik and Denis J. Sullivan, 167–88. Bloomington: Indiana University Press.

———. 1998. *Women, the State, and Political Liberalization*. New York: Columbia University Press.

Brautigam, Deborah, Odd-Helge Fjeldstad, and Mick Moore, eds. 2008. *Taxation and State-Building in Developing Countries: Capacity and Consent.* New York: Cambridge University Press.

Brennan, Geoffrey, and James M. Buchanan. 1980. *The Power to Tax: Analytical Foundations of a Fiscal Constitution.* New York: Cambridge University Press. (G. ブレナン、J.M. ブキャナン 『公共選択の租税理論：課税権の制限』深沢実他訳、文真堂、1984 年)

Bresnan, John. 1993. *Managing Indonesia: The Modern Political Economy.* New York: Columbia University Press.

Brewster, Karin, and Ronald Rindfuss. 2000. "Fertility and Women's Employment in Industrialized Nations." *Annual Review of Sociology* 26:271–96.

Brollo, Fernanda, Tommaso Nannicini, Roberto Perotti, and Guido Tabellini. 2010. "The Political Resource Curse." London: Centre for Economic Policy Research.

Brosio, Giorgio. 2003. "Oil Revenue and Fiscal Federalism." In *Fiscal Policy Formulation and Implementation in Oil-Producing Countries*, edited by Jeffrey Davis, Rolando Ossowski, and Annalisa Fedelino, 243–72. Washington, DC: International Monetary Fund.

Brumberg, Daniel, and Ariel Ahram. 2007. "The National Iranian Oil Company in Iranian Politics." Unpublished paper, Baker Institute for Public Policy, Rice University, Houston.

Brunnschweiler, Christa, and Erwin Bulte. 2008. "The Resource Curse Revisited and Revised: A Tale of Paradoxes and Red Herrings." *Journal of Environmental Economics and Management* 55 (3): 248–64.

Buchanan, James M., and Roger L. Faith. 1987. "Secession and the Limits of Taxation: Toward a Theory of Internal Exit." *American Economic Review* 77 (5): 1023–31.

Buchanan, James M., Robert Tollison, and Gordon Tullock. 1980. *Toward a Theory of the Rent-Seeking Society.* College Station: Texas A&M University Press.

Bueno de Mesquita, Bruce, Alastair Smith, Randolph M. Siverson, and James D. Morrow. 2003. *The Logic of Political Survival.* Cambridge, MA: MIT Press.

Buhaug, Halvard, Scott Gates, and Päivi Lujala. 2002. "Lootable Natural Resources and the Duration of Armed Civil Conflict, 1946–2001." Paper presented at the thirty-sixth annual Peace Science Society meeting, Tucson, AZ, November.

Bulte, Erwin, Richard Damania, and Robert T. Deacon. 2005. "Resource Intensity, Institutions, and Development." *World Development* 33 (7): 1029–44.

Bunyanunda, Mac. 2005. "A Comparative Study of Mining Laws." Unpublished paper, University of California at Los Angeles.

Burns, John F., and Kirk Semple. 2006. "US Finds Iraq Insurgency Has Funds to Sustain Itself." *New York Times*, November 26.

Burns, Nancy, Kay Lehman Schlozman, and Sidney Verba. 2001. *The Private Roots of Public Action: Gender, Equality, and Political Participation.* Cambridge, CA: Harvard University Press.

Cashin, Paul, and C. John McDermott. 2002. "The Long-run Behavior of Commodity Prices: Small Trends and Big Variability." *IMF Staff Papers* 49 (2): (2002): 175–99.

Catão, Luis, and Bennett Sutton. 2002. "Sovereign Defaults." Washington, DC: International Monetary Fund.

Caul, Miki. 2001. "Political Parties and the Adoption of Candidate Gender Quotas: A Cross-national Analysis." *Journal of Politics* 63 (4): 1214–29.

Cederman, Lars Erik, Simon Hug, and Lutz F Krebs. 2010. "Democratization and Civil War: Empirical Evidence." *Journal of Peace Research* 47 (4): 377–94.

Cederman, Lars Erik, Andreas Wimmer, and Brian Min. 2010. "Why Do Ethnic Groups Rebel?" *World Politics* 62 (1): 87–119.

Chan-Fishel, Michelle, and Roxanne Lawson. 2007. "Quid Pro Quo? China's Investment-for-Resource Swaps in Africa." *Development* 50 (3): 63–68.

Charrad, Mounira. 2001. *States and Women's Rights: The Making of Postcolonial Tunisia, Algeria, and Morocco.* Berkeley: University of California Press.

Chattopadhyay, Raghabendra, and Ester Duflo. 2004. "Women as Policy Makers: Evidence from a Randomized

Policy Experiment in India." *Econometrica* 72 (5): 1409–43.
Chaudhry, Kiren Aziz. 1989. "The Price of Wealth: Business and State in Labor Remittance and Oil Economies." *International Organization* 43 (1): 101–45.
———. 1997. *The Price of Wealth: Economies and Institutions in the Middle East*. Ithaca, NY: Cornell University Press.
Cheibub, José Antonio, Jennifer Gandhi, and James R. Vreeland. 2010. "Democracy and Dictatorship Revisited." *Public Choice* 143 (1–2): 1–35.
Chernick, Marc. 2005. "Economic Resources and Internal Armed Conflicts: Lessons from the Colombian Case." In *Rethinking the Economics of War*, edited by Cynthia J. Arnson and I. William Zartman, 178–205. Washington, DC: Woodrow Wilson Center Press.
Chhibber, Pradeep. 2003. "Why Are Some Women Politically Active? The Household, Public Space, and Political Participation in India." In *Islam, Gender, Culture, and Democracy*, edited by Ronald Inglehart, 186–206. Willowdale, ON: de Sitter.
Choucri, Nazli. 1986. "The Hidden Economy: A New View of Remittances in the Arab World." *World Development* 14 (6): 697–712.
Christian Aid. 2001. "The Scorched Earth: Oil and War in Sudan." London: Christian Aid.
Cingranelli, David L., and David L. Richards. 2008. "Cingranelli-Richards (Ciri) Human Rights Dataset." Available at http://www.humanrightsdata.org.
Colander, David C. 1984. *Neoclassical Political Economy: The Analysis of RentSeeking and Dup Activities*. Cambridge, MA: Ballinger Publishing Company.
Colgan, Jeffrey. 2010a. "Changing Oil Income, Persistent Authoritarianism." Unpublished paper, American University, Washington, DC.
———. 2010b. "Oil and Revolutionary Governments: Fuel for International Conflicts." *International Organization* 64 (4): 661–94.
Collier, Paul. 2007. *The Bottom Billion*. New York: Oxford University Press. (P. コリアー『最底辺の10億人』中谷和男訳、日経BP、2008年)
———. 2010. *The Plundered Planet*. New York: Oxford University Press. (P. コリアー『収奪の星：天然資源と貧困削減の経済学』村井章子訳、みすず書房、2012年)
Collier, Paul, V. L. Elliot, Havard Hegre, Anke Hoeffler, Marta Reynal-Querol, and Nicholas Sambanis. 2003. *Breaking the Conflict Trap: Civil War and Development Policy*. Washington, DC: World Bank. (世界銀行編『戦乱下の開発政策：世界銀行政策研究レポート』田村勝省訳、シュプリンガー・フェアラーク東京、2004年)
Collier, Paul, and Benedikt Goderis. 2009. "Commodity Prices, Growth, and the Natural Resource Curse: Reconciling a Conundrum." Unpublished paper, Center for the Study of African Economies, Oxford.
Collier, Paul, and Anke Hoeffler. 1998. "On Economic Causes of Civil War." *Oxford Economic Papers* 50:563–73.
———. 2004. "Greed and Grievance in Civil War." *Oxford Economic Papers* 56:663–95.
———. 2009. "Testing the Neocon Agenda: Democracy in Resource-Rich Societies." *European Economic Review* 53 (3): 293–308.
Collier, Paul, Anke Hoeffler, and Mans Soderbom. 2004. "On the Duration of Civil War." *Journal of Peace Research* 41 (3): 253–73.
Collier, Paul, Frederick van der Ploeg, Michael Spence, and Anthony Venables. 2009. "Managing Resource Revenues in Developing Economies." Oxcarre Research Papers. Oxford: Oxford: Department of Economics, Oxford University.
Commission on Growth and Development. 2008. *The Growth Report: Strategies for Sustained Growth and Inclusive Development*. Washington, DC: World Bank. (成長開発委員会編『世界銀行経済成長レポート：すべての人々に恩恵のある開発と安定成長のための戦略』田村勝省訳、一灯舎、オーム舎、2009年)
Corden, W. Max, and J. Peter Neary. 1982. "Booming Sector and De-Industrialization in a Small Open Economy." *Economic Journal* 92:825–48.

Cotet, Anca, and Kevin K. Tsui. 2010. "Resource Curse or Malthusian Trap? Evidence from Oil Discoveries and Extractions." Unpublished paper, Muncie, IN.

Coughlin, Con. 2002. *Saddam: His Rise and Fall*. New York: HarperCollins. （C. コクリン『サダム：その秘められた人生』伊藤真訳、幻冬舎、2003 年）

Crosby, Alfred. 1986. *Ecological Imperialism: The Biological Expansion of Europe, 900–1900*. New York: Cambridge University Press. （アルフレッド・W. クロスビー『ヨーロッパ帝国主義の謎：エコロジーから見た 10 〜 20 世紀』佐々木昭夫訳、岩波書店、1998 年）

Crouch, Harold. 1978. *The Army and Politics in Indonesia*. Ithaca, NY: Cornell University Press.

Crystal, Jill. 1990. *Oil and Politics in the Gulf: Rulers and Merchants in Kuwait and Qatar*. New York: Cambridge University Press.

Daude, Christian, and Ernesto Stein. 2007. "The Quality of Institutions and Foreign Direct Investment." *Economics and Politics* 19 (3): 317–44.

Davis, Jeffrey, Rolando Ossowski, James Daniel, and Steven Barnett. 2003. "Stabilization and Savings Funds for Nonrenewable Resources: Experience and Fiscal Policy Implications." In *Fiscal Policy Formulation and Implementation in Oil-Producing Countries*, edited by Jeffrey Davis, Rolando Ossowski, and Annalisa Fedelino, 273–315. Washington, DC: International Monetary Fund.

de Soysa, Indra. 2002. "Ecoviolence: Shrinking Pie or Honey Pot?" *Global Environmental Politics* 2 (4): 1–34.

de Soysa, Indra, Erik Gartzke, and Tove Grete Lin. 2009. "Oil, Blood, and Strategy: How Petroleum Influences Interstate Disputes." Unpublished paper, University of California at San Diego, La Jolla.

de Soysa, Indra, and Eric Neumayer. 2005. "Natural Resources and Civil War: Another Look with New Data." *Conflict Management and Peace Science* 24 (3): 201–18.

Desai, Raj, Lev Freinkman, and Itzhak Goldberg. 2005. "Fiscal Federalism in Rentier Regions: Evidence from Russia." *Journal of Comparative Economics* 33 (4): 814–34.

Dewenter, Kathryn, and Paul Malatesta. 2001. "State-Owned and Privately Owned Firms: An Empirical Analysis of Profitability, Leverage, and Labor Intensity." *American Economic Review* 91 (1): 320–34.

Diamond, Jared. 1997. *Guns, Germs, and Steel*. New York: W. W. Norton. （J. ダイアモンド『銃・病原菌・鉄』倉骨彰訳、草思社、2010 年）

Diamond, Larry. 2008. *The Spirit of Democracy: The Struggle to Build Free Societies throughout the World*. New York: Times Books.

Diamond, Larry, Juan J. Linz, and Seymour Martin Lipset. 1988. *Democracy in Developing Countries*. Boulder, CO: Lynne Rienner.

Donno, Daniela, and Bruce Russett. 2004. "Islam, Authoritarianism, and Female Empowerment." *World Politics* 56 (4): 582–607.

Dube, Oeindrila, and Juan Vargas. 2009. "Commodity Price Shocks and Civil Conflict: Evidence from Colombia." Unpublished paper, Harvard University, Cambridge, MA.

Duncan, Roderick. 2006. "Price or Politics? An Investigation of the Causes of Expropriation." *Australian Journal of Agricultural and Resource Economics* 50 (1): 85–101.

Dunning, Thad. 2008. *Crude Democracy: Natural Resource Wealth and Political Regimes*. New York: Cambridge University Press.

Egorov, Georgy, Sergei Guriev, and Konstantin Sonin. 2009. "Why Resource-Poor Dictators Allow Freer Media." *American Political Science Review* 103 (4): 645–68.

Eifert, Benn, Alan Gelb, and Nils Borje Tallroth. 2003. "The Political Economy of Fiscal Policy and Economic Management in Oil-Exporting Countries." In *Fiscal Policy Formulation and Implementation in Oil-Producing Countries*, edited by Jeffrey Davis, Rolando Ossowski, and Annalisa Fedelino, 82–122. Washington, DC: International Monetary Fund.

Elian, Gheorghe. 1979. *The Principle of Sovereignty over Natural Resources*. Amsterdam: Sijthoff and Noordhoof International Publishers.

Eller, Stacy, Peter Hartley, and Kenneth Medlock. 2010. "Empirical Evidence on the Operational Efficiency of

National Oil Companies." *Empirical Economics* 39 (3).

Energy Information Administration. 2010. "International Energy Outlook." Washington, DC: Energy Information Administration.

Engel, Eduardo, and Rodrigo Valdes. 2000. "Optimal Fiscal Strategy for Oil-Exporting Countries." IMF Working Paper. Washington, DC: International Monetary Fund.

Engels, Friedrich. [1884] 1978. "The Origin of the Family, Private Property, and the State." In *The Marx-Engels Reader*, edited by Robert C. Tucker. New York: W. W. Norton. (F. エンゲルス『家族・私有財産・国家の起源』戸原四郎訳、岩波文庫、1965 年)

Englebert, Pierre. 2009. *Africa: Unity, Sovereignty, and Sorrow*. Boulder, CO: Lynne Rienner.

Englebert, Pierre, and James Ron. 2004. "Primary Commodities and War: Congo-Brazzaville's Ambivalent Resource Curse." *Comparative Politics* 37 (1): 61–81.

Entelis, John P. 1976. "Oil Wealth and the Prospects for Democratization in the Arabian Peninsula: The Case of Saudi Arabia." In *Arab Oil: Impact on the Arab Countries and Global Implications*, edited by Naiem A. Sherbiny and Mark A. Tessler, 77–111. New York: Praeger Publishers.

Epstein, David L., Robert Bates, Jack Goldstone, Ida Kristensen, and Sharyn O'Halloran. 2006. "Democratic Transitions." *American Journal of Political Science* 50 (3): 551–69.

Fearon, James D. 2004. "Why Do Some Civil Wars Last So Much Longer Than Others?" *Journal of Peace Research* 41 (3): 275–303.

———. 2005. "Primary Commodity Exports and Civil War." *Journal of Conflict Resolution* 49 (4): 483–507.

Fearon, James D., and David D. Laitin. 2003. "Ethnicity, Insurgency, and Civil War." *American Political Science Review* 97 (1): 75–90.

Firger, Daniel. 2010. "Transparency and the Natural Resource Curse: Examining the New Extraterritorial Information Forcing Rules in the Dodd-Frank Wall Street Reform Act of 2010." *Georgetown Journal of International Law* 41 (4): 1043–95.

First, Ruth. 1980. "Libya: Class and State in an Oil Economy." In *Oil and Class Struggle*, edited by Petter Nore and Terisa Turner, 119–42. London: Zed Press. (ルス・ファースト「リビア——石油経済下の階級と国家」ペーター・ノーア、テリサ・ターナー編『資本主義とエネルギー危機：石油と産油国の経済構造』小幡道昭他訳、拓殖書房、1982 年、140-174 頁)

Fish, M. Stephen. 2002. "Islam and Authoritarianism." *World Politics* 55:4–37.

———. 2005. *Democracy Derailed in Russia*. New York: Cambridge University Press.

Frank, Claudia, and Lena Guesnet. 2010. "We Were Promised Development and All We Got Is Misery: The Influence of Petroleum on Conflict Dynamics in Chad." Bonn: Bonn International Center for Conversion.

Frankel, Jeffrey A. 2010. "The Natural Resource Curse: A Survey." NBER Working Paper. Cambridge, MA: National Bureau of Economic Research.

Frankel, Paul. 1989. "Essentials of Petroleum: A Key to Oil Economics." In *Paul Frankel: Common Carrier of Common Sense*, edited by Ian Skeet, 1–71. Oxford: Oxford University Press.

Frederikssen, Elisabeth Hermann. 2007. "Labor Mobility, Household Production, and the Dutch Disease." Unpublished paper, University of Copenhagen.

Freedom House. 2007. "Freedom of the Press." Available at http://www.freedom house.org/ template. cfm?page=16.

Freeman, Richard B., and Remco H. Oostendorp. 2009. "Occupational Wages around the World Database." Available at http://www.nber.org/oww/.

Friedman, Thomas. 2006. "The First Law of Petropolitics." *Foreign Policy* 154: 28–39.

Fujita, Masahisa, Paul Krugman, and Anthony Venables. 2001. *The Spatial Economy: Cities, Regions, and International Trade*. Cambridge, MA: MIT Press. (藤田昌久、AJ.. ベナブルズ、P. クルーグマン『空間経済学：都市・地域・国際貿易の新しい分析』小出博之訳、東洋経済新報社、2000 年)

Fung, Archon, Mary Graham, and David Weil. 2007. *Full Disclosure: The Perils and Promise of Transparency*. New York: Cambridge University Press.

Gaddy, Clifford G., and Barry W. Ickes. 2005. "Resource Rents and the Russian Economy." *Eurasian Geography and Economics* 46 (8): 559–83.

Gaidar, Yegor. 2008. *Collapse of an Empire: Lessons for Modern Russia*. Translated by Antonina W. Bouis. Washington, DC: Brookings Institution Press.

Galloy, Martine-Renee, and Marc-Eric Gruenai. 1997. "Fighting for Power in the Congo." *Le Monde Diplomatique*, November.

Gandhi, Jennifer, and Ellen Lust-Okar. 2009. "Elections under Authoritarianism." *Annual Review of Political Science* 12:403–22.

Gassebner, Martin, Michael J. Lamla, and James R Vreeland. 2008. "Extreme Bounds of Democracy." Unpublished paper.

Gause, F. Gregory, III. 1995. "Regional Influences on Experiments in Political Liberalization in the Arab World." In *Political Liberalization in the Arab World*, edited by Rex Brynen, Bahgat Korany, and Paul Noble, 283–306. Boulder, CO: Lynne Rienner.

Gauthier, Bernard, and Albert Zeufack. 2009. "Governance and Oil Revenues in Cameroon." Oxcarre Research Papers. Oxford: Oxford: Department of Economics, Oxford University.

Gelb, Alan, and Associates. 1988. *Oil Windfalls Blessing or Curse?* New York: Oxford University Press.

Gelb, Alan, and Caroline Decker. 2011. "Cash at Your Fingertips: Technology for Transfers in Resource-Rich Countries." Center for Global Development, Washington, DC.

Gelb, Alan, and Sina Grasman. 2010. "How Should Oil Exporters Spend Their Rents?" Working Paper. Washington, DC: Center for Global Development.

Gerring, John, Strom C. Thacker, and Rodrigo Alfaro. 2005. "Democracy and Human Development." Unpublished paper, Boston University.

Gervasoni, Carlos. 2010. "A Rentier Theory of Subnational Regimes." *World Politics* 62 (2): 302–40.

Gesellschaft fur Technische Zusammenarbeit. 2007. "International Fuel Prices 2007." Eschborn, Germany: Federal Ministry for Economic Cooperation and Development.

Gillies, Alexandra. 2010. "Reputational Concerns and the Emergence of Oil Sector Transparency as an International Norm." *International Studies Quarterly* 54 (1): 103–26.

Gleditsch, Kristian Skrede. 2002. *All International Politics Is Local: The Diffusion of Conflict, Integration, and Democratization*. Ann Arbor: University of Michigan Press.

Gleditsch, Kristian Skrede, and Michael D Ward. 2006. "Diffusion and the International Context of Democratization." *International Organization* 60: 911–33.

Gleditsch, Nils Petter, Peter Wallensteen, Mikael Eriksson, Margareta Sollenberg, and Harvard Strand. 2002. "Armed Conflict, 1946–2001: A New Dataset." *Journal of Peace Research* 39 (5): 615–37.

Goldberg, Ellis, Erik Wibbels, and Eric Mvukiyehe. 2009. "Lessons from Strange Cases: Democracy, Development, and the Resource Curse in the U.S. States." *Comparative Political Studies* 41 (4 5): 477–514.

Goldman, Marshall I. 2004. "Putin and the Oligarchs." *Foreign Affairs* 83 (6): 33–44.

———. 2008. *Petrostate: Putin, Power, and the New Russia*. New York: Oxford University Press. (M.I. ゴールドマン『石油国家ロシア：知られざる資源強国の歴史と今後』鈴木博信訳、日本経済新聞出版社、2010年)

Goldsmith, Scott. 2001. "The Alaska Permanent Fund Dividend Program." Unpublished paper, Anchorage.

Gould, Eric D., Bruce A. Weinberg, and David B. Mustard. 2002. "Crime Rates and Local Labor Market Opportunities in the United States: 1979–1997." *Review of Economics and Statistics* 84 (1): 45–61.

Greene, Kenneth. 2010. "The Political Economy of Authoritarian Single-Party Dominance." *Comparative Political Studies* 43 (7): 807–34.

Grogger, Jeff. 1998. "Market Wages and Youth Crime." *Journal of Labor Economics* 16 (4): 756–91.

Guriev, Sergei, Anton Kolotilin, and Konstantin Sonin. 2010. "Determinants of Nationalization in the Oil Sector: A Theory and Evidence from Panel Data." *Journal of Law, Economics, and Organization*.

Guriev, Sergei, and William Megginson. 2007. "Privatization: What Have We Learned." In *Annual World Bank Conference on Development Economics: Beyond Transition*, edited by Francois Bourguignon and

Boris Pleskovic, 249–96. Washington, DC: World Bank.
Haber, Stephen, and Victor Menaldo. 2009. "Do Natural Resources Fuel Authoritarianism?" Unpublished paper, Stanford University, Palo Alto, CA.
Haggard, Stephan, and Robert R. Kaufman. 1995. *The Political Economy of Democratic Transitions*. Princeton, NJ: Princeton University Press.
Halperin, Morton H., Joseph T. Siegle, and Michael W. Weinstein. 2005. *The Democracy Advantage*. New York: Routledge.
Hameed, Farhan. 2005. "Fiscal Transparency and Economic Outcomes." IMF Working Paper. Washington, DC: International Monetary Fund.
Hamilton, Alexander, James Madison, and John Jay. [1788] 2000. *The Federalist Papers*. New York: Signet. (A. ハミルトン、J. マディソン、J. ジェイ『ザ・フェデラリスト』齋藤眞・武則忠見訳、福村出版、1991 年)
Hamilton, James. "Understanding Crude Oil Prices." 2008. *Energy Journal* 30 (2): 179–206.
Hamilton, Kirk, and Michael Clemens. 1999. "Genuine Savings Rates in Developing Countries." *World Bank Economic Review* 13 (2): 333–56.
Hamilton, Kirk, Giovanni Ruta, and Liaila Tajibaeva. 2005. "Capital Accumulation and Resource Depletion: A Hartwick Rule Counterfactual." World Bank Policy Research Working Papers. Washington, DC: World Bank.
Hansen, Susan B. 1997. "Talking about Politics: Gender and Contextual Effects on Political Proselytizing." *Journal of Politics* 59 (1): 73–103.
Harbom, Lotta, Stina Hogbladh, and Peter Wallensteen. 2006. "Armed Conflict and Peace Agreements." *Journal of Peace Research* 43 (5): 617–31.
Hartshorn, Jack E. 1962. *Oil Companies and Governments*. London: Faber and Faber. (J.E. ハートショーン『石油会社と政府：国際石油産業をめぐる政治環境』出光興産株式会社訳、出光興産、1971 年)
Hartwick, John M. 1977. "Intergenerational Equity and the Investing of Rents from Exhaustible Resources." *American Economic Review* 67 (5): 972–74.
Hassmann, Heinrich. 1953. *Oil in the Soviet Union: History, Geography, Problems*. Princeton, NJ: Princeton University Press.
Hausmann, Ricardo, Lant Pritchett, and Dani Rodrik. 2005. "Growth Accelerations." *Journal of Economic Growth* 10 (4): 303–29.
Heal, Geoffrey. 2007. "Are Oil Producers Rich?" In *Escaping the Resource Curse*, edited by Macartan Humphreys, Jeffrey Sachs, and Joseph E. Stiglitz, 155–72. New York: Columbia University Press.
Hegre, Havard, Tanja Ellingsen, Scott Gates, and Nils Peter Gleditsch. 2001. "Toward a Democratic Civil Peace? Democracy, Political Change, and Civil War, 1816–1992." *American Political Science Review* 95 (1): 33–48.
Hegre, Havard, and Nicholas Sambanis. 2006. "Sensitivity Analysis of Empirical Results on Civil War Onset." *Journal of Conflict Resolution* 50 (4): 508–33.
Heilbrunn, John. 2005. "Oil and Water? Elite Politicians and Corruption in France." *Comparative Politics* 37 (3): 277–96.
Herb, Michael. 1999. *All in the Family: Absolutism, Revolution, and Democracy in the Middle East*. Albany: State University of New York Press.
———. 2005. "No Representation without Taxation? Rents, Development, and Democracy." *Comparative Politics* 37 (3): 297–317.
Herschman, Andrea. 2009. "The Politics of Oil Wealth Management: Lessons from the Caspian and Beyond." Unpublished paper, University of California at Los Angeles.
Hertog, Steffen. 2007. "Shaping the Saudi State: Human Agency's Shifting Role in Rentier-State Formation." *International Journal of Middle East Studies* 39:539–63.
———. 2010. *Princes, Brokers, and Bureaucrats: Oil and the State in Saudi Arabia*. Ithaca, NY: Cornell University Press.
Heston, Alan, Robert Summers, and Bettina Aten. n.d. "Penn World Table Version 6.1." Philadelphia: Center

for International Comparisons, University of Pennsylvania.
Heuty, Antoine, and Ruth Carlitz. "Resource Dependence and Budget Transparency." New York: Revenue Watch Institute.
Hibbs, Douglas. 1987. *The American Political Economy*. Cambridge, MA: Harvard University Press.
Hiorth, Finngeir. 1986. "Free Aceh: An Impossible Dream?" *Kabar Seberang* 17:182–94.
Hirschman, Albert O. 1958. *The Strategy of Economic Development*. New Haven, CT: Yale University Press. (A.O. ハーシュマン『経済発展の戦略』麻田四郎訳、巌松堂出版、1961 年)
Hjort, Jonas. 2006. "Citizen Funds and Dutch Disease in Developing Countries." *Resources Policy* 31 (3): 183–91.
Hoffman, Philip T., and Kathryn Norberg, eds. 1994. *Fiscal Crises, Liberty, and Representative Government, 1450–1789*. Stanford, CA: Stanford University Press.
Horton, Susan. 1999. "Marginalization Revisited: Women's Market Work and Pay, and Economic Development." *World Development* 27 (3): 571–82.
Hotelling, Harold. 1931. "The Economics of Exhaustible Resources." *Journal of Political Economy* 39 (2): 137–75.
Hudson, Michael. 1995. "The Political Culture Approach to Arab Democratization: The Case for Bringing It Back in, Carefully." In *Political Liberalization and Democratization in the Arab World; Volume One, Theoretical Perspectives*, edited by Rex Brynen, Bahgat Korany, and Paul Noble, 61–76. Boulder, CO: Lynne Rienner.
Human Rights Watch. 2004. "Some Transparency, No Accountability: The Use of Oil Revenue in Angola and Its Impact on Human Rights." Human Rights Watch, New York.
Humphreys, Macartan. 2005. "Natural Resources, Conflict, and Conflict Resolution: Uncovering the Mechanisms." *Journal of Conflict Resolution* 49 (4): 508–37.
Humphreys, Macartan, Jeffrey Sachs, and Joseph E. Stiglitz. 2007. *Escaping the Resource Curse*. New York: Columbia University Press.
Humphreys, Macartan, and Martin E. Sandbu. 2007. "The Political Economy of Natural Resource Funds." In *Escaping the Resource Curse*, edited by Macartan Humphreys, Jeffrey Sachs and Joseph E. Stiglitz, 194–234. New York: Columbia University Press, 2007.
Humphreys, Macartan, and Jeremy Weinstein. 2006. "Handling and Manhandling Civilians in Civil War." *American Political Science Review* 100 (93): 429–77.
Hunt, Shane J. 1985. "Growth and Guano in Nineteenth-Century Peru." in *The Latin American Economies*, edited by Roberto Cortes Conde and Shane J. Hunt, 255–318. New York. Holmes and Meier.
Huntington, Samuel P. 1991. *The Third Wave: Democratization in the Late Twentieth Century*. Norman: University of Oklahoma Press. (S.P. ハンチントン『第三の波：20 世紀後半の民主化』坪郷実他訳、三嶺書房、1995 年)
Ilzetzki, Ethan, and Carlos A. V.gh. 2008. "Procyclical Fiscal Policy in Developing Countries: Truth or Fiction?" Unpublished paper.
Inglehart, Ronald. 1997. *Modernization and Postmodernization*. Princeton, NJ: Princeton University Press.
Inglehart, Ronald, and Pippa Norris. 2003. *Rising Tide*. New York: Cambridge University Press.
Inkeles, Alex, and David H. Smith. 1974. *Becoming Modern*. Cambridge, MA: Harvard University Press.
International Budget Partnership. 2008. "Open Budget Survey 2008." Washington, DC: International Budget Partnership.
International Budget Partnership. 2010. "Open Budget Survey 2010." Washington, DC: International Budget Partnership.
International Crisis Group. 2001. "Aceh: Why Military Force Won't Bring Lasting Peace." Brussels: International Crisis Group.
―――. 2006a. "Fuelling the Niger Delta Crisis." Brussels: International Crisis Group.
―――. 2006b. "The Swamps of Insurgency: Nigeria's Delta Unrest." Brussels: International Crisis Group.
―――. 2007. "Venezuela: Hugo Chavez's Revolution." Brussels: International Crisis Group.
International Labor Organization. 2007. "Data on Saudi Arabian Labor Force." 以下で入手可能 (http://

laborsta.ilo.org/)
International Monetary Fund. 2007. "Russian Federation: 2007 Article IV Consultation." Washington, DC: International Monetary Fund.
———. 2008. "Islamic Republic of Iran: Selected Issues." *IMF Country Report*. Washington, DC: International Monetary Fund.
Isham, Jonathan, Michael Woolcock, Lant Pritchett, and Gwen Busby. 2005. "The Varieties of the Rentier Experience: How Natural Resource Export Structures Affect the Political Economy of Growth." *World Bank Economic Review* 19 (2): 141–74.
Iversen, Torben, and Frances Rosenbluth. 2006. "The Political Economy of Gender: Explaining Cross-national Variation in the Gender Division of Labor and the Gender Voting Gap." *American Journal of Political Science* 50 (1): 1–19.
———. 2008. "Work and Power: The Connection between Female Labor Force Participation and Female Political Representation." *Annual Review of Political Science* 11: 479–95.
Jaffee, Amy Myers, and Robert Manning. 2000. "The Shocks of a World of Cheap Oil." *Foreign Affairs* 79 (1): 16–29.
Jaffee, Amy Myers, and Mahmoud El-Gamal. 2010. *Oil, Dollars, Debt, and Crises: The Global Curse of Black Gold*. New York: Cambridge University Press.
Jamal, Amaney, Irfan Nooruddin, Michael L. Ross, and Michael Hoffman. 2010. "Fertility and Economic Development in the Muslim World." Unpublished paper, Princeton University, Princeton, NJ.
Javorcik, Beata Smarzynska. 2004. "Does Foreign Direct Investment Increase the Productivity of Domestic Firms? In Search of Spillovers through Backward Linkages." *American Economic Review* 94 (3): 605–27.
Jensen, Nathan, and Leonard Wantchekon. 2004. "Resource Wealth and Political Regimes in Africa." *Comparative Political Studies* 37 (9): 816–41.
Jodice, David A. 1980. "Sources of Change in Third World Regimes for Foreign Direct Investment, 1968–1976." *International Organization* 34 (2): 177–206.
Joekes, Susan P. 1982. "Female-Led Industrialization: Women's Jobs in Third World Export Manufacturing—the Case of the Moroccan Clothing Industry." Unpublished paper, Institute for Development Studies, Sussex, UK.
Johnston, David. 2007. "How to Evaluate Fiscal Terms." In *Escaping the Resource Curse*, edited by Macartan Humphreys, Jeffrey Sachs, and Joseph E. Stiglitz, 56–95. New York: Columbia University Press.
Jones, Bryan, and Walter Williams. 2008. *The Politics of Bad Ideas: The Great Tax Delusion and the Decline of Good Government in America*. New York: Pearson Longman.
Jones Luong, Pauline, and Erika Weinthal. 2010. *Oil Is Not a Curse: Ownership Structure and Institutions in Soviet Successor States*. New York: Cambridge University Press.
Kabeer, Naila, and Simeen Mahmud. 2004. "Globalization, Gender, and Poverty: Bangladeshi Women Workers in Export and Local Markets." *Journal of International Development* 16: 93–109.
Kaempfer, William, Anton Lowenberg, and William Mertens. 2004. "International Economic Sanctions against a Dictator." *Economics and Politics* 16 (1): 29–51.
Kaiser, Kai. 2010. *Rents to Riches*. Washington, DC: World Bank.
Kalyvas, Stathis. 2007. "Civil Wars." In *Handbook of Political Science*, edited by Susan Stokes and Carles Boix, 416–34. New York: Oxford University Press.
Kalyvas, Stathis, and Laia Balcells. 2010. "International System and Technologies of Rebellion: How the End of the Cold War Shaped Internal Conflict." *American Political Science Review* 104 (3): 415–29.
Kaminsky, Graciela, Carmen Reinhart, and Carlos A. V.gh. 2004. "When It Rains, It Pours: Procyclical Capital Flows and Macroeconomic Policies." *NBER Macroeconomics Annual* 19: 11–53.
Kang, Alice. 2009. "Studying Oil, Islam, and Women as If Political Institutions Mattered." *Politics and Gender* 5 (4): 560–68.
Karl, Terry Lynn. 1997. *The Paradox of Plenty: Oil Booms and Petro-States*. Berkeley: University of California Press.

Kaufmann, Daniel, and Aart Kraay. 2008. "Governance Indicators: Where Are We, Where Should We Be Going?" *World Bank Research Observer* 23 (1): 1–30.

Keen, David. 1998. "The Economic Functions of Violence in Civil Wars." Adelphi Paper. London: International Institute of Strategic Studies.

Kell, Tim. 1995. *The Roots of Acehnese Rebellion, 1989–1992*. Ithaca, NY: Cornell Modern Indonesia Project.

Key, Valdimer O. 1949. *Southern Politics in State and Nation*. New York: Knopf.

Kilian, Lutz. 2008. "The Economic Effects of Energy Price Shocks." *Journal of Economic Literature* 46 (4): 871–909.

King, Gary, and Langche Zeng. 2001. "Logistic Regression in Rare Events Data." *Political Analysis* 9 (2): 137–63.

———. 2006. "The Danger of Extreme Counterfactuals." *Political Analysis* 14 (2): 131–59.

Klare, Michael. 2006. "America, China, and the Scramble for Africa's Oil." *Review of African Political Economy* 33 (108): 297–309.

Kobrin, Stephen J. 1980. "Foreign Enterprise and Forced Divestment in LDCs." *International Organization* 34 (1): 65–88.

Kolstad, Ivar, and Arne Wiig. 2009. "Is Transparency the Key to Reducing Corruption in Resource-Rich Countries?" *World Development* 37 (3): 521–32.

Kotkin, Stephen. 2001. *Armageddon Averted: The Soviet Collapse, 1970–2000*. New York: Oxford University Press.

Krasner, Stephen D. 1978. *Defending the National Interest: Raw Materials Investments and U.S. Foreign Policy*. Princeton, NJ: Princeton University Press.

Kretzschmar, Gavin, Axel Kirchner, and Liliya Sharifyanova. 2010. "Resource Nationalism: Limits to Foreign Direct Investment." *Energy Journal* 31 (2): 27–52.

Krueger, Anne O. 1974. "The Political Economy of the Rent-Seeking Society." *American Economic Review* 64: 291–303.

Krugman, Paul. 1987. "The Narrow Moving Band, the Dutch Disease, and the Competitive Consequences of Mrs. Thatcher: Notes on Trade in the Presence of Dynamic Scale Economies." *Journal of Development Economics* 27: 41–55.

La Porta, Rafael, Florencio Lopez-de-Silanes, Andrei Shleifer, and Robert W. Vishny. 1999. "The Quality of Government." *Journal of Law, Economics, and Organization* 15 (1): 222–79.

Lake, David A., and Matthew Baum. 2001. "The Invisible Hand of Democracy: Political Control and the Provision of Public Services." *Comparative Political Studies* 34 (6): 587–621.

Lallemand, Alain. 2001. "June 1997 Civil War. Lissouba Needs Weapons and Money." *Le Soir*, July 7.

Landes, David S. 1998. *The Wealth and Poverty of Nations*. New York: W. W. Norton. (D.S. ランデス著、竹中平蔵訳『「強国」論』三笠書房、2001年)

Le Billon, Philippe. 2001. "The Political Ecology of War: Natural Resources and Armed Conflicts." *Political Geography* 20: 561–84.

———. 2005. *Fuelling War: Natural Resources and Armed Conflicts*. New York: Routledge, 2005.

Le Billon, Philippe, and Eric Nicholls. 2007. "Ending 'Resource Wars': Revenue Sharing, Economic Sanctions, or Military Intervention?" *International Peacekeeping* 14 (5): 613–32.

Leite, Carlos, and Jens Weidmann. 1999. "Does Mother Nature Corrupt? Natural Resources, Corruption, and Economic Growth." IMF Working Paper. Washington, DC: International Monetary Fund.

Lerner, Daniel. 1958. *The Passing of Traditional Society*. New York: Free Press.

Levi, Margaret. 1988. *Of Rule and Revenue*. Berkeley: University of California Press.

Levin, Jonathan V. 1960. *The Export Economies: Their Pattern of Development in Historical Perspective*. Cambridge, MA: Harvard University Press.

Levy, Brian. 1982. "World Oil Marketing in Transition." *International Organization* 36 (1): 113–33.

Lewis, John P. 1974. "Oil, Other Scarcities, and the Poor Countries." *World Politics* 27 (1): 63–86.

Lewis, Peter. 2007. *Growing Apart: Oil, Politics, and Economic Change in Indonesia and Nigeria*. Ann Arbor: University of Michigan Press.

Lewis, W. Arthur. 1955. *The Theory of Economic Growth*. Homewood, IL: R. D. Irwin.
Libecap, Gary D. 1989. *Contracting for Property Rights*. New York: Cambridge University Press.
Lipset, Seymour Martin. 1959. "Some Social Requisites of Democracy: Economic Development and Political Legitimacy." *American Political Science Review* 53 (1): 69–105.
Livani, Talajeh. 2007. "Middle East and North Africa: Gender Overview." Washington, DC: World Bank.
Loayza, Norman V., Romain Ranciere, Luis Serven, and Jaume Ventura. 2007. "Macroeconomic Volatility and Welfare in Developing Countries: An Introduction." *World Bank Economic Review* 21 (3): 343–57.
Londregan, John B., and Keith T. Poole. 1996. "Does High Income Promote Democracy?" *World Politics* 49: 1–30.
Lowi, Miriam R. 2009. *Oil Wealth and the Poverty of Politics: Algeria Compared*. New York: Cambridge University Press.
Lubeck, Paul, Michael Watts, and Ronnie Lipschutz. 2007. "Convergent Interests: U.S. Energy Security and the 'Securing' of Nigerian Democracy." *International Policy Report*. Washington, DC: Center for International Policy.
Lujala, Päivi. 2009. "Deadly Combat over Natural Resources: Gems, Petroleum, Drugs, and the Severity of Armed Civil Conflict." *Journal of Conflict Resolution* 53 (1): 50.
———. 2010. "The Spoils of Nature: Armed Civil Conflict and Rebel Access to Natural Resources." *Journal of Peace Research* 47 (1): 15–28.
Lujala, Päivi, Nils Petter Gleditsch, and Elisabeth Gilmore. 2005. "A Diamond Curse? Civil War and a Lootable Resource." *Journal of Conflict Resolution* 49 (4): 538–62.
Lujala, Päivi, Jan Ketil Rød, and Nadja Thieme. 2007. "Fighting over Oil: Introducing a New Dataset." *Conflict Management and Peace Science* 24 (3): 239–56.
Maass, Peter. 2009. *Crude World: The Violent Twilight of Oil*. New York: Knopf.
Maddison, Angus. 2009. "Historical Statistics of the World Economy, 1–2008." Unpublished paper, Groeningen, Netherlands.
Magaloni, Beatriz. 2006. *Voting for Autocracy: Hegemonic Party Survival and Its Demise in Mexico*. New York: Cambridge University Press.
Mahdavi, Paasha. 2011. "Oil, Monarchy, Revolution, and Theocracy: A Study on the National Iranian Oil Company." In *Oil and Governance: State-Owned Enterprises and the World Energy Supply*, edited by David G. Victor, David Hults, and Mark Thurber. New York: Cambridge University Press.
Mahdavy, Hussein. 1970. "The Patterns and Problems of Economic Development in Rentier States: The Case of Iran." In *Studies in Economic History of the Middle East*, edited by M. A. Cook, 428–67. London: Oxford University Press
Mammen, Kristin, and Christina Paxson. 2000. "Women's Work and Economic Development." *Journal of Economic Perspectives* 14 (4): 141–64.
Manasse, Paolo. 2006. "Procyclical Fiscal Policy: Shocks, Rules, and Institutions— a View from Mars." Washington, DC: International Monetary Fund.
Manzano, Osmel, and Roberto Rigobon. 2007. "Resource Curse or Debt Overhang?" In *Natural Resources: Neither Curse nor Destiny*, edited by Daniel Lederman and William F. Maloney, 41–70. Washington, DC: World Bank.
Mares, David, and Nelson Altamirano. 2007. "Venezuela's PDVSA and World Energy Markets." Unpublished paper, Baker Institute for Public Policy, Rice University, Houston.
Marshall, Monty, and Keith Jaggers. 2007. "Polity IV Project, Political Regime Characteristics 1800–2004." 以下で入手可能 http://www.systemicpeace.org/polity/polity4.htm（アクセス日 2008 年 3 月 1 日）.
Matland, Richard E. 1998. "Women's Representation in National Legislatures: Developed and Developing Countries." *Legislative Studies Quarterly* 23 (1): 109–25.
Matsen, Egil, and Ragnar Torvik. 2005. "Optimal Dutch Disease." *Journal of Development Economics* 78 (2): 494–515.
Maugeri, Leonardo. 2006. *The Age of Oil: The Mythology, History, and Future of the World's Most Controversial Resource*. Westport, CT: Praeger.

McCartney, Laton. 2008. *The Teapot Dome Scandal*. New York: Random House.
McCullough, David. 2001. *John Adams*. New York: Simon and Schuster.
McFaul, Michael, and Kathryn Stoner-Weiss. 2008. "The Myth of the Authoritarian Model." *Foreign Affairs* 87 (1): 68–84.
McGuirk, Eoin. 2010. "The Illusory Leader: Natural Resources, Taxation, and Accountability." Unpublished paper, Trinity College, Dublin.
McPherson, Charles. 2003. "National Oil Companies: Evolution, Issues, Outlook." In *Fiscal Policy Formulation and Implementation in Oil-Producing Countries*, edited by Jeffrey Davis, Rolando Ossowski, and Annalisa Fedelino, 204–15. Washington, DC: International Monetary Fund.
Meadows, Donella H., Dennis L. Meadows, Jorgen Randers, and William W. Behrens III. 1972. *The Limits to Growth*. New York: Universe Books.（ドネラ・H・メドウズ他『成長の限界』大来佐武郎監訳、ダイヤモンド社、1972 年）
Melhum, Halvor, Karl Moene, and Ragnar Torvik. 2006. "Institutions and the Resource Curse." *Economic Journal* 116 (1): 1–20.
Metcalf, Gilbert, and Catherine Wolfram. 2010. "Cursed Resources? Political Conditions and Oil Market Volatility." Unpublished paper, Tufts University, Boston.
Michael, Robert T. 1985. "Consequences of the Rise in Female Labor Force Participation Rates: Questions and Probes." *Journal of Labor Economics* 3 (1): S117–46.
Midlarsky, Manus. 1998. "Democracy and Islam: Implications for Civilizational Conflict and the Democratic Peace." *International Studies Quarterly* 42: 485–511.
Miguel, Edward, Shanker Satyanath, and Ernest Sergenti. 2004. "Economic Shocks and Civil Conflict: An Instrumental Variables Approach." *Journal of Political Economy* 112 (4): 725–54.
Mill, John Stuart. [1848] 1987. *Principles of Political Economy*. Fairfield, NJ: Augustus M. Kelley Publishers.（J. S. ミル『経済学原理』末永茂喜訳、岩波文庫、1960 年）
Minor, Michael S. 1994. "The Demise of Expropriation as an Instrument of LDC Policy, 1980–92." *Journal of International Business Studies* 25 (1): 177–88.
Moghadam, Valentine. 1999. "Gender and Globalization: Female Labor and Women's Movements." *Journal of World-Systems Research* 5 (2): 367–88.
Mommer, Bernard. 2002. *Global Oil and the Nation State*. New York: Oxford University Press.
Montaner, Carlos Alberto. 2008. "Why Did Venezuela Surrender to Chavez?" *Miami Herald*, January 8.
Moon, Seungsook. 2002. "Women and Democratization in the Republic of Korea." *Good Society* 11 (3): 36–42.
Moran, Theodore. 2007 *Harnessing Foreign Direct Investment: Policies for Developed and Developing Countries*. Washington, DC: Center for Global Development.
Moreno, Alejandro. 2007. "The 2006 Mexican Presidential Election: The Economy, Oil Revenues, and Ideology." *PS: Political Science and Politics* 40 (1): 15–19.
Morgan, Edmund S., and Helen M. Morgan. 1953. *The Stamp Act Crisis: Prologue to Revolution*. New York: Collier Books.
Morrison, Kevin. 2007. "Natural Resources, Aid, and Democratization: A Bestcase Scenario." *Public Choice* 131 (3–4): 365–86.
———. 2009. "Oil, Nontax Revenue, and Regime Stability." *International Organization* 63:107–38.
Moss, Todd, and Lauren Young. 2009. "Saving Ghana from Its Oil: The Case for Direct Cash Distribution." Working Paper. Washington, DC: Center for Global Development.
Myers, Steven Lee, and Andrew E. Kramer. 2007. "From Ashes of Yukos, New Russian Oil Giant Emerges." *New York Times*, March 27.
Nam, Jeong-Lim. 2000. "Gender Politics in the Korean Transition to Democracy." *Korean Studies* 24:94–113.
Nazir, Sameena, and Leigh Tomppert. 2005. *Women's Rights in the Middle East and North Africa: Citizenship and Justice*. Lanham, MD: Rowman and Littlefield Publishers.
Neary, J. Peter, and Sweder van Wijnbergen. 1986. *Natural Resources and the Macroeconomy*. Cambridge, MA: MIT Press.
Nooruddin, Irfan. 2008. "The Political Economy of National Debt Burdens, 1970–2000." *International*

Interactions 34 (2): 156–85.

North, Douglass C. 1955. "Location Theory and Regional Economic Growth." *Journal of Political Economy* 63 (2): 243–58.

———. 1990. *Institutions, Institutional Change, and Economic Performance*. Cambridge: Cambridge University Press, 1990. （ダグラス・C. ノース『制度・制度変化・経済効果』竹下公視訳、晃洋書房、1994年）

Nurske, Ragnar. 1958. "Trade Fluctuations and Buffer Policies of Low-Income Countries." *Kyklos* 11: 141–54.

O'Ballance, Edgar. 2000. *Sudan, Civil War, and Terrorism, 1956–1999*. New York: St. Martin's Press.

O'Donnell, Guillermo, Philippe C. Schmitter, and Lawrence Whitehead. 1986. *Transitions from Authoritarian Rule: Prospects for Democracy*. Baltimore: Johns Hopkins University Press.

O'Loughlin, John, Michael D. Ward, Corey L. Lofdahl, Jordin S. Cohen, David S. Brown, David Reilly, Kristian Skrede Gleditsch, and Michael Shin. 1998. "The Diffusion of Democracy." *Annals of the Association of American Geographers* 88 (4): 545–74.

Oakes, Ann, and Elizabeth Almquist. "Women in National Legislatures." *Population Research and Policy Review* 12 (1): 71–81.

Okruhlik, Gwenn. 1999. "Rentier Wealth, Unruly Law, and the Rise of the Opposition." *Comparative Politics* 31 (3): 295–315.

Olken, Benjamin. 2009. "Corruption Perceptions vs. Corruption Reality." *Journal of Public Economics* 93 (7–8): 950–64.

Olson, Mancur. 1993. "Dictatorship, Democracy, and Development." *American Political Science Review* 87 (3): 567–76.

Omeje, Kenneth. 2006. "Petrobusiness and Security Threats in the Niger Delta, Nigeria." *Current Sociology* 54 (3): 477–99.

Osaghae, Eghosa. 1994. "The Ogoni Uprising: Oil Politics, Minority Agitation, and the Future of the Nigerian State." *African Affairs* 94: 325–44.

Østby, Gudrun, Ragnhild Nordås, and Jan Ketil Rød. 2009. "Regional Inequalities and Civil Conflict in sub-Saharan Africa." *International Studies Quarterly* 53 (2): 301–24.

Özler, Sule. 2000. "Export Orientation and Female Share of Employment: Evidence from Turkey." *World Development* 28 (7): 1239–48.

Palley, Marian Lief. 1990. "Women's Status in South Korea: Tradition and Change." *Asian Survey* 30 (12): 1136–53.

Palley, Thomas. 2003. "Combating the Natural Resource Curse with Citizen Revenue Distribution Funds." Unpublished paper, Washington, DC.

Papyrakis, Elissaios, and Reyer Gerlagh. 2004. "The Resource Curse Hypothesis and Its Transmission Channels." *Journal of Comparative Economics* 32 (1): 181–93.

Park, Jihang. 1990. "Trailblazers in a Traditional World: Korea's First Women College Graduates, 1910–45." *Social Science History* 14 (4): 533–58.

Park, Kyung Ae. 1993. "Women and Development: The Case of South Korea." *Comparative Politics* 25 (2): 127–45.

Pax Christi Netherlands. 2001. *The Kidnap Industry in Colombia: Our Business?* Utrecht: Pax Christi Netherlands.

Pearce, Jenny. 2005. "Policy Failure and Petroleum Predation: The Economics of Civil War Debate Viewed 'from the War-Zone.'" *Government and Opposition* 40 (2): 152–80.

Peluso, Nancy, and Michael Watts. 2001. *Violent Environments*. Ithaca, NY: Cornell University Press.

Penrose, Edith. 1976. The Large International Firm in Developing Countries. Westport, CT: Greenwood Press. 〔ロスの依拠するものと異なる版として、1968年に Allen & Unwin および MIT Press から出版されたものがあり、こちらには以下の日本語訳がある。エディス・T. ペンローズ『国際石油産業論：メージャーのビヘイビアと戦略』木内峻訳、東京経済新報社、1972年〕

Piotrowski, Suzanne, ed. 2010. *Transparency and Secrecy*. Lanham, MD: Lexington Books.

Posner, Daniel N., and Daniel Young. 2007. "The Institutionalization of Political Power in Africa." *Journal of*

Democracy 18 (3): 126–40.

Prebisch, Raul. 1950. *The Economic Development of Latin America and Its Principal Problems*. Lake Success, NY: United Nations.

Przeworski, Adam. 2007. "Is the Science of Comparative Politics Possible?" In *The Oxford Handbook of Comparative Politics*, edited by Carles Boix and Susan Stokes, 147–71. New York: Oxford University Press.

Przeworski, Adam, Michael E. Alvarez, Jos. Antonio Cheibub, and Fernando Limongi. 2000. *Democracy and Development: Political Institutions and Well-being in the World, 1950–1990*. New York: Cambridge University Press.

Quinn, John James. 2002. *The Road Oft Traveled: Development Policies and Majority State Ownership of Industry in Africa*. Westport, CT: Praeger.

Radon, Jenik. 2007. "How to Negotiate Your Oil Agreement." In *Escaping the Resource Curse*, edited by Macartan Humphreys, Jeffrey Sachs, and Joseph E. Stiglitz, 89–113. New York: Columbia University Press.

Ramey, Garey, and Valerie Ramey. 1995. "Cross-country Evidence on the Link between Volatility and Growth." *American Economic Review* 85 (5): 1138–51.

Ramsay, Kristopher. 2009. "Natural Disasters, the Price of Oil, and Democracy." Unpublished paper, Princeton University, Princeton, NJ.

Razafindrakoto, Mireille, and Francois Roubaud. 2010. "Are International Databases on Corruption Reliable? A Comparison of Expert Opinion Surveys and Household Surveys in sub-Saharan Africa." *World Development* 38 (8): 1057–69.

Regnier, Eva. 2007. "Oil and Energy Price Volatility." *Energy Economics* 29 (3): 405–27.

Reinikka, Ritva, and Jakob Svensson. 2004. "Local Capture: Evidence from a Central Government Transfer Program in Uganda." *Quarterly Journal of Economics* 119 (2): 679–705.

Revenue Watch Institute. 2010. "2010 Revenue Watch Index." New York: Revenue Watch Institute.

Reynolds, Andrew. 1999. "Women in the Legislatures and Executives of the World." *World Politics* 51 (4): 547–72.

Risen, James, and Eric Lichtblau. "Hoard of Cash Lets Qaddafi Extend Fight against Rebels." *New York Times*, March 9, 2011, 1.

Roberts, Adam. 2006. *The Wonga Coup*. London: Profile Books.

Robinson, Geoffrey. 1998. "Rawan Is as Rawan Does: The Origins of Disorder in New Order Aceh." *Indonesia* 66: 127–56.

Robinson, James A., and Ragnar Torvik. 2005. "White Elephants." *Journal of Public Economics* 89: 197–210.

Robinson, James A., Ragnar Torvik, and Thierry Verdier. 2006. "Political Foundations of the Resource Curse." *Journal of Development Economics* 79 (2): 447–68.

Rosenblum, Peter, and Susan Maples. 2009. "Contracts Confidential: Ending Secret Deals in the Extractive Industries." New York: Revenue Watch Institute.

Rosendorf, B. Peter, and James R. Vreeland. 2006. "Democracy and Data Dissemination: The Effect of Political Regime on Transparency." Unpublished paper, Yale University, New Haven, CT

Ross, Michael L. 1999. "The Political Economy of the Resource Curse." *World Politics* 51 (2): 297–322.

———. 2001a. "Does Oil Hinder Democracy?" *World Politics* 53 (3): 325–61.

———. 2001b. *Timber Booms and Institutional Breakdown in Southeast Asia*. New York: Cambridge University Press. (M.L. ロス『レント、レント・シージング、制度崩壊』中村文隆、末永啓一郎監訳、出版研、2012 年)

———. 2003. "Oil, Drugs and Diamonds: The Varying Roles of Natural Resources in Civil War." In *The Political Economy of Armed Conflict*, edited by Karen Ballentine and Jake Sherman, 47–72. Boulder, CO: Lynne Rienner.

———. 2004a. "Does Taxation Lead to Representation?" *British Journal of Political Science* 34: 229–49.

———. 2004b. "What Do We Know about Natural Resources and Civil War?" *Journal of Peace Research* 41 (3): 337–56.

———. 2004c. "How Do Natural Resources Influence Civil War? Evidence from 13 Cases." *International Organization* 58: 35–67.
———. 2005a. "Booty Futures." Unpublished paper, University of California at Los Angeles.
———. 2005b. "Resources and Rebellion in Aceh, Indonesia." In *Understanding Civil War: Evidence and Analysis*, edited by Paul Collier and Nicholas Sambanis, 35–58. Washington, DC: World Bank.
———. 2006a. "A Closer Look at Oil, Diamonds, and Civil War." *Annual Review of Political Science* 9: 265–300.
———. 2006b. "Is Democracy Good for the Poor?" *American Journal of Political Science* 50 (4): 860–74.
———. 2007. "How Mineral-Rich States Can Reduce Inequality." In *Escaping the Resource Curse*, edited by Macartan Humphreys, Jeffrey Sachs, and Joseph E. Stiglitz, 237–55. New York: Columbia University Press.
———. 2008. "Oil, Islam, and Women." *American Political Science Review* 102 (1): 107–23.
———. 2010. "Latin America's Missing Oil Wars." Unpublished paper, University of California at Los Angeles.
Rosser, Andrew. 2007. "Escaping the Resource Curse: The Case of Indonesia." *Journal of Contemporary Asia* 37 (1): 38–58.
Rutland, Peter. 2006. "Oil and Politics in Russia." Unpublished paper, Wesleyan University, Middletown, CT.
Sachs, Jeffrey, and Pia Malaney. 2002. "The Economic and Social Burden of Malaria." *Nature* 415: 680–85.
Sachs, Jeffrey D., and Andrew M. Warner. 1995. "Natural Resource Abundance and Economic Growth." Development Discussion Paper 517a. Cambridge, MA: Harvard Institute for International Development.
———. 1997. "Fundamental Sources of Long-run Growth." *American Economic Review* 87 (2): 184–88.
Sala-i-Martin, Xavier, and Arvind Subramanian. 2003. "Addressing the Natural Resource Curse: An Illustration from Nigeria." IMF Working Paper. Washington, DC: International Monetary Fund.
Salame. Ghassan. 1994. *Democracy without Democrats? The Renewal of Politics in the Muslim World*. London: I. B. Tauris Publishers
Sambanis, Nicholas. 2001. "Do Ethnic and Non-Ethnic Civil Wars Have the Same Causes?" *Journal of Conflict Resolution* 45 (3): 259–82.
———. 2004. "What Is Civil War? Conceptual and Empirical Complexities of an Operational Definition." *Journal of Conflict Resolution* 48 (6): 814–58.
Sandbu, Martin E. 2006. "Natural Wealth Accounts: A Proposal for Alleviating the Natural Resource Curse." *World Development* 34 (7): 1153–70.
Sapiro, Virginia. 1983. *The Political Integration of Women*. Urbana: University of Illinois Press.
Sarbahi, Anoop. 2005. "Major States, Neighbors, and Civil Wars: A Dyadic Analysis of Third-party Intervention in Intra-State Wars." Unpublished paper, University of California at Los Angeles.
Schroeder, Jana. 2002. "Oil, Politics, and Scandal in Mexico." *World Press Review*, February 21.
Schultz, Heiner. 2006. "Political Institutions and Foreign Direct Investment in Developing Countries: Does the Sector Matter?" Unpublished paper, University of Pennsylvania, Philadelphia.
Schumpeter, Joseph A. [1918] 1954. "The Crisis of the Tax State." *International Economic Papers* 4: 5–38. (シュムペーター著、『租税国家の危機』木村元一、小谷善次訳、岩波文庫、1983年)
Scott, James C. 1976. *The Moral Economy of the Peasant*. New Haven, CT: Yale University Press. (ジェームス・C. スコット『モーラル・エコノミー：東南アジアの農民叛乱と生存維持』高橋彰訳、勁草書房、1999年)
Shafer, D. Michael. 1983. "Capturing the Mineral Multinationals: Advantage or Disadvantage?" *International Organization* 37 (1): 93–119.
———. 1994. *Winners and Losers: How Sectors Shape the Developmental Prospects of States*. Ithaca, NY: Cornell University Press.
Shapiro, Ian. 2005. *The Flight from Reality in the Human Sciences*. Princeton, NJ: Princeton University Press.
Shaxson, Nicholas. 2005. "New Approaches to Volatility: Dealing with the 'Resource Curse' in Sub-Saharan

Africa." *International Affairs* 81 (2): 311–24.
Singer, Hans W. 1950. "The Distribution of Gains between Investing and Borrowing Countries." *American Economic Review* 40: 473–85.
Sjamsuddin, Nazaruddin. 1984. "Issues and Politics of Regionalism in Indonesia: Evaluating the Acehnese Experience." In *Armed Separatism in Southeast Asia*, edited by Joo-Jock Lim and S. Vani, 111–28. Singapore: Institute of Southeast Asian Studies.
Skocpol, Theda. 1982. "Rentier State and Shi'a Islam in the Iranian Revolution." *Theory and Society* 11: 265–83.
Smith, Adam. [1776] 1991. *An Inquiry into the Nature and Causes of the Wealth of Nations*. New York: Prometheus Books.（アダム・スミス『諸国民の富』大内兵衛、松川七郎訳、岩波文庫、1965 年）
Smith, Benjamin. 2007. *Hard Times in the Land of Plenty*. Ithaca, NY: Cornell University Press.
Smith, James. 2009. "World Oil: Market or Mayhem?" *Journal of Economic Perspectives* 23 (3): 145–64.
Snyder, Richard. 1992. "Explaining Transitions from Neopatrimonial Dictatorships." *Comparative Politics* 24 (4): 379–400.
Spengler, Joseph J. 1960. *Natural Resources and Growth*. Washington, DC: Resources for the Future.
Stern, Jonathan P. 1980. *Soviet Natural Gas Developments to 1990*. Lexington, MA: Lexington Books.
Stevens, Paul. 2008. "National Oil Companies and International Oil Companies in the Middle East: Under the Shadow of Government and the Resource Nationalism Cycle." *Journal of World Energy Law and Business* 1 (1): 5–30.
Stevens, Paul, and Evelyn Dietsche. 2008. "Resource Curse: An Analysis of Causes, Experiences, and Possible Ways Forward." *Energy Policy* 36 (1): 56–65.
Stiglitz, Joseph E. 2007. "What Is the Role of the State?" In *Escaping the Resource Curse*, edited by Macartan Humphreys, Jeffrey Sachs, and Joseph E. Stiglitz, 23–52. New York: Columbia University Press.
Suni, Paavo. 2007. "Oil Prices and the Russian Economy: Some Simulation Studies with Nigem." Helsinki: ETLA, Research Institute of the Finnish Economy.
Talvi, Ernesto, and Carlos A. V.gh. 2005. "Tax Base Variability and Procyclical Fiscal Policy in Developing Countries." *Journal of Development Economics* 78 (1): 156–90.
Tarbell, Ida. 1911. *The Tariff in Our Times*. New York: Macmillan Company.
Tavares, Jos., and Romain Wacziarg. 2001. "How Democracy Affects Growth." *European Economic Review* 45: 1341–78.
Tetreault, Mary Ann. 1985. *Revolution in the World Petroleum Market*. Westport, CT: Quorum Books.
Thies, Cameron G. 2010. "Of Rulers, Rebels, and Revenue: State Capacity, Civil War Onset, and Primary Commodities." *Journal of Peace Research* 47 (3): 321–32.
Thomas, Duncan, Dante Contreras, and Elizabeth Frankenberg. 2002. "Distribution of Power within the Household and Child Health." Unpublished paper, University of California at Los Angeles.
Tornell, Aaron, and Philip R. Lane. 1999. "The Voracity Effect." *American Economic Review* 89 (1): 22–46.
Transparency International. 2008. "Promoting Revenue Transparency: 2008 Report on Revenue Transparency of Oil and Gas Companies." Berlin: Transparency International.
Treisman, Daniel. 2007. *The Architecture of Government: Rethinking Political Decentralization*. New York: Cambridge University Press.
———. 2010. "Is Russia Cursed by Oil?" *Journal of International Affairs* 63 (2): 85–102.
Tripp, Aili Mari, and Alice Kang. 2008. "The Global Impact of Quotas: On the Fast Track to Increased Female Legislative Representation." *Comparative Political Studies* 41 (3): 338–61.
Tsui, Kevin K. 2011. "More Oil, Less Democracy? Evidence from Worldwide Crude Oil Discoveries." *Economic Journal* 121 (551): 89–115.
Tufte, Edward R. 1978. *Political Control of the Economy*. Princeton, NJ: Princeton University Press.
Ulfelder, Jay. 2007. "Natural Resource Wealth and the Survival of Autocracies." *Comparative Political Studies* 40 (8): 995–1018.
United Nations. 1991. *The World's Women: Trends and Statistics, 1970–1990*. NewYork: United Nations.
United Nations Conference on Trade and Development. 2009. "World Investment Report." New York: United

Nations Conference on Trade and Development.
United Nations Development Program. 2002. *Arab Human Development Report*. New York: United Nations Development Program.
US Geological Survey. n.d. *Minerals Yearbook*. Washington, DC: US Department of the Interior.
van der Ploeg, Frederick, and Steven Phoelhekke. 2009. "Volatility and the Natural Resource Curse." Oxcarre Research Papers. Oxford: Oxford: Department of Economics, Oxford University.
Vandewalle, Dirk. 1998. *Libya since Independence: Oil and State-Building*. Ithaca, NY: Cornell University Press.
Vernon, Raymond. 1971. *Sovereignty at Bay: The Spread of U.S. Enterprises*. New York: Basic Books.（レイモンド・バーノン『多国籍企業の新展開：追い詰められる国家主権』霍見芳浩訳、ダイヤモンド社、1973 年）
Victor, David, David Hults, and Mark Thurber. 2011. *Oil and Governance: State-Owned Enterprises and the World Energy Supply*. New York: Cambridge University Press.
Viner, Jacob. 1952. *International Trade and Economic Development*. Glencoe, IL: Free Press.（ヤコブ・ヴァイナー『国際貿易と経済発展』相原光訳、厳松堂出版、1959 年）
Vines, Alex, Markus Weimer, and Indira Campos. 2009. *Angola and Asian Oil Strategies*. London: Chatham House.
Walter, Barbara. 2002. *Committing to Peace: The Successful Settlement of Civil Wars*. Princeton, NJ: Princeton University Press.
Watkins, Melville H. 1963. "A Staple Theory of Economic Growth." *Canadian Journal of Economics and Political Science* 29 (2): 142–58.
Watts, Michael. 1997. "Black Gold, White Heat." In *Geographies of Resistance*, edited by Steve Pile and Michael Keith, 33–67. New York: Routledge.
———. 2007. "Anatomy of an Oil Insurgency: Violence and Militants in the Niger Delta, Nigeria." In *Extractive Economies and Conflicts in the Global South: Multi-Regional Perspectives on Rentier Politics*, edited by Kenneth Omeje, 51–74. London: Ashgate.
Wehrey, Frederic, Jerrod Green, Brian Nichiporuk, Alireza Nader, Lydia Hansell, Rasool Nafisi, and S. R. Bohandy. 2009. *The Rise of the Pasdaran: Assessing the Domestic Roles of Iran's Islamic Revolutionary Guards Corps*. Santa Monica: RAND.
Weinstein, Jeremy M. 2007. *Inside Rebellion: The Politics of Insurgent Violence*. New York: Cambridge University Press.
Wenar, Leif. 2008. "Property Rights and the Resource Curse." *Philosophy and Public Affairs* 36 (1): 2–32.
Werger, Charlotte. 2009. "The Effect of Oil and Diamonds on Democracy: Is There Really a Resource Curse?" OxCarre Research Papers. Oxford: Department of Economics, Oxford University.
White, Gregory. 2001. *A Comparative Political Economy of Tunisia and Morocco: On the Outside Looking In*. Albany: State University of New York Press.
Wick, Katharina, and Erwin Bulte. 2009. "The Curse of Natural Resources." *Annual Review of Resource Economics* 1: 139–56.
Williams, Peggy. 2006. "Deep Water Delivers." *Oil and Gas Investor* (May): 2–12.
Williams, T. Harry. 1969. *Huey Long*. New York: Knopf.
Wintrobe, Ronald. 2007. "Dictatorship: Analytical Approaches." In *The Oxford Handbook of Comparative Politics*, edited by Carles Boix and Susan Stokes, 363–94. New York: Oxford University Press.
Wolfers, Justin. 2009. "Are Voters Rational? Evidence from Gubernatorial Elections." Working paper, Wharton School of Business, Philadelphia.
Wong, Lillian. 2008. *The Impact of Asian National Oil Companies in Nigeria*, or "Things Fall Apart." London: Chatham House.
World Bank. 2001. *Engendering Development*. New York: Oxford University Press.
———. 2004. *Gender and Development in the Middle East and North Africa*. Washington, DC: World Bank.
———. 2005. "The Status and Progress of Women in the Middle East and North Africa." Washington, DC:

World Bank Middle East and North Africa Social and Economic Development Group.
―――. n.d. "World Development Indicators." 以下で入手可能（http://data.worldbank.org/）.
Wright, Gavin, and Jesse Czelusta. 2004. "The Myth of the Resource Curse." *Challenge* 47 (2): 6–38.
Wuerth, Oriana. 2005. "The Reform of the Moudawana: The Role of Women's Civil Society Organizations in Changing the Personal Status Code in Morocco." *Hawwa* 3 (3): 309–33.
Yates, Douglas A. 1996. *The Rentier State in Africa: Oil Rent Dependency and Neocolonialism in the Republic of Gabon*. Trenton, NJ: Africa World Press.
Yergin, Daniel. 1991. *The Prize: The Epic Quest for Oil, Money, and Power*. New York: Simon and Schuster. （ダニエル・ヤーギン『石油の世紀：支配者達の興亡』日高義樹, 持田直武共訳、日本放送出版協会、1991年）
Yoon, Bang-Soon L. 2003. "Gender Politics in South Korea: Putting Women on the Political Map." In *Confrontation and Innovation on the Korean Peninsula*, edited by Korea Economic Institute. Washington, DC: Korea Economic Institute.
York, Robert, and Zaijin Zhan. 2009. "Fiscal Vulnerability and Sustainability in Oil-Producing sub-Saharan African Countries." IMF Working Paper. Washington, DC: International Monetary Fund.
Youssef, Nadia. 1971. "Social Structure and the Female Labor Force: The Case of Women Workers in Muslim Middle Eastern Countries." *Demography* 8 (4): 427–39.

付録：補遺の計量分析に関するノート

浜中新吾

　本文中のさまざまな主張は計量分析に基づく統計的証拠によって支えられている。しかしすべての読者が統計学の知見に明るいとは限らないという原著者の配慮から、本書では補遺という形で章末にまとめられている。補遺の訳出にあたって異なる用語に意味の重複が見られ、読者に混乱を招く懸念があることから、付録として計量分析に関するノートを記すことにしたい。

データの類型に関する用語

　本書の計量分析で用いられているデータの類型はクロスセクション・データ（cross-sectional data）、とパネルデータ（panel data）の二つである。クロスセクション・データは、ある一時点における複数の観察主体の変数で構成されている。パネルデータは複数の観察主体に関する複数時点の変数で構成される。第4章の補遺で示されるクロスナショナル・データ（cross-national data）は国家を観察主体としたクロスセクション・データのことである。そして時系列クロスセクション・データ（time-series cross-sectional data: TSCS data）はパネルデータと同じである。よって第4章の補遺にあるクロスナショナル回帰分析とは通常の回帰分析のことである。

本書で扱われる計量分析のトピックス

欠測データの分析（第1章補遺）

　観測値がすべて揃った完全なデータを作ることは困難である。したがって我々が手にできるのは欠測が含まれた不完全なデータである。本書39ペー

ジにあるように、欠測がランダムに生じるのではなくパターンが存在するとき、計量分析で得られる推定量にはバイアス（偏り）が生じる。ロスは発生の恐れがあるバイアスに対して、統制変数の組み合わせを変えたり、異なるデータの分析による結果と比較対照したりすることで推定結果の頑健性を確認している。

マン・ホイットニー・ウィルコクソン検定（第3章）

　独立な（対応のない）二組の標本における平均値の差の検定ではT検定がしばしば用いられる。しかしT検定は標本の観測値が間隔尺度以上であること、および母集団が正規分布に従っていることを仮定している。これらの仮定が満たされない場合、T検定に代わってマン・ホイットニー・ウィルコクソン検定が行われる。本書のケース（予算の透明性）では母集団が正規分布に従っているという条件に抵触する。マン・ホイットニー・ウィルコクソン検定では「母集団分布の中央値が等しい」という帰無仮説を立て、棄却されれば「二組の標本の母集団分布の中央値には差がある」と判断されることになる。

最小二乗法以外の分析手法（第3章～第5章補遺）

　2値を取る離散型の従属変数では最小二乗法が不適切であるため、第3章の補遺では最尤法に基づくロジット分析（ロジスティック回帰分析）を行っている。一方21点尺度の従属変数では最小二乗法（通常の回帰分析）を用いている。これらの分析で利用されたパネルデータ（時系列クロスセクションデータ）には、観察主体ごとの誤差項は時間に関して無相関であるという仮定が置かれているものの、しばしばこの仮定は満たされない。ゆえにそのままロジット分析や最小二乗法を行うと誤差が時系列的に関係する自己相関を生み出してしまう。実用上の問題としては誤差分散が過小評価され、統計的な有意性を過大に見積もることになる。このためパネルデータでは、本書で用いられた固定効果つき1階差分モデルのような特殊な分析手法で対処する。

　手法の詳細は中級以上の計量経済学あるいは計量政治学の教科書を参照し

てもらいたい。具体的な文献としては下記のものがある。

- 浅野晳・中村二朗（2009）『計量経済学［第2版］』有斐閣
  本書で用いられている（検定以外の）すべての分析手法が説明されている。

- 飯田健（2014）『計量政治学』共立出版
  トップジャーナルに掲載された英語論文の分析再現を通じて高度な分析手法を学ぶことができる。

解題

松尾昌樹

　本書は、2012年に米プリンストン大学出版から刊行された、*Oil Curse: How Petroleum Wealth Shapes the Development of Nations* の日本語訳である。

　「石油の呪い」という概念は、「資源の呪い」(resource curse) の一種である。天然資源に富むことが経済成長の障害となるという考え方はすでに 1950 年代からあったようだが、「資源の呪い」の用語は、リチャード・オティが 1993 年に著した *Sustaining Development in the Mineral Economies: The Resource Curse Thesis*. London: Routledge.（『鉱物経済における持続的発展：資源の呪い理論』未邦訳）で最初に使用されたと考えられている。したがって、本書のタイトルにもなっている「石油の呪い」はロスの造語ではなく、本書以前から専門家の間では広く使われていた用語である。
　ただし、この分野の研究者でもなければ、資源の呪い、あるいは石油の呪いという概念は、直感的には理解しにくいものかもしれない。ある国が石油に富んでいるとしたら、その国は経済発展に有利な条件を備えている、と誰もが考えるだろう。商品を生みだすためには、その製造に必要なエネルギー（熱、電力など）を得るために、かならず資源が必要であり、今日の世界では石油が圧倒的な優位を占めている。エネルギーだけでなく、たとえばプラスチック製品の材料としても、石油は重要な資源である。石油を輸入することなく自前で調達できるのであれば、それがない国に比べればはるかに有利に競争できるはずだ。しかし本書が明らかにするように、実際には石油を産出することは多くの問題を生みだす。こうした問題が、「呪い」と呼ばれている。

資源の枯渇に警告を発する書籍や、資源開発にともなう環境破壊を告発するものは数多ある。しかし、資源の呪いの仕組みを説明するものは、一般読者の目に触れることが少ない研究論文をのぞいて、日本語ではほとんど存在しない。石油に限定してみても、ドラマチックな石油開発譚や石油価格の決定プロセスに関する現場経験者の解説などは翻訳も含めて多く存在し、それらの内容はたしかに貴重ではあるが、「呪い」を理解する手掛かりにはならない。

　これに対して本書は、客観的な根拠に基づいてはっきりと原因を特定している点に特徴がある。本書で採用されている分析手法の中心は計量分析であり、これは「石油の呪い」というテーマと共に、本書を強く特徴づけるものである。なぜ石油は経済成長に長期的にプラスの効果をもたらさないのか、なぜ石油に依存すると独裁体制が長期化するのか、さらに石油の富が女性の地位向上を阻むという分析まで、客観的な根拠に基づく多くの発見を我々に突きつけてくるのが、計量分析の力である。本書は現状の説明に止まらず、将来的展望や処方箋までも含んでいることが特筆に値する。石油開発が加速することで、産油地域はより貧しい国に拡大していく。石油の呪いは貧しい地域で顕著に発現することから、今後は石油の呪いが貧困国を中心に世界規模で蔓延していくという陰鬱な未来が想像される。この問題の解決が難しいのは、呪いが貧困国で発生するにもかかわらず、その原因が貧困国にはないためだ。ロスが本書第7章で明言するとおり、「石油の呪いは石油消費国で始まる。なぜなら、石油産出国を潤す資金は消費国からもたらされるからだ」。石油そのものに呪いを発生させる力があるのではない。それが売り買いされ、その代金が社会のどの部分に、どのように流れていくのか、その方法で呪いが決まってゆく。こうした呪い発生のメカニズムが計量分析を通じて明らかになったからこそ、呪いの発生源である先進国の我々がいかに問題解決に貢献できるのか、その処方箋を書くことも可能となるのだ。

　この計量分析は、非常に強力な分析ツールであり、「資源の呪い」に限らず、近年ではこれを用いてさまざまなテーマを分析した書籍が店頭に並ぶようになってきているが、残念ながら一般社会に浸透しているとはいい難い。

その理由の一つは、おそらくは社会全体で計量分析の基礎をなす統計学のリテラシーが低いことにある。本書が取り扱うような政治、社会、経済問題にまつわる研究および教育は、一般に大学の政治経済学部や法学部、あるいは経済学部で行われているが、こうした社会科学系学部で計量分析の手法を正規科目としてそろえているところはけっして多くなく、まして必修科目であることは稀である。このように、統計学のリテラシーを備えた人材を社会に送りだす機能が教育機関に決定的に不足しているため、多くの読者が計量分析に対してハードルが高いと感じてしまうのは自然なことだ。しかし、だからといって計量分析の成果を取り扱わないままであれば、いつまで経っても最新の研究成果を社会に還元することができず、「肥沃な土地の住民は軟弱で、荒れ地の住民は勤勉である」という本書第7章で引用された16世紀フランスの思想家ボダンの言葉のような、それらしくはあっても根拠が薄弱な説明を繰り返すことになる。

　こうしたジレンマは原著者のロスも抱いていたのであろう、本書は計量分析の結果に依拠しつつも、その高度で難解な部分は補遺に譲ることで全体の読みやすさを優先した。また、ロスは本書で依拠したデータをすべてウェブ上に公開し、誰でも検証試験を行うことができるようにしている（本書36ページを参照のこと）。こうした工夫も功を奏したのであろう、本書は「石油の呪い」を学術的かつ平易に解説したはじめての書籍として、アメリカでも大きな注目を集めた。例えば、英語圏の大学で国際政治の教科書として広く使われている Mingst, K. A. and J. L. Snyder, *Essential Readings in World Politics* には、その第5版（2014年）の第9章 International Political Economy（国際政治経済）において、本書の第6章がそっくりそのまま収録されている。またアメリカの複数の政治学者が執筆者に名を連ねる国際政治系ブログの Duck of Minerva（http://duckofminerva.com/）では、ダロン・アセモグルとジェイムズ・ロビンソン『国家はなぜ衰退するのか　権力・繁栄・貧困の起源』（鬼澤忍訳、早川書房、2016年）や、ケネス・ウォルツ『人間・国家・戦争：国際政治の3つのイメージ』（渡邉昭夫、岡垣知子訳、勁草書房、2013年）、ブルース・ブエノ・デ・メスキータとアラスター・スミス『独裁者のための

ハンドブック』(四本健二、浅野宜之訳、亜紀書房、2013年)などのよく知られた書籍と共に、本書が「政治学専攻の学生が読むべき15冊」の1冊に選ばれた。さらに、ACRL (Association of College and Research Library、米大学および研究図書館協会) が発行するChoice誌の「特に優れた学術図書2012」の1冊にも選ばれている。そう、本書は大学生であればまず読んでおく1冊なのだ。加えて本書は国際的にも評価が高く、2015年までにロシア語、アラビア語、ポルトガル語にも訳されている。

本書はロスの2冊目の単著である。最初の単著は彼の博士論文を基にして2001年にケンブリッジ大学出版から刊行された *Timber Booms and Institutional Breakdown in Southeast Asia* であり、これは2012年に日本語訳され、『レント、レント・シージング、制度崩壊』(中村文隆、末永啓一郎監訳、出版研) として出版された。この本は、東南アジアの森林資源がレントを生みだし、このレントが政治家に制度崩壊につながる行為をとるインセンティブを与える、という現象を明らかにしている。本書『石油の呪い』が、石油の特殊性が政治、経済、社会に特定の影響を及ぼすという仮説を検証し、その影響の深刻さを計測し、処方箋を提示するという内容になっているように、天然資源が有するマイナスの効果、すなわち「資源の呪い」が一貫してロスの中心的関心事項であることは明らかである。

しかし、彼が採用する分析手法は前書と本書の間で大きく変化した。前書『レント…』では計量分析はまったく採用されず、むしろ東南アジア諸国における森林資源管理制度に関する事例を列挙し、それらを比較することで、天然資源が制度を崩壊させる原因を突き止めるという、やや古典的な手法が採用されていた。ロスがはじめて計量分析を採用したのは、2001年に学術誌 *World Politics* 第51巻2号で発表した Does Oil Hinder Democracy? (石油は民主主義を阻害するか?) が最初であった。この2001年の論文は、同時期に刊行された上記の『レント…』よりもずっと大きなインパクトを学界に与えた。計量分析を用いた石油の呪い研究はそれまでにも行われていたが、ロスの功績はそれまで分析の俎上に挙げられてこなかった中東の産油国を含むこ

とで、世界規模での比較分析の道を開いたことにある。

　じょじょに世界各地に浸透してきたという民主主義の歴史に反するように、中東諸国は長らく権威主義的な統治制度を保持してきた。なぜ中東地域では民主化が進展しないのか、という問いは多くの研究者に共有されていたが、その一方でそれまで一定の研究蓄積があった民主化研究（あるいは権威主義体制研究）の研究者は、中東地域を分析対象とすることに躊躇していた。これは「中東例外論」と呼ばれる状況――研究者が中東地域を他地域と比較分析せず、中東に見られる現象が特殊中東的現象として説明されるようになる――を生みだした。中東で民主化が進展しない原因は部族主義にある、あるいはイスラームが民主化を阻害するといった、一見それらしくあっても大した根拠のない議論、まるで500年前のボダンの議論の再生産のような主張が、とくに問題とされることなく流通する状況である。

　これに風穴を開けたのが、上記のロスの論文であり、そこで彼は、中東でも中東以外でも、石油が民主主義を阻害するという傾向が存在することが明らかであり、中東における権威主義の強さは特殊中東的問題ではなく、石油の呪いという普遍的な現象の一部として分析可能であることを示した。これ以降ロスは計量分析を駆使して「石油の呪い」に関する多くの業績を発表し続けており、本書はその集大成といえるだろう。

　訳者は中東の政治経済研究を専門としており、本文の部分は松尾が中心となり、補遺の部分は浜中が中心となって翻訳を行った。イラクのサッダーム・フセインの肩書きについては九州大学の山尾大先生に、またUAEの選挙制度については日本エネルギー経済研究所の堀拔功二氏にご協力を頂いた。また、計量分析というやっかいな内容を含んでいるにもかかわらず、翻訳刊行を快諾いただいた吉田書店に感謝申し上げる。その他多くの方々に助言をいただきながら翻訳作業を行ったが、誤訳等の翻訳上の不備があればそれらはすべて訳者の責に帰せされる。

索引

(原書では、注に含まれる引用文献著者名も索引の対象になっているが、本書では注の引用著者名を日本語訳していないことから、索引の対象にしていない。これとは別に、原書の索引で欠落している部分については本書で可能な限り補った。なお、「序文」と「日本語版への序文」、「付録」、「解題」は索引の対象に含まれない。)

[あ]

アイクス、バリー　108
アスラクセン、シルジュ　125-7
アセモグル、ダロン　88
アゼルバイジャン　18、38(表)、44、46、49(図)、74(図)、82(注2)、240(表)、242、275、279、296、300
　──国営石油会社(SOCAR)　79
　──の女性の地位　160
　イルハム・アリーエフ大統領　114
アブダビ国営石油→アラブ首長国連邦
アメリカ　13-4、16-7、21、22、27(訳注3)、31、38(表)、50、52、54-5、63(図)、64-5、68、70-1、74(図)、82(注7、8)、83(注28、48)、88-9、114、135(注8、11、12)、161、246、253、276、285、289
　──地質調査所　33、225(注37)
　──における女性の地位　141、143、146、158
　──の海外での軍事力行使　57、58、195
　アラスカ　77、286
　アルバート・フォール内務大臣　261
　ウィルソン政権　260-1
　ディープウォーター・ホライズン石油流出事故　289
　ディック・チェイニー　15-6、85
　ティーポット・ドーム事件　260
　ドッド=フランク・ウォール街改革および消費者保護法　303
　ハーディング大統領　260
　ヒューイ・ロング(ルイジアナ州知事)　114
　マディソン大統領　294
　ルイジアナ　114
アラブ首長国連邦(UAE)　37(表)、49(図)、74(図)、130、153-5、155(訳注2)、231(図)、232、234、237、240(表)、252、264(注3)、280(図)、281(図)、305(注31)
　アブダビ国営石油　61(表)
アラブ人間開発報告　139
アラムコ→サウジアラビア
アルジェリア　13、14、21、37(表)、49(図)、52(図)、66、74(図)、85、263、264(注3)、282、300、305(注8)
　──の経済成長　231(図)、237、240(表)、247
　──の女性の地位　26、40、152、154-60、243
　──の政府の規模　46
　──における内戦　58、189(表)、242
　国営炭化水素化学輸送公社　61(表)
アルゼンチン　37(表)、74(図)、98(表)、111、238、240(表)、241、288-9
アルメニア　46
アレクセーエフ、マイケル　266(注43)
アレシナ、アルベルト　259
アンゴラ　31-2、37(表)、52(図)、74(図)、233、237、240(表)、279、284-5、294、305(注8)
　──における女性の地位　16
　──における石油収入の隠匿性　76、84(注62)、104、296
　──における内戦　13、27、177、189(表)、

199（表）、212、225（注40）、242
カビンダ 199（表）
ソナンゴル 79
安定化基金 277、291-4
イエメン 37（表）、41（注17）49（図）、73、74（図）、130、176（注33）、184
——における女性の地位 153、154（図）、155（図）
——における内戦 185、187、198、199（表）、225（注40、41）、227（注74、75）
イギリス 14、17、38（表）、48、50、57、74（図）、89、158、189、204、212、265（注30）、289
イスラーム 14、26、87、139、151-2、156、158、170（表）、172（表）200-1、279、281
移民（外国人） 59、62、64、164、172、176（注46）、243、277
イラク 13、21、56、68、70、73、74（図）、232、238、240（表）、264（注3）、276、282、300、305（注8）
——国営石油会社（INOC） 19、61（表）、79
——石油会社 56-7
——とアメリカの戦争 195-6
——における女性の地位 153-5
——における石油収入 37（表）、231（図）
——における紛争 14、177、185、189、195、199（表）、204、208、213、221-2、225（注40）、226（注53）、242
——における民主化 282
サッダーム・フセイン 19、21、56-7、79、302
イラン 14、17、21、46（図）、73、74（図）、80、115、233、237、240（表）、264（注3）、247、302、305（注8）
——革命 282
——における女性の地位 154（図）、155（図）
——における内戦 189、199（表）、221-2、225（注40）、242
——の政府歳入 49（図）、77、78（図）
——の石油収入 37（表）、49（図）、231（図）
アラビスタン 199（表）
アングロ・イラニアン石油 56-7
国営イラン石油（NIOC） 61（表）
補助金 80
ボンヤード 80
モサデク首相 56
インターナショナル・クライシス・グループ 115、206-7
インターナショナル・バジェット・パートナーシップ 136（注32）、300
インド 22、74（図）、141、225（注40）、285、300-1
——国営石油会社（ONGC） 60（表）
アッサム 199（表）
マズドゥール・キサン・シャクティー・サンガサン 300
インドネシア 16、21、38（表）、40、41（注15）、49（図）、52（図）、73、74（図）、226（注48）、234、236、248、265（注3、5）、275（注57）、279、288、305（注8）
——における女性の地位 141
——における内戦 27、185、187、198
アチェ地域 198-203、199（表）、213、225（注36、40）、226（注47）
自由アチェ運動（GAM） 200-2
スハルト 79、202
ペルタミナ 79
民主化 281-2
ヴァーバ、シドニー 141
ヴァルガス、ジュアン 209
ウィブルズ、エリック 114
ウェインサル、エリカ 275
ウェナー、ライフ 301-2、306（注62）
ウォルファーズ、ジャスティン 114
ウガンダ 41（注15）、105
——・デト・ネットワーク 300
ウズベキスタン 160、240（表）、275
ヴリーランド、ジェイムズ 121、127
エイケン、クリストファー 39、122
エクアドル 16、37（表）、49（図）、66、73、74（図）、81、236、238、240（表）、247、263、265（注3）、288

——における民主化（あるいは民主主義からの後退）97、98（表）、110-1、130、241
エジプト 13（訳注1）、37（表）、74（図）、77、78（図）、85、148、153-5、176（注33）、246、280
　スエズ危機 58、71
エクソン・モービル（エクソン、モービル）17、41（注11）、59、60（表）、61（表）、211
エルサルバドル 198
エルフ・アキテーヌ→フランス
エングルバート、ピエール 224（注23）
オキシデンタル石油 211
オゴニ民族生存運動→ナイジェリア
汚職 16、18、27、29、31、42（注22）、80-1、82（注11）、85、102、137（注58）、212、229、251-3、252（表）、253（図）、258-61、266（注32、39）、285-8、292、294-7、300-1（「石油会社へのゆすり」の項も参照せよ）
オティ、リチャード 236、248、264注2
オマーン 16、37（表）、49（図）、74（図）、130、235（図）、252、282
　——における女性の地位 153-5、160
　——の経済成長 231（図）、234、237、240（表）、264-5（注3）、277
オランダ病 65-7、146-7、147（図）、153、159-60、175（注24）、234、273-4、305（注10）

[か]

カール、テリー・リン 251、272
海外直接投資 23（図）、34、42（注22）
家計への資本移転 147
カザフスタン 16、38（図）、49（図）、74（図）、84（注62）、152、240（表）、275、279、288
家事労働者 157
カタル 74（図）、130、232-4、240（表）、252、264（注3）、265（注8）
　——石油（QP）61（表）
　——における女性の地位 153、154（図）、155（図）

——の石油収入 37（表）、49（図）
カッツ、ジョナサン 215
カナダ 14、38（表）、52、52（図）、74（図）、158、253、282、286
カメルーン 37（表）、46（図）、49（図）、78、104、300
ガスプロム→ロシア
ガディ、クリフォード 108
ガバメント・ウォッチ 250
ガボン 13、37（表）、49（図）、160、231（図）、234、237、240（表）、243、249、252、263、264（注3）、305（注8）
　——における女性の地位 160
　——の石油収入 231（図）、234、237、264（注3）
　——の石油埋蔵量 73、74（図）
オマル・ボンゴ大統領 80-81
韓国 64
　——における女性の地位 40、143-5、175（注19）、285
ガンディー、ジェニファー 121
キャンパンテ、フィリペ 259
金 50、65、225（注40）、269
キング、ゲイリー 127、215
近代化理論 15
キンバリー・プロセス 302
グアテマラ 141
クウェート 52（図）、73、74（図）、130、231（図）、232-4、237、240（表）、244、264（注3）、265（注8）
　——石油会社（KPC）61（表）
　——における女性の地位 154（図）、155（図）、160、167（表）、168、174
　——の石油収入 37（表）、49（図）
クリアン、ジョージ 122
クルーグマン、ポール 305（注10）
クルド（民族）189、282
グローバル・ウィットネス 84（注62）、296
ケアンズ、ジョン・エリオット 65
経済成長 229-267
ゲティ石油会社 76
ゲルブ、アラン 247、264（注2）、298
後方リンケージ 62
ゴールドバーグ、エリス 114

索引 | 337

ゴールドマン、マーシャル 33
国営炭化水素化学輸送公社→アルジェリア
国際石油企業 17、19、21、25、55、57-9、70-1、76、81、98、117、274-5、289-90
国際通貨基金（IMF）64、79、82（注2）、248、263
国際連合（国連）13（訳注1）、176（注26）、226（注48）、301-2
コトキン、スティーブン 107
コノコ・フィリップス 60（表）
コブリン、ステファン 55
コリアー、ポール 177、216、223（注13）、264、283-4、299、306（注48）
——と「投資への投資」戦略 299
コロンビア 13、27、37（表）、40、66、111、147、185、187、204、210、213、226、238、288、291
　ELN（コロンビア民族解放軍）とFARC（コロンビア革命軍）の紛争 208-9
　アラウカ県での内戦 184、208-9
　エコペトル社 209
　マンネスマン社 209
コンゴ共和国 37（表）、40、49（図）、64、84、237-8、242
——における将来的な戦利品 210-1、213
——における内戦 27、189（表）、204、226（注59）、238、242
——の民主化（および民主主義からの後退）97、98（表）、130
　ジャック・シゴレ 226（注61）
　デニス・サッソウ・ンゲッソ大統領 210-1、213、226（注61）
　パスカル・リスバ大統領 210-1、226（注61）
コンラッド、ロバート 266（注43）

[さ]

財政支援 304（注6）
歳入の分権化 288
サウジアラビア 21、37（表）、51、52（図）、56、62、72-3、74（図）、76、85、102、130、136（注30）、183、231（図）、233、236-7、240（表）、250、252、264（注3）、290、300
——における女性の地位 153、154（図）、155（図）、160、167-8、174
——の石油収入 49（図）
サウジアラムコ 61（表）
スウィング・プロデューサー 36、42（注21）
サックス、ジェフリー 236、264（注2）、283
サライマーティン、ザヴィエル 266（注43）
サンドブ、マーティン 259、266（注45）
サンバニス、ニコラス 216-7、221（表）、222、227（注75）
ザンビア 84（注59）、105、284
シェーファー、マイケル・D 272
シェブロン 41（注11）、60（表）、206、211
ジェンダー（あるいは女性）差別（あるいは平等）28、141-4、155、157-8、160、174、273、279-80、281（図）
資源採掘産業透明化推進イニシアチブ（EITI）296
資源の呪い 13-16、24-6、30、65、236、239、246、265（注6）、269、274-5、306（注14）
——と官僚制度の過剰拡大 250、265（注32）、297
——と疑似相関 30
——と資源移転効果 65
——と支出効果 66
——と飛び地効果 65、67
——と反（従）循環政策 246-8、250、257-8、261-2、277-8、293
ハートウィック・ルール 247、249
支出と歳入の比率 93-4、101-2、131-4
シノペック→中国
資本集約型産業 62-3、160
じゃじゃ馬億万長者の誤謬 27、138（注65）、254、265（注15）
自由アチェ運動（GAM）→インドネシア
出産休暇 142
シュロズマン、ケイ 141
将来的な戦利品 210-13、226（注61）、277
ジョーンズ・ルオン、ポーリン 275
女性参政権 153、156、271
女性のエンパワーメント 139-76

女性の労働参加　26、141、147、150、153-7、162-4、166、169、175（注1）、176（注32）、277
ジョンソン、トッド　122
シリア　37（表）、45（図）、73、74、240（表）、242、276
　　——における女性の地位　147、153、154（図）、155（図）、160-1
　　——の石油収入　49（図）
ジンバブエ　212、284
スウェット・ショップ　142-3、145
スーダン　17、37（表）、40、74（図）、279、302
　　——人民解放軍　203
　　——と南スーダン　199（表）、202-3
　　——における内戦　13、27、177、185、187、198、225（注40）
　　——の石油収入　49（図）
　　ヌメイリー政権　202
　　タルジャス　203
スタトイル→ノルウェー
スティグリッツ、ジョセフ　283
スナイダー、リチャード　94
スブラマニアン、アルヴィンド　266（注43）
スペイン　48、89、96、212、274
スペンス、マイケル　306（注48）
スミス、アダム　269-70
制裁　79、302
成長と開発委員会　298
政府の規模　18-9、44-6、47（表）、82（注4）
政府の効率　15-6、94、251-2、255-6、255（図）
政府の所有権　25、48、50、59、61（「国有化」の項も参照せよ）
政府の制度　249、251、256、264
世界銀行（世銀）　33、67、106、148、164、221、248、251、293、301
　　世界開発指標　122、131、164
赤道ギニア　18、27、37、40、44、49（図）、64、82（注2）、84（注62）、204、211-3、227（注74、75）、296、300、303
　　——における内戦、およびクーデター未遂事件　211-2、225（注33）、303

——の透明性　296、300
サイモン・マン　212-3
セヴェロ・モト　212-3
テオドーロ・オビアン　212
石油
　　——会社の買収、接収　21、53（図）、55（「——国有化」の項も参照せよ）
　　——会社へのゆすり、たかり　184、185、204、206、208-9、213（「汚職」の項も参照せよ）
　　——国有化　17、20-2、25-6、48、50、54-7、59、69-70、76、81、92、107、225（注34）、269、275、289、304、306（注37）
　　——収入の直接的な配分　286-7、291、299、305（注30）
　　——建てローン　29、293-5、299
　　——の契約　54-6、58-9、68、70、75-7、81、83（注22）、84（注56）、284-6、290、294、296、303
　　——の枯渇、減少　73、75、201、247-9、297、327
　　——の採掘費用　51-2
　　「——の富の悲哀」　14、278、284
　　——の不安定性　19、25、68-70、71、75-7、224（注20）、246-7、291-4、306（注43）
　　——の民営化　29、117、226（注61）、275、289-92
　　——のロイヤルティ（採掘権、試掘権）収入　50、54、58-9、64、210-1、285、290、294
　　——輸出国機構（OPEC）　21、25、57-8、67、71、229、234、236、265、277
　　——レント　50-56、52（図）、92、117、161、185、203、224（注23）、251、265（注16）、274
　　沖合油田　61-2、82（注6）、196-7、215、219-20、222-3、225（注36）、227（注73）
セデルマン、ラース・エリック　216-7
セブンシスターズ　20-1、41（注11）、55-7、59、290
繊維産業　63、143-5、150-1、156-7、156

索引 | 339

(表)、159-60、176（注31）
選挙のクォータ制度 142
前方リンケージ 83（注27）
ソヴィエト連邦（ソ連） 23（図）、57、107-10、149（図）、160-1、208、240、275（「ロシア」の項も参照せよ）
——における石油の国有化 55
——における民主主義の後退 116（図）、130
グラスノスチとペレストロイカ 108-9、137（注37）
ゴスプラン（国家計画局） 109
ミハエル・ゴルバチョフ 108
ソナンゴル→アンゴラ

[た]
ダイヤモンド 179、226（注53、64）、302（「宝石」の項も参照せよ）
台湾 141
抱き合わせ（バンドル） 285
タッカー、リチャード 215
ダニング、サド 110-1、123、125、276
タベリーニ、ギュイド 259
チェイブブ、ジョセ 121、127、272
チッペル、プラディープ 141
チャウズリー、キレン・アジズ 251
チャド 24、37、84（注62）、104、279、296、300、301
中国 22、27、74、199（表）、225（注40）、249、284、285、301、303
シノペック 60（図）
ペトロチャイナ 60（図）
チュニジア 26、37（表）、41（注15）、46、85、280
——における女性の地位 40、141、153-60
ハビーブ・ブルギバ大統領 157
低賃金労働 143、145-7、157、160-1
天然資源憲章 295、306（注52）
銅 84（注59）、225（注40）
ドゥーブ、オエインドリア 209
透明性 29、77、80、94、282、288、291、294-7、301、303-4
予算の—— 104-5、118-20、131-4、137

(注33)、138（注81）、275、289、300-1
トリーズマン、ダニエル 137（注52、58）
トリニダード・トバゴ 37（表）、49（図）、66、231（図）、238、240（表）、241、243、247-9、253、263、264-5（注3）、296、305（注8）
トルクメニスタン 38（表）、49（図）、84（注62）、103、160、240（表）、275、279
トンパート、レイフ 305（注19）

[な]
ナイジェリア 13、21、27、31、37（表）、40、45（図）、46（図）、49（図）、62、66、68、74、115、160、185、187、204、208、224（注26）、225（注36）、226（注53）、305（注8）
——における石油採掘コスト 52
——における石油収入の隠匿性 84（注62）、104
——における石油販売に関する物々交換契約 284-5
——におけるバンカー 204、207
——における民主主義（とその後退） 16、86、97、98（表）、111、130、241
——の経済成長 237-8、240（表）、249、263、265（注3）
イグボ人 205
オゴニ民族生存運動（MOSOP） 205
ケン・サロ＝ウィワ 206
ドクボ・アサリ 206-7、242、247-8、279
ナイジェリア国営石油会社 61（表）、206
ニジェール川デルタ地域 184、199（表）、204-6、225（注40）
ビアフラ戦争 44、198、199（表）、225（注40）
内戦 13-14、16、18、20、27、30-31、34、36、79、90、177-180、182、186-8、190-6、198、202、208、210-23、223（注3、12）、224（注15、20、22、27）、225（注31、34、41）、226（注53、61）、240（図）、241-2、277、294、302、304
——の「ハニーポット」効果 181、195-6

外国の軍事介入と―― 195-6
強欲な反乱軍（者）による―― 180-1、184、187、195、198
政府の地位をめぐる―― 178、184、189（表）
不満に基づく―― 198
武力紛争データセット 216、220-222、223（注3）
分離主義者による―― 178-9、182-4、189（表）、197-8、199（表）202、223、224（注20）、225（注40、41）
目標指向型の―― 180、182、184、187、198

ナズィル、サミーナ 305（注19）
ニュージーランド 34、38（表）、77、130、160
ニューマーチ、ウィリアム 65
乳幼児死亡率 16、236、238（図）、269
ヌールディン、イルファン 263
ノルウェー 14、38（表）、49（図）、52（図）、74（図）、253、279、282
　――における女性の地位 147、160、276、
　――の財政の透明性 77、291
　スタトイル 60（表）

[は]

ハーバー、ステファン 126
ハーブ、マイケル 92、260、266（注43）
バーレーン 37（表）、49（図）、73、85、130、153、154（図）、231（図）、233、237、240（表）、252、264（注3）、280-1、282
バーンズ、ナンシー 141
パキスタン 199（表）、225（注40）
パプア・ニューギニア 38（表）、225（注40）
ハミルトン、アレクサンダー 258
バレット、デヴィッド 122
バングラデシュ 140、281
　――における紛争 198、199（表）、225（注40）
ハンチントン、サミュエル 87
ハンフリーズ、マカルタン 259、266（注45）、283

東ティモール 24、38（表）、226（注48）、296
非税収入 46、50、82（注5）、92、268（注44）、289-90、301、304（注6）
フィアロン、ジェームズ 195、216-7、221-2、224（注20）、225（注32、34）、227（注74）
フィリピン 300
プシェヴォスキ、アダム 86、121、272-3、305（注8）
物々交換 29、284-6、291、295、299
ブラジル 24、37（表）、74（表）、77、111、288、291、305（注35）
　ペトロブラス 60（表）
フランクル、ポール 229
フランス 17、50、58、89、156、189、210-1、265（注30）、270、329
　エルフ・アキテーヌ 80、211、226（注61）
　共和国連合 80
フリーダム・ハウス 133、137（注33）
フリーマン・リチャード 176（注43）
ブリティッシュ・ペトロリアム（BP） 17、33、41（注11）、59、60（表）、61（表）、289
ブルネイ 38（表）、49（図）、201、227（注74-5）、231（図）、240、264（注3）、265（注8）、279
ブレトンウッズ体制 21、25、70、290
ヘイルブルン、ジョン 61
ベズレイ、ティモシー 251
ベック、ナタニエル 215
ペトロチャイナ→中国
ペトロブラス→ブラジル
ベネズエラ 13、17、37（表）、46（図）、49（図）、52（図）、54、61（表）、66、74（図）、77、80-1、97、98（表）、110、115、231（図）、233、237-8、240（表）、241、243、247-9、253、263、264（注3）、274、276、279、288、305（注8）
　――国営石油公社（PDVSA） 80
ベリーズ 24
ペルー 98（表）、111
　グアノ 249、265（注30）、274

索引 | 341

ペルソン、トーステン 251
ペルタミナ→インドネシア
ヘルトグ、ステファン 250
ペンローズ、エディス 55
ボイシュ、カルラス 88
宝石 203、224（注21）（「ダイヤモンド」の項も参照せよ）
報道の自由 109、111、116、118、282、295
「報道の自由に関する指数」 105、106（表）、137（注33）
ボダン、ジャン 270
「ポリティ」の計測 100、121、125、128-32、134、280（図）
香港 141

[ま]

マアス、ピーター 64
マキャヴェリ、ニコロ 270
マフダヴィー、フセイン 239
マレーシア 74（図）、147、200、277、279、285、291、303、305（注8）
——における内戦 242、
——の経済成長 16、234、235（図）、240（表）
——の石油収入 38（表）
南スーダン 198、199（表）、202-3、213（「スーダン」の項も参照せよ）
ミャンマー 17、103、302
　カレン族の反乱 223（注12）
ミル、ジョン・スチュアート 52、270
ミン、ブライアン 217
民主化の第三の波 99
民主主義 85-138、239-242
民族（エスニック）境界と紛争 180、189、198、202、204-5、222
ムヴキイェヘ、エリック 114
メキシコ 16、27、37（表）、49（図）、59、74（図）、248、263、288、290、305（注8）、306（注43）
——国営石油公社（PEMEX） 61（表）、79、84（注70）
——における女性の地位 147、160-1、276
——における石油産業の国有化 21、55-7

——の経済成長 238、240（表）
——の民主化 84（注70）、86、96-7、98（表）、110-1、241、282
制度的革命党 79
メナルド、ヴィクター 42（注24）、126
モーリタニア 24、160
モガダム、ヴァレンタイン 141
木材 203、224（注21）、226（注53）
モザンビーク 24
モロッコ 26、40、46（図）、141、153-60、176（注43）
モンテスキュー男爵 270

[や]

ヤレド、ピエール 88
誘拐 180、184、185、204、208-9、265（注30）
ユコス→ロシア
予算公開指数（OBI） 104、132
ヨルダン 153、154（図）、155（図）、176（注33）、198

[ら]

リカード、デヴィッド 82（注9）
リビア 13、17、21、37（表）、68、74（図）、81、85、102、231、237、243、264（注3）、282、290、302
——国営石油会社 59、61（表）
——における女性の地位 153、154（図）、155（図）、160、196
——の経済成長 232、240（図）
——の石油収入 49（図）
ムアンマル・カッザーフィー 57、79、200
リモンギ、フェルナンド 272
ルイス、ジョン・P 72
ルーマニア 38（表）、96、240（表）、241、289
ルクオイル→ロシア
ルジャラ、パイヴィ 196、198
ルワンダ 223（注12）
レヴェニュー・ウォッチ・インスティテュート 296、306（注49）
ロイヤル・ダッチ・シェル 41（注11）、59、60（表）

労働集約型産業　83（注28）、143
ローマクラブの報告書　72
ロシア　17、26、38（表）、40、41（注17）、52（図）、74（図）、83（注48）、109、115-9、137（注51、53、58）、238、240（表）、245、275、303、306（注35）（「ソヴィエト連邦」も参照せよ）
　——における女性の地位　152、160
　——における石油の国有化　81、107
　——における紛争　189（表）、225（注40）、242
　——の石油収入　49（図）、288
　ウラジミール・プーチン　117-8、137（注53）
　ガスプロム　60（表）、117
　サハリン　117
　シベリア　107
　スルグトネフチェガス　60（表）
　チェチェン　199（表）
　デミトリー・メドヴェージェフ　118
　ボリス・ベレゾフスキー　117
　ミハイル・ホドロフスキー　117
　民主主義の後退　275-6
　ユコス　117-8
　ルクオイル　60（表）、61（表）
　ロスネフチ　61（表）、117
ロッド、ジャン・ケティル　196
ロビンソン、ジェームス・A　88

[わ]

ワーナー、アンドリュー　236、264（注2）
ワッツ、マイケル　226（注53）
ワンチェコン、レオナルド　137（注44）

訳者紹介

松尾昌樹（まつお・まさき）

宇都宮大学国際学部准教授
東北大学大学院国際文化研究科博士後期課程修了（博士、2004 年）
主要業績：

"Ethnocracy in the Arab Gulf States: Oil Rent, Migrants, and Authoritarian Regimes," in Kwen Fee, L., N. Hosoda and M. Ishii, *International Labour Migration in the Middle East and Asia: Issues of Inclusion and Exclusion* (Asia in Transition), Springer, 2019

「中東地域研究とレンティア国家論」『中東・イスラム研究概説──政治学・経済学・社会学・地域研究のテーマと理論』明石書店、2017 年

『中東の新たな秩序』ミネルヴァ書房、2016 年（吉川卓郎、岡野内正との共編著）

「増え続ける移民労働者に湾岸アラブ諸国政府はいかに対応すべきか」細田尚美編『湾岸アラブ諸国における移民労働者──「多外国人国家」の出現と生活実態』明石書店、2014 年

「湾岸諸国における移民労働者──越境が生み出す格差と社会」酒井啓子編『中東政治学』有斐閣、2013 年

『湾岸産油国──レンティア国家のゆくえ』講談社、2010 年

浜中新吾（はまなか・しんご）

龍谷大学法学部教授
神戸大学大学院国際協力研究科博士後期課程修了（博士、2000 年）
主要業績：

「石油は呪いかお恵みか？──レンティア国家の数理・計量分析」『龍谷法学』51 巻 1 号、2018 年

『パレスチナの政治文化──民主化途上地域への計量的アプローチ』大学教育出版、2002 年

「中東諸国における非民主体制の持続要因」『国際政治』148 号、2007 年

"Demographic change and its social and political implications in the Middle East." *Asian Journal of Comparative Politics*. 2016

著者紹介

マイケル・L・ロス（Michael L. Ross）
カリフォルニア大学ロサンジェルス校（UCLA）政治学部教授
プリンストン大学政治学部卒業（博士、1996年）
主要業績：
"Oil and International Cooperation", *International Studies Quarterly* Mar 2016, 60 (1) 85-97. (Erik Voeten との共著)
"What Have We Learned About the Resource Curse?" *Annual Review of Political Science* 18 (1), 2015: 239-259.
"The Big Oil Change: a closer look at the Haber-Menaldo analysis" *Comparative Political Studies* 47:7 (June 2014) (Jørgen Juel Andersen との共著)
"The Political Economy of Petroleum Wealth in Low-Income Countries: some policy alternatives," *Middle East Development Journal* 5 (2), (June 2013)
Timber Booms and Institutional Breakdown in Southeast Asia, New York: Cambridge University Press, 2012（中村文隆、末永啓一郎監訳『レント、レント・シージング、制度崩壊』出版研、2012年）

石油の呪い
国家の発展経路はいかに決定されるか

2017年2月10日　初版第1刷発行
2019年6月10日　初版第2刷発行

著　者　　マイケル・L・ロス
訳　者　　松　尾　昌　樹
　　　　　浜　中　新　吾
発行者　　吉　田　真　也
発行所　　合同会社　吉　田　書　店
102-0072　東京都千代田区飯田橋 2-9-6 東西館ビル本館 32
TEL: 03-6272-9172　FAX: 03-6272-9173
http://www.yoshidapublishing.com/

DTP・装丁　長田年伸　　　印刷・製本　中央精版印刷株式会社
定価はカバーに表示してあります。

ISBN978-4-905497-49-3